앵콜스
Ancalls Collection

Ancalls
SINCE 2015 앵콜스

1. 몽글 키드 모헤어
2. DIY 플뢰르 스카프
3. 아르고 DK
4. DIY 아르고 베이직 숏비니
5. DIY 플럼피 빅후드 바라클라바
6. 포슬
7. DIY 컨트리 코위찬 베스트
8. 플럼피 10ply
9. DIY 케이블 목도리
10. 아르고 3ply
11. DIY 비스킷 크로셰 베스트

South Korea 한국

한국에서 만든 페어아일 니팅

입구에서 스와치가 반겨준다.

《바람공방의 페어아일 니팅》에 실린 베스트.

9월 7일 한스미디어(케이토다마의 한국어판 출판사)와 뜨앤(THANN) (구)뜨개머리앤의 초대로 페어아일 무늬 스와치를 뜨는 워크숍을 열었습니다. 뜨앤이 운영하는 뜨개와 가든이 함께하는 공간 뜨가 바이 뜨앤(THGAR by THANN)은 서울 강남에서 남동쪽에 있는 경기도 양평군 서종면에 있는데, 길이 막히지 않으면 차로 40분쯤 걸립니다. 산이 가깝고 서울 시민의 식수원인 한강의 지류 북한강과 남한강이 합류하는 곳이라서 개발 금지 지역이라고 하는데 공기가 맑고 한적한 곳이었습니다.

일본 보그사가 발간한 《바람공방의 페어아일 니팅》의 한국어판 출간 기념 사인회 및 워크숍이라서 많은 사람이 왔습니다. 뜨앤은 수입 실 전문점으로 디엠씨(DMC), 로완(ROWAN), 라마나(RAMANA), 노로(NORO) 등을 취급합니다. 올가을 한국에

서는 처음으로 제이미슨스(Jamieson's)의 스핀드리프트(Spindrift)를 수입한다는 반가운 소식을 페어아일 팬에게 전했습니다. 워크숍의 테마는 페어아일 무늬 스와치를 '자신만의 배색'으로 뜨는 것이었습니다. 워크숍 당일에는 아직 스핀드리프트가 도착하지 않아서 같은 영국 실인 로완 펠티드 트위드를 사용했습니다. 각자 8가지 색을 골라서 떴습니다.

뜨가에서는 영문 도안을 읽는 수업도 운영해서 저에게도 영어로 워크숍을 진행해 달라고 요청했습니다. 영어가 모국어가 아닌 제가, 마찬가지로 영어가 모국어가 아닌 한국 니터에게 통역을 통해서 워크숍을 하는 것이 조금 불안했습니다. 그렇지만 '손뜨개'는 세계 공용어라는 정신으로 손짓발짓하며 즐겁게 웃다 보니 3시간이 훌쩍 지나갔습니다. 그것은 통역을 해준 진 씨의 도움이 컸는데, 말이 막히거나 틀리게 말해도 제가 말하고 싶은 바를 파악해서 유쾌하고 재치 있게 한국어로 통역해준 덕분입니다.

많은 참가자가 보그 지도원 자격 보유자로 일본어를 아는 분도 있고, 프로 디자이너도 있어서 배색무늬뜨기가 익숙한 덕도 있겠지요. 많은 분이 시간 안에 완성하겠다며 열정을 다했습니다. 마지막에는 완성한 분도 조금밖에 못 뜬 분도 편물을 펼쳐서 함께 사진을 찍었습니다. 이렇게 다양한 색을 자유롭게 골라서 배색할 기회가 좀처럼 없다고 생각해서인지 모두가 만족해하는 표정이 마음에 남아 있습니다.

워크숍이 끝난 후에 남은 분들과 함께 두

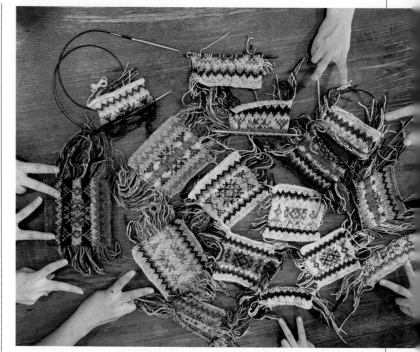

워크숍이 끝난 후 뜬 스와치를 모두 모아 손가락을 V로 하고 단체 사진을 찍었다.

강이 만나는 근처 공원을 산책하러 갔습니다. 평화로운 저녁 시간을 보내다 보니 폭풍과도 같았던 하루의 피로가 싹 날아가는 듯한 기분 좋은 하루였습니다.

취재/바람공방
뜨가 바이 뜨앤(THGAR by THANN) 경기도 양평군 서종면 마진배1길 9
www.annknitting.com
인스타그램 : @ann.knitting, @thgarbythann

워크숍 중반, 모두 뜨개에 집중하고 있다.

오른쪽 위／뜨가의 외관, 오른쪽 건물 2층이 워크숍 장소. 오른쪽 가운데／앞뜰을 지나서 가게 입구로 향하면 어린이 마네킹이 맞아준다. 오른쪽 아래／모던한 가게 내부는 나무를 많이 사용했다. 실 디스플레이도 넉넉하다. 아래／공원에서. 유유히 흐르는 강물과 강가의 연꽃. 앞열 오른쪽 두 번째가 뜨가의 오너이자 디자이너인 수영 씨. 뒤에는 통역해준 진 씨.

Sweden 스웨덴
오이브로 집안이 전하는 북유럽의 따스한 울

위／메리노울을 80%나 사용해서 평소에도 신기 좋은 양말. 아래／오이브로 집안의 테드와 오세 부부. 늘 사이좋은 두 사람.

군도에 떠 있는 작은 섬의 어부에게 전해져 내려온 모티브. 고대 스칸디나비아의 룬 문자. 북유럽 신화에 등장하는 까마귀와 엘크의 대화. 행복을 가져다주는 말로도 불리는 '달라헤스트(Dalahast)' 등등. 북유럽의 내밀한 역사와 문화, 생활상에서 영감을 받아 가지각색의 모티브에 그대로 옮겨 담은 울 장갑과 양말, 담요. 그런 니트 제품을 만들어온 패밀리 팩토리가 있습니다. '오이브로 반트패브릭(OEJBRO BANT-FABRIK)'이라는 브랜드명은 번역하면 '오이브로 집안의 장갑 공장'이라는 뜻입니다. 이름 그대로 스웨덴의 오이브로 가족이 운영하는 소규모 공장에서 여러 작품을 만듭니다. 요즘은 스웨덴 국내에서 직접 양말과 장갑을 제조하는 공장이 거의 사라졌기 때문에 정말 귀중한 곳입니다.

1984년에 제조업을 시작한 당시에는 다른 회사가 의뢰한 양말과 장갑을 만드는 하도급 업체였습니다. 2013년 자기 뿌리이자 '예로부터 전해져온 북유럽 전통문화'에 기반을 둔 무늬를 개발해서 자사 브랜드를 세웠습니다. 먼저 장갑 제조부터 시작해서 차차 일상 생활에서 사용하기 적합한 양말

위／북유럽 세미족에 대대로 내려오는 전통 컬러를 찾아서. 오른쪽／행운을 가져오는 붉은 말 '달라헤스트'를 그려 넣은 100% 메리노울의 포근한 담요.

과 워머, 담요 등 라인업을 늘려갔습니다. 디자인은 모두 오이브로 집안의 어머니인 오세 씨가 합니다. 스웨덴과 북유럽의 여러 지역과 전통 행사에서 발견한 전통 패턴을 스케치해서 모은 다음 도안 패턴을 만듭니다. 실제로 현장에 방문하거나 박물관에 가기도 하고 전문가에게 이야기를 들으면서 올바른 북유럽 문화를 널리 알리기 위해 수고를 마다하지 않습니다.

수예품이 지닌 따스함이 전해지며 북유럽을 일상에서 느낄 수 있는 울 제품입니다. 역시 세상은 '사람'과 '사람'으로 이어졌다고 생각하며 사용할 때마다 마음이 따뜻해집니다.

취재／다루만 요코
사진／오이브로 반트패브릭
https://sopiva-hokuou.com/

U.S.A 미국
정원에서 니팅

위／정원 안에 있는 분수 주변에서 뜨개를 즐길 수 있다. 아래／수업이 끝난 후에 웃음으로 가득한 수강생들.

제가 새로이 발견한 니터들의 커뮤니티는 계절에 따라 변화하는 자연과 꽃을 즐길 수 있는 마린 아트 앤드 가든 센터(Marin Art and Garden Center)의 정원 안에 있습니다. 부유한 주택이 한편에 자리해서 모두 기부금으로 운영되는 장소로, 예전에 이 땅에 살았던 미왁(Miwak)이라는 원주민에 대하여 지금 자신이 이곳에서 사는 데에 대한 감사의 마음을 잊지 않겠다는 것이 운영 이념인 곳입니다. 구석구석 사람의 손길이 닿은 정원을 모든 사람이 무료로 자유롭게 이용할 수 있는 것도 바로 이런 이유입니다.

주말에는 결혼식이나 이벤트로 붐비는 정원도 평일 낮에는 느긋하게 산책을 즐기는 사람이 있을 뿐, 정원 안으로 발을 내딛는 순간 마음이 깨끗하게 정화되는 느낌입니다. 니트숍에서 근무할 때는 북적거리는 가게 안에서 가지각색의 실에 둘러싸여 수다를 떨면서 뜨개를 했는데 그때와는 전혀 다른 분위기로 자연에 둘러싸인 환경에서 뜨개하는 시간은 아주 조용하면서도 유유히 흘러서 뜨개의 또 다른 면모를 몸으로 느낄 수

있습니다. 수강생은 오전에 2시간 각자가 만들고 있는 작품을 가지고 수업에 참여합니다. 일상에서 벗어나 마음 편한 공간에서 2시간 동안 뜨개를 즐기다 보면 평화로운 기분으로 가득 찬 하루를 보낼 수 있어 가게에서 가르치던 때보다 수강생 한 사람 한 사람의 마음에 다가가도록 신경을 씁니다.

수업이 진행되는 곳은 80년도 더 전에 주택으로 지어진 건물로 50년 동안 골동품 가게였다고 합니다. 나무를 듬뿍 사용한 방에는 난로도 있고, 큰 창문을 통해 따사로운 햇볕이 가득 들어옵니다. 큼지막한 나무 테이블에 둘러앉으면, 뜨개하기에는 분에 넘칠 정도로 좋은 환경입니다.

니트숍 폐점의 충격을 겪은 후에야 알게 된 정원 니팅이지만, 고즈넉한 공간에서 뜨개하는 즐거움과 안락함, 소중함을 마린 아트 앤드 가든 센터의 풍요로운 자연환경이 새로이 가르쳐줬습니다.

취재／하야시 지아키

자연광이 쏟아지는 공간과 화목한 분위기에서 이루어지는 수업은 2시간이 눈 깜짝할 사이에 지나간다.

스톰스웨터

에바가디건

모비스웨터

코지리본스웨터

리스가디건

눈오리 코위찬

Happy Hoilday
CHRISTMAS

검색창에 **솜솜뜨개** 를 검색해주세요 !

털실타래
keitodama 2024 vol.10 [겨울호]

Contents

스타일리시 니트

… 8

knit design Chihiro Uno
photograph Shigeki Nakashima
styling Kuniko Okabe, Yuumi Sano
hair&make-up Chie Ishikawa
model Lina
book design Fumie Terayama

Styling Knit

직접 뜬 옷을 다양하게 코디하고 싶어!
스타일리시 니트

새 니트를 뜨기 시작할 때의 설렘과 완성했을 때의 기쁨, 상상만 해도 기분이 좋아져요.
완성하자마자 옷장 속 옷들과 매치해보며 어떻게 스타일링할지 계획해보세요.
직접 떠서 입는 즐거움을 마음껏 맛볼 수 있을 거예요.
남성 사이즈의 니트를 멋지게 스타일링하는 코디법도 제안합니다.

photograph Shigeki Nakashima styling Kuniko Okabe,Yuumi Sano hair&make-up Chie Ishikawa model Lina(173cm)Lucas(186cm)

어떤 아이템과도 잘 어울리는 내추럴한 에크뤼 니트. 클래식한 톱다운이지만 가느다란 바늘로 정성스럽게 뜨면 두루두루 매치할 수 있는 활용 만점 니트가 될 거예요. 영국의 건지 얀으로 뜬 심플하고 전통적인 풀오버는 스커트와 팬츠 모두 잘 어울리지요. 앞뒤 길이를 다르게 해서 더욱 트렌디하게 입을 수 있어요.

Design／바람공방
How to make／P.108
Yarn／프랑지파니 5플라이 건지 울

뒤태마저도 아름다운 아란무늬를 트렌디한 스모키 그레이로 떠보았어요. 앞뒤 목둘레의 깊이가 거의 비슷해서 앞뒤를 바꿔 입을 수도 있는 근사한 디자인이에요. 뜨개 시즌이 되면 자꾸만 뜨고 싶어지는 아란무늬! 올해는 이 스타일로 정했답니다.

Design／우노 지히로
How to make／P.110
Yarn／Keito 컴백

Styling Knit

감각적인 그러데이션이 돋보이는 니트.
남성 사이즈의 오버핏 실루엣을 캐주얼
룩의 포인트로 활용해보세요. 오버핏
상의가 여리여리한 실루엣을 만들어주
는 역할도 한답니다. 남자친구에게 선물
할 옷을 잠시 빌려 입은 건 비밀이에요.

Design／YOSHIKO HYODO
Knitter／유키에
How to make／P.114
Yarn／퍼피 룰렛

Glasses／글로브 스펙스 에이전트

심플한 헨리넥 스웨터를 중성적인 느낌
의 회색 실로 떠었어요. 특색 있는 실로 떠
더니 메리야스뜨기마저도 색달라 보입
니다. 목 주변에는 바탕무늬를 넣어서
포인트를 주어 어떤 옷과도 잘 어울리는
훌륭한 니트랍니다.

Design／오쿠즈미 레이코
How to make／P.116
Yarn／퍼피 토르멘타

안뜨기에 1코 교차뜨기로 케이블무늬
를 넣어 품위 있고 아름다운 디자인을
연출했습니다. 화려한 색조의 상의 하나
만 있으면 코디 범위가 넓어지지요. 트
위드는 어떤 하의와도 잘 어울리는 데다
가 탄탄하면서 신축성도 좋아서 초겨울
아우터로 아주 유용하답니다.

Design／하라다 카산드라
How to make／P.118
Yarn／데오리야 모크 울 B

14

깊은 브이넥으로 세련미를 더한 스타일
리시한 베스트. 몸판은 대바늘뜨기로
뜨고 가장자리의 프린지는 코바늘뜨기
로 뜬 하이브리드 스타일이에요. 변화
를 준 걸러뜨기의 배색무늬와 풍성하게
곁들여진 루프의 조합이 신선한 디자인
이랍니다.

Design／오타 신코
Knitter／스토 데루요
How to make／P.107
Yarn／데오리야 e 울

Glasses／글로브 스펙스 에이전트

Styling Knit

높이가 다른 끌어올려뜨기를 조합한 무
늬뜨기가 비침 있는 라인이 되어 유니
섹스한 분위기를 연출합니다. 루즈한 오
버핏 니트로 매력적인 실루엣의 코디를
만끽해보세요.

Design／가와이 마유미
Knitter／엔도 요코
How to make／P.120
Yarn／Silk HASEGAWA 코하루 식스, 긴
가—3

Denim Wide Pants／업사이클리노 베이식(네
스트로브 시부야점)

심플하면서도 아름다운 바탕무늬는
1코 교차뜨기로 뜬 것처럼 보이지만 실
제로는 2코 모아뜨기로 떠서 얇게 완성
했답니다. 두 종류의 실이 자아내는 봄
날의 들판을 닮은 미묘한 색채도 매력
만점이에요.

Design／바람공방
How to make／P.113
Yarn／Silk HASEGAWA 긴가—3, 세이카
12

Denim Shorts／업사이클리노 베이식(네스트
로브 시부야점)

Styling Knit

붓으로 살짝 스친 듯한 색상과 독특한 감촉이 특징인 이 실은 기모사, 슬러브, 네프 등 서로 다른 형태의 소재가 믹스되어 있어요. 끌어올려뜨기로 뜬 올록볼록한 감촉이 어우러지며 부드럽고 포근한 니트가 탄생했습니다. 주인공으로 활약할 색감을 살려 코디해보세요.

Design／시바타 준
How to make／P.123
Yarn／스키 얀 스키 믹스

18

Styling Knit

고무단 길이를 제외하고는 앞뒤 몸판에 같은 형태로 무늬만 다르게 떠서 전혀 다른 이미지의 두 가지 룩으로 입을 수 있는 배색 니트입니다. 옆선은 단추로 고정하는 스타일이며, 소매 색상을 베이스로 배색한 덕분에 앞뒤 몸판이 조화롭게 완성되지요. 무늬 구성이 달라 질리지 않고 즐겁게 뜰 수 있다는 장점도 있고요. 뭔가 일석이조인 느낌이 드는 니트랍니다.

Design／yohnKa
How to make／P.124
Yarn／스키 얀 스키 클레어

'WHIPS'라는 이름처럼 부드럽고 가벼운 실로 뜬 니트 코트입니다. 앞여밈단을 몸판과 함께 뜨는 타입이라 마무리하기 쉬운 디자인이지요. 단추를 달지 않아 걸쳐 입기도 편하고 좋아요. 1코 고무뜨기로 벨트를 떠서 함께 착용하면 더욱 단정하게 연출할 수 있어요.

Design／간노 나오미
How to make／P.112
Yarn／고쇼산업 게이토피에로 WHIPS NEW(굵은 버전)

Glasses／글로브 스펙스 에이전트

Styling knit

복슬복슬한 루프 얀을 스트레이트 얀과 번갈아 떠서 만든 깜찍한 줄무늬 베스트와 모자. 코바늘로 뜬 베스트의 밑단과 모자 입구는 긴뜨기를 가로로 배치해서 떴답니다. 목둘레와 진동둘레가 깊게 파인 베스트는 트렌디한 벌룬 소매 셔츠와도 잘 어울리니 함께 코디해보세요.

Design／ATELIER *mati*
How to make／P.127
Yarn／고쇼산업 게이토피에로 메리노 라이프, 고나유키 루프(그러데이션)
Overall／업사이클리노 베이식(네스트로브 시부야점)

photograph Toshikatsu Watanabe   styling Akiko Suzuki

How to make／P.74
Yarn／DMC 콜도넷 스페셜 no.80

루나 헤븐리의 꽃 소식 vol.5
스며드는 추억 – 겨우살이

처음 겨우살이라는 식물을 알았을 때 신비롭게 뻗은 가지와 아름다운 열매에 마음을 빼앗겼습니다. 겨우살이는 나무에 기생해서 사는 식물 중 하나입니다. 겨울에도 푸른 잎이 무성한 것이 특징이라 북유럽 같은 추운 지역에서는 겨우살이를 생명력의 상징이자 특별함 힘을 지닌 식물로 여겼다고 합니다. 반투명하고 아름다운 겨우살이 열매는 터지면 끈적거려서 손에 묻으면 씻는데 애먹기도 합니다. 천연석처럼 깔끔한 겉모습과는 다른 면모가 흥미롭습니다. 실제로 만져서 확인해 보지 않으면 세월이 흘러 나이를 먹어도 모르는 것이 많다는 사실을 새삼 깨닫게 됩니다.

촉감, 향기, 시들어가는 모습.
"겨우살이의 모든 순간을 놓치지 않고 모조리 작품에 담고 싶다."
이런 마음으로 만든 작품들.

겨우살이 열매로 만든 심플한 스웨그 (swag). 따스함이 감도는 코튼 플라워에 겨울에 한층 더 빛나는 별 같은 스타 아니스(팔각)와 초록 이파리를 함께 배치한 리스. 추운 겨울 날씨와 잘 어울리는 시크한 색감의 작품 2점이 완성되었습니다.

Lunarheavenly
나가자토 가나
레이스 뜨개 작가. 2009년 Lunarheavenly를 설립. 극세 레이스실로 만든 꽃으로 정교한 액세서리를 만들어 개인전을 열거나 이벤트에 출품해 전시하고 있다. 꽃을 완성한 후에 염색하는 방식으로 섬세한 그러데이션 색 연출과 귀여운 작품으로 정평이 나 있다. 보그학원 강사로 활동 중이다. 저서로 《루나 헤븐리의 코바늘로 뜬 꽃 장식》외 다수가 있다.

Instagram: lunarheavenly

노구치 히카루의 다닝을 이용한 리페어 메이크

'리페어 메이크'라는 말에는 수선하면서 그 작업을 통해 그 물건이 발전하고 진보한다는 생각을 담았습니다.

노구치 히카루(野口光)

'hikaru noguchi'라는 브랜드를 운영하는 니트 디자이너. 유럽의 전통적인 의류 수선법 '다닝(Darning)'에 푹 빠져 다닝을 지도하고 오리지널 다닝 기법을 연구하는 등 다양하게 활동하고 있다. 심혈을 기울여 오리지널 다닝 머시룸(다닝용 도구)까지 만들었다. 저서로는 《노구치 히카루의 다닝으로 리페어 메이크》, 제2탄 《수선하는 책》 등이 있다.
http://darning.net

【이번 타이틀】
평생 입을 수 있는 인생 코트

여기저기 닳아 해어지고
빛이 바랬어요…

photograph Toshikatsu Watanababe styling Akiko Suzuki

이번에는 '다닝 구라게'를 사용했습니다.

이탈리아에서 만들어진 부드럽고 포근한 코트. 명품 브랜드답게 고급 원단에 유행을 초월한 심플한 디자인을 갖추었지요. 'Simple is the best', '평생 사용할 수 있는 물건'이라는 건 이런 것이 아닐까, 생각될 정도로 '품격 있고 아름다운 옷'에 대한 존경심이 들었습니다. "꽤 오래된 코트예요. 닳기도 많이 닳았고요"라고 코트 주인이 말하더군요. 확실히 마찰이 심한 부분은 기모가 닳아 있었고, 원단의 짜임이 드러난 부분도 꽤 있었습니다. 그렇지만 저의 다닝 스타일에서는 보이지 않게 하거나 눈에 띄지 않게 하려고 실을 옮겨 심는 작업은 하지 않습니다. 이번에 사용한 테크닉은 동글동글한 루프 모양으로 가공된 남색, 보라색, 회색의 그러데이션 모헤어 털실을, 시드 스티치로 거듭 고리를 만들며 수놓는 기법입니다. 이렇게 하니 입체적이면서도 봉제인형처럼 부드러운 느낌이 더해졌지요. 손상될까 염려되어 입지 못하는 '인생 코트'라면 너무 아쉽지 않을까요? 스스로 정성을 들여 품격 있는 아름다움의 모서리를 둥글게 다듬어 '어쩐지 즐거운 코트'로 다시 새로운 인생이 이어지기를 기대해봅니다.

michiyo의 4 사이즈 니팅

오랜만에 몸판 전체에 무늬가 들어간 배색무늬를 뜨고 싶어졌어요.
심플한 옷에 매치해서 액세서리처럼 입을 수 있는 베스트입니다.

photograph Shigeki Nakashima styling Kuniko Okabe, Yuumi Sano hair&make-up Hitoshi Sakaguchi model Julianne(160cm)

모노톤 배색의
루즈한 베스트

겨울에 레이어드해서 입을 수 있는 낙낙한 사이즈의
따뜻하고 가벼운 베스트가 필요했는데, 생각했던 이미
지에 딱 맞아떨어지는 실을 발견하고는 곧바로 디자인
했어요. 눈길을 확 끄는 모노톤 배색을 몸판 전체에 넣
었습니다. 덕분에 뜨는 보람을 느낄 수 있는 디자인이
지요. 뜨는 건 조금 어렵지만 무늬가 완성되어 갈수록
즐거워질 거예요.

무늬가 바뀌는 부분에는 주름이 잡히지 않을 정도로
만 코를 줄였습니다. 그랬더니 자연스럽게 암홀에 곡선
이 생기고 밑단이 넓어졌어요. 또한 암홀의 고무뜨기에
서 약간 줄어들도록 코를 주우면 어깨 경사를 만들지
않더라도 몸에 맞게 입을 수 있어요. 자연스럽게 어깨
선이 떨어지도록 마무리하세요.

루즈한 스웨터나 풍성한 원피스와 함께 매치할 수 있
도록 암홀을 크게 만들었으니 다양한 스타일의 옷과
매치해서 즐겁게 입어주세요.

이번에는 Keito의 컴백 실을 사용했습니다. 오랫동안 염두에 두었던 디자인에 딱 맞는 실이어서 즐겁게 디자인했어요. 몸판 전체에 무늬가 들어간 배색이지만 실 덕분에 매우 가볍고 부드러운 감촉으로 완성할 수 있지요.

무늬가 조금씩 완성되어 가는 모습을 즐기면서 떠보세요.

How to make／P.130
Yarn／Keito 컴백

목둘레
목둘레의 너비는 두 가지이지만 높이는 모두 같습니다. 높이는 같아도 트임 크기가 제각기 다르므로 옆으로 당기면 조금 더 낮아집니다. 사이즈가 커질수록 목 부분이 갑갑하지 않게 조절했습니다.

단추
S와 M은 5개, L과 XL은 6개를 답니다. 원하는 단추 개수나 지퍼, 똑딱단추 등으로 어레인지할 수 있도록 앞여밈단에는 단춧구멍을 내지 않았습니다.

암홀
트임 치수는 4 사이즈 모두 같지만, 옆선 아래의 콧수와 단에서 줍는 콧수는 다르게 했기 때문에 각각 아름답고 자연스러운 형태가 됩니다.

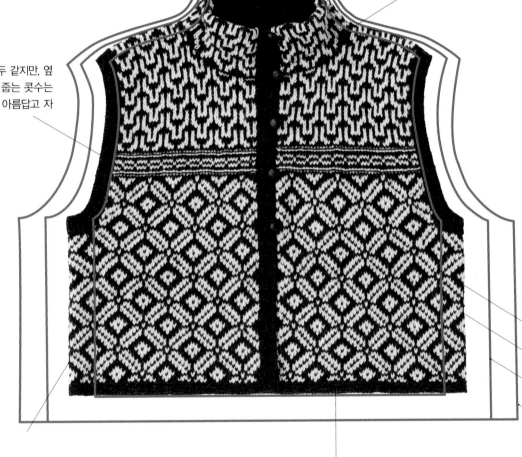

S size
M size(사진)
L size
XL size

품
조금 큼직한 무늬이지만 밑단의 1무늬마다 크기 변화를 주고 있습니다.

기장
약간 폭이 있는 디자인이므로 기장은 너무 길지 않게끔 두 가지 패턴으로 만들었습니다.

michiyo
어패럴 메이커에서 니트 기획 업무를 하다가 현재는 니트 작가로 활동하고 있다. 아기 옷부터 성인 옷까지, 여러 권의 저서가 있다. 현재는 온라인 숍(Andemee)을 중심으로 디자인을 발표하고 있다. 《털실타래》에 실린 작품을 모아서 엮은 책 《michiyo의 4사이즈 니팅》이 출간됐다.
Instagram: michiyo_amimono

※무늬를 기준으로 한 사이즈이므로 치수 차이는 균등하지 않습니다.

뜨개꾼은 후지산이 어울린다

나카니시 슌스케

photograph Bunsaku Nakagawa text Hiroko Tagaya

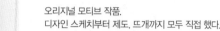

지우개 도장도 즐기는 나카니시 씨.

레트로한 롤 티슈 케이스도 뜬다.

지금 뜨고 있는 작품의 디자인 스케치를 보여줬다.

모자를 뜨는 것도 장기.

오리지널 모티브 작품.
디자인 스케치부터 제도, 뜨개까지 모두 직접 했다.

나카니시 슌스케(中西俊介)

시즈오카 현에 살며 마리나 모사점을 운영하고 있다. 털실 가게를 하는 부모님 밑에서 태어났다. 15년 전부터 의류 업계에서 직종을 바꿔 손뜨개를 배우며(현재 진행형으로 제도도), 가게 앞 샘플도 직접 뜬다. 패션, 토털 코디네이트의 관점에서도 손뜨개의 매력을 전파하고 있다. 가라테 유단자로 축제를 좋아한다.

마리나 모사점 : 시즈오카현 고텐바시 신바시 1970-1
TEL : 0550-83-8154
X : @knit_marina Instagram : knit.mari_na

이번 뜨개 피플은 고텐바 역에서 도보로 3분 거리의 마리나 모사점의 주인 나카니시 슌스케 씨. 부모님이 하시던 이 가게를 이어받은 것은 약 15년 전. 당시는 30대 중반으로 그 과정이 조금 운명적이랄까 드라마틱합니다.
"기본적으로 손뜨개를 살짝 무시했었어요. 촌스럽다고 해야 하나(웃음). 그런 시대였던 거죠. 남자가 받고 싶지 않은 선물은 손뜨개 스웨터. 이유는 부담스러워서. 뭐 그런."
DC 브랜드가 전성기일 때 패션에 끌려 의류 브랜드에 취직해 오트쿠튀르, 프레타포르테 같은 왕도적 세계에서 활동하던 중 전환기가 찾아옵니다.
"프레타포르테를 잠시 쉬자고 생각했을 때 마침 부모님이 도쿄에서 열리는 털실 브랜드 전시회에 차로 데려다주었으면 한다고 부탁하셨어요. 운전기사로 같이 갔다가 충격을 받았죠. 손뜨개로 이렇게까지 표현할 수 있구나, 프레타포르테랑 같잖아, 손뜨개가 이렇게까지 진화했구나 하고요. 그로부터 얼마 후 도매처의 패션쇼를 보러 갔는데 역시 작품도 연출도 훌륭한 거죠. 그렇게 감동만 하다가, 잠깐, 이거 우리 집이 하는 거잖아. 이건 해야겠다 싶었죠."
그렇게 아내와 함께 가게를 잇습니다.
"손뜨개는 낡은 이미지인 채로 변하지 않는 부분이 있죠. 하지만 입는 법 하나로 세련되어집니다. 그래서 '이런 셔츠와 매치하면' 하는 식으로 입는 법을 제안하는 디스플레이에 유념하고 있습니다. 손뜨개 가방도 손잡이를 가죽으로

하는 것만으로 완전히 달라집니다. 손뜨개의 멋과 가능성을 알아주셨으면 합니다."
가게 중앙에서 존재감을 자아내고 있던 것이 모티브뜨기의 샤넬풍 슈트. "어른 여성의 고급 기성복을 목표로 하고 싶다"는 나카니시 씨. 의류업 출신으로 제도와 디자인 스케치 모두 공부한 만큼 목둘레선이나 팔에 맞춘 소매의 모티브 처리 등 섬세한 부분에서 기술이 빛을 발합니다. 손뜨개를 시작한 건 계기가 됐던 패션쇼를 열었던 도매처의 손뜨개 교실. 시작하고 몇 년 사이에 아프간뜨기까지 정복했다고 하니 역시 대단합니다. 디자인 스케치를 보고, 미술 계열 학교에 다니셨냐고 물었더니 "전혀요(웃음). 가라테를 했습니다. 초등학교부터 대학까지 죽 했어요. 축제도 좋아합니다"라며 보여준 것이 축제 때 찍은 늠름한 사진 한 장. 덕분에 분위기가 한결 부드러워집니다.
"손뜨개를 하는 남자도 있지만 섬세한 남자들이 한다는 고정관념도 있는 것 같아요. 저 같은 우락부락한 남자가 함으로써, 누구나 할 수 있다고 생각해주시면 좋겠습니다. 배색무늬뜨기로 그림도 그릴 수 있고, 명상처럼 고요한 마음이 될 수도 있습니다. 손뜨개는 어른의 문화라고 생각해요. 손뜨개 하면 곧잘 '치매 방지'라고 하지만 사실은 세련된 것이라는 매력을 재발견해주셨으면 합니다."
가게 안에서 서서 뜨는 걸 좋아하지만 특등석은 가게 앞 벤치. 후지산이 크게 바라다보입니다. 맑은 날에 가보는 건 어떨까요?

1／어딘가 정겨움이 느껴지는 마리나 모사점의 내부. 2／현재 오리지널 아란 니트를 제작 중. 기본적으로 서서 뜬다. 3／시판 키트를 어레인지한 것도 전시. 4／가게에서 바라다보이는 후지산 핀 포인트로 볼 수 있다. 5／당연히 양말도 뜬다. 6／축제에 참가한 나카니시 씨, 늠름하다. 7／오리지널 후지산 수세미도 인기. 8／일본 브랜드 실을 중심으로 취급하고 있다. 9／가게와 주인의 갭이 오히려 멋지다.

2	1	
5	4	3
9	8	6
		7

27

Reversible Knit
리버서블 니트

앞면으로도, 뒷면으로도 모두 입을 수 있는 리버서블 니트.
뒤집는 것만으로 완전 달라지는 분위기를 즐겨보세요.

photograph Hironori Handa styling Masayo Akutsu
hair&make-up Naoyuki Ohgimoto model Ann(176cm)

아가일 배색무늬가 전통적인 느낌의 볼레로 재킷입니다.
직선으로 뜬 목둘레의 뒤집힌 부분을 자세히 들여다보면
편물의 뒷면이 깔끔합니다. 아름다운 뜨개코와 깔끔하게
정돈된 걸치는 실이 아름다워서 뒷면도 보여주고 싶었습니
다. 알파카 특유의 톡톡하고 부드러운 촉감이 기분 좋
은 실로 만들었습니다.

Design／이토 나오타카
How to make／P.134
Yarn／나이토상사 인디시타 DK

Shirt／하라주쿠 시카고 하라주쿠점
Skirt／하라주쿠 시카고(하라주쿠/진구마에 점)
Brooch／SLOW 오모테산도점

Reverse

Reverse

멋쟁이들이 스타일링 포인트로 활용하는 베스트는 직선으로 떠서 부드러운 실루엣을 만듭니다. 꽈배기무늬는 겉뜨기가 베이스인 쪽은 3가닥, 안뜨기가 베이스인 쪽은 4가닥 보이는 멋진 디자인! 옆선과 목둘레는 가터뜨기를 해서 어느 쪽으로 입어도 문제 없습니다. 깊이 판 옆쪽 트임도 멋스럽습니다.

Design／쓰리타니 교코
How to make／P.133
Yarn／나이토 상사 에브리데이 솔리드

Skirt, Hat／하라주쿠 시카고(하라주쿠/진구마에점)

겉면과 안면에서 같은 무늬 디자인의 다른 배색을 즐길
수 있는 브리오슈 뜨기입니다. 편물이 두툼하고 따스하게
완성돼서 추워지는 계절에 안성맞춤입니다. 어느 쪽을 겉
면으로 해도 손색이 없고 꿰매기, 잇기에 눈을 빼앗기고
맙니다. 마무리의 비밀은 137쪽에서 참고하세요.

Design／오카 마리코
Knitter／우치우미 리에
How to make／P.136
Yarn／올림포스 KUKAT

Shirt, Skirt／하라주쿠 시카고 하라주쿠점

Reversible Knit

Reverse

Reverse

두 겹으로 뜬 탈부착 칼라는 치마 색을 그대로 사용해서
바이컬러로 디자인했습니다. 치마는 각각의 색을 2가닥
으로 합사해서 배색의 매력을 한층 끌어올렸습니다. 빗줄
기를 떠올리게 하는 줄무늬는 겉면과 안면에서 모두 겉
뜨기가 되도록 연구해서 스티치를 했습니다.

Design／다마무라 리에코
How to make／P.138
Yarn／올림포스 플로레스

가터뜨기와 걸러뜨기를 반복하는 배색무늬뜨기, 모자이크뜨기 두 종류를 조합한 재킷입니다. 사진에서는 일부러 보여주지 않았지만, 안면은 2가지 색의 가로줄무늬 사이로 희미하게 무늬가 비쳐서 편물이 정말 멋들어집니다. 단수를 떠올라갈수록 편물이 톡톡해지므로 겉옷을 만들 때 추천할 만한 무늬입니다.

Design／기시 무쓰코
How to make／P.140
Yarn／Silk HASEGAWA 고하루 시스, 기교, 세이카 12

Blouse, Skirt／하라주쿠 시카고(하라주쿠/진구마에점)

걸쳐뜨기 중심을 끌어올려 만드는 무늬가 프릴처럼 죽 늘어섭니다. 안쪽에는 소박한 줄무늬가 드러나며 칼라처 럼 접으니 겉면과 안면의 대비가 아름다운 무늬로 나타 납니다. 직선으로 쭉 떠서 뜨기 쉽고 입는 방법도 다양합 니다.

Design／오쿠즈미 레이코
How to make／P.142
Yarn／Silk HASEGAWA 고하루 시스, 긴가-3

Blouse／하라주쿠 시카고 하라주쿠점
Skirt／하라주쿠 시카고(하라주쿠/진구마에점)

Reverse

Reversible Knit

P.30 무늬 뜨는 법

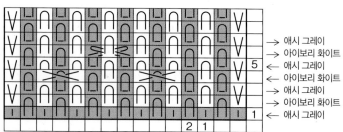

첫 단은 8호 코바늘로 별도 사슬에서 애시 그레이로 코를 줍습니다.

| → 애시 그레이 |
| → 아이보리 화이트 |
| ← 애시 그레이 | 5 |
| ← 아이보리 화이트 |
| → 애시 그레이 |
| → 아이보리 화이트 |
| ← 애시 그레이 | 1 |

(2 1)

배색 { ▨=애시 그레이 / ☐=아이보리 화이트 }

2단(안면 단)

1 2단은 아이보리 화이트로 실을 바꾸고, 첫 코를 안뜨기로 뜹니다. 바늘에 실을 걸고, 두 번째 코는 뜨지 않고 오른쪽 바늘로 옮깁니다.

2 세 번째 코는 안뜨기합니다. 두 번째, 세 번째 코를 반복합니다.

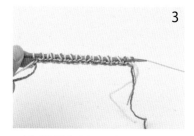

3 2단을 완성했습니다. 편물을 뒤집지 않고 반대쪽 바늘로 옮깁니다.

3단(안면 단)

4 첫 코는 뜨지 않고 걸러뜨기합니다. 애시 그레이 실을 바깥쪽에서 걸치고, 두 번째 코와 앞단에서 걸어놓은 고리에 화살표처럼 바늘을 넣은 다음 함께 겉뜨기합니다.

5 오른쪽 바늘에 실을 걸고, 세 번째 코를 뜨지 않고 오른쪽 바늘로 옮깁니다. 4, 5를 반복합니다. 마지막 1코는 걸러뜨기합니다.

4단(겉면 단)

6 아이보리 화이트로 뜨는 단은 실을 교차시킨 다음부터 뜹니다. 2, 3단을 반복합니다.

(교차시킨다)

 ← 뜨는 법

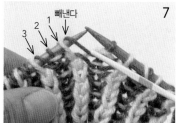

7 전단에서 걸어둔 고리를 빼내고, 1의 코를 꽈배기바늘로 옮겨서 앞쪽에 놓습니다.

(빼낸다)

8 2의 코를 다른 꽈배기바늘로 옮겨서 바깥쪽에 놓고

→  뜨는 법

9 다음의 걸린 고리를 바늘에서 빼낸 다음 3의 코를 겉뜨기합니다.

(빼낸다)

10 오른쪽 바늘에 실을 걸고, 2의 코를 뜨지 않고 오른쪽 바늘로 옮긴 다음 1의 코를 겉뜨기합니다.

11 교차무늬를 완성한 모습.

12 1의 코를 꽈배기바늘로 옮겨서 앞쪽에 놓고

13 앞단에서 걸어 놓은 고리와 2의 코를 다른 꽈배기바늘로 옮긴 다음 바깥쪽에 놓습니다.

(고리)

14 오른쪽 바늘에 실을 걸고, 3의 코를 뜨지 않고 오른쪽 바늘로 옮깁니다.

15 꽈배기바늘에 옮긴 고리와 2의 코를 안뜨기로 함께 뜹니다.

16 바늘에 실을 걸고 1의 코를 뜨지 않고 오른쪽 바늘로 옮깁니다.

겉면에서 본 모습.

안면에서 본 모습.

대바늘 뜨개 대백과

전 세계 니터들의 뜨개 바이블

THE ULTIMATE KNITTING BOOK

100만 부 이상 판매된 뜨개 교과서

30년 넘게 사랑받은 궁극의 뜨개 안내서

전 세계 니터들을 위한 단 한 권의 대바늘 백과사전

1989년에 출간하고 최신 테크닉을 추가한 전면 개정판

실, 바늘, 도구 설명부터 현존하는 모든 대바늘 뜨개 기법까지!

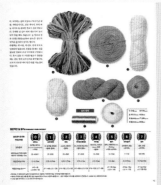
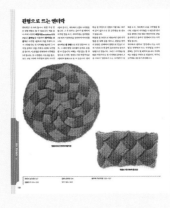
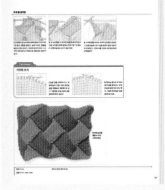

니터를 위한 뜨개 팁과 보그 과정 워크 시트,

뜨개 편물 디자인에 대한 모든 것!

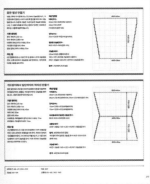

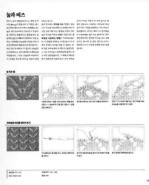

예전 실크로드의 요충지로 번영했던 카슈미르(Kashmir) 지방은 인도 최북단에 있는 도시 스리나가르(Srinagar)와 그 근교로 이슬람교도가 많이 사는 지역을 가리킵니다. 파키스탄, 중국과 국경을 접하고 있고 지리적으로 중요한 의미를 지닌 곳입니다. 아직 국경 분쟁이 해결되지 않았지만, 긴장 상태가 완화되어 관광지로 탈바꿈할 조짐을 보입니다.

스리나가르는 해발고도 1,600m가 넘는 고원지대로 우뚝 솟은 산들에 둘러싸여 있습니다. 시내 중심에는 달 호수(Dal lake)와 니긴 호수(Nigeen lake) 같은 큰 호수가 있고 자연이 풍부한 마을입니다. 혹한의 겨울에는 눈이 내리기도 합니다. 무슬림 문화가 뿌리 깊게 물든 거리는 이국적인 정취를 자아내며 인도 내에서도 관광객이 찾아옵니다. 더불어 세계적인 수공예 도시로도 알려져 있습니다. 목각, 파피에 마셰(papier mache, 종이를 여러 겹으로 붙이는 기법), 아리(aari) 자수, 양탄자 등이 있는데도 그 가운데 가장 유명한 것은 파시미나(Pashmina) 숄입니다. 현재 파시미나 숄은 크게 민무늬, 소즈니(sozni) 자수, 카니 직물(Kani Weaving)로 나뉘는데 이번에는 카니 직물을 소개하겠습니다.

니긴 호수를 구경하고 있었더니 시카라(shikara, 초승달 모양의 조각배)를 타고 꽃을 팔러 왔다. 마음에 드는 꽃을 고르자 그 자리에서 아름다운 부케를 만들어줬다.

세계 수예 기행 「인도」
원단의 보석
카슈미르의 카니직물!

취재·글·현지 사진(P.36, B~F, P.38)/시부야 사토코 현지 사진(A)/다도코로 미즈호 스튜디오 사진(G~K)/모라야 노리아키

역사에 물든 파시미나

카니 직물의 역사는 그 시대의 패션과 깊은 연관이 있는데 그 과정이 정말 드라마틱합니다. 숄 제작의 기원은 15세기라고 합니다. 당시 통치자가 중앙아시아에서 직물 명장을 초빙하면서 카슈미르 지역의 모직물 문화가 시작되었습니다.

숄 문화가 꽃을 피운 시기는 16세기 후기입니다. 인도가 무굴제국으로 불리던 시절, 특히 17세기 악바르(Akbar, 1542~1605, 무굴제국의 3대 황제) 황제 시대에 크게 발전하였습니다. 악바르 황제는 많은 방직공을 궁정 내에 살게 하면서 아주 질이 좋은 직물을 만들게 했습니다. 숄 디자인에는 페르시아 미니아튀르(miniature, 세밀화)의 영향을 강하게 받은 모티브를 넣어 짰습니다. 이것이 지금 카니 직물이라고 불리는 철직(綴織, 다양한 색실을 사용해 무늬를 짠 직물)으로 이어져 오게 됩니다.

당시 도안은 심플했는데 숄 양 끝에 자그마한 꽃이 뿌리까지 그려져 있을 따름이었습니다. 그때 이미 페이즐리(Paisley) 무늬라 불리는 무늬의 일면이 엿보인 데에서 페이즐리 무늬의 기원이 카슈미르라는 사실을 알 수 있습니다.

카슈미르의 직물은 18세기부터 점차 국외, 특히 유럽 상류계층이 애용했습니다. 여성은 겉옷으로 남성은 어깨에 걸치거나 허리에 두르는 천으로 사용했습니다. 컬렉터로 유명한 사람은 나폴레옹의 아내 조세핀입니다. 그녀는 다양한 철직 숄을 소유한 것으로 널리 알려졌습니다. 당시 유행한 그리스풍의 심플한 코튼 드레스에 따뜻한 파시미나 숄을 두르는 스타일은 엄청난 인기를 구가했다고 합니다. 다음에는 허리 주변을 풍성하게 부풀린 버블 드레스에 코디하는 문 숄(정사각형 숄을 대각선으로 접어서 세모꼴로 만들어 두르는 스타일)이 유행했습니다.

유럽의 숄 시장은 굉장히 규모가 컸기 때문에 디자인은 유럽 시장의 영향을 받아서 변화해갔습니다. 심플한 화초의 전체나 일부를 곡옥 모양으로 디자인한 것부터 식물 전체를 곡옥 모양으로 만드는 밀도 있는 디자인으로 변화했습니다. 19세기 중반에 프랑스인이 직접 디자인에 관여하면서 페이즐리는 점차 설자리를 잃고 추상적인 식물 집합체와 같은 무늬로 사용되며 유행이 달라졌습니다.

디자인 세밀화는 정교함의 극치로 현재의 기술로는 재현할 수 없다고 합니다. 당시 직공의 노동이 얼마나 가혹했는지 알 수 있습니다.

소재에 관해

깃털처럼 가볍고 따뜻한 모직물은 티벳, 인도 산악부의 라다크(Ladakh) 지방에서 생산되며 그 부드러운 모섬유는 현지에서 파슘(Pashm)이라고 불리는 산양의 속털(턱에서 복부에 난 털), 파시미나입니다. 해발고도 3,500m에서 4,500m 산악지대에서 자라는 산양은 엄혹한 겨울을 버티기 위해서 풍성한 속털을 만듭니다. 봄이 되면서 빠지는 털을 빗으로 빗어서 세탁하고 정리하면 길고 부드러운 파시미나 원모가

모두 18세기에 만들어진 숄. 세로줄 무늬 디자인은 카트라스라고 불리는데 길고 곧게 뻗은 길을 표현했다. 인생에 비유해서 염원을 담은 디자인(Kashmir Loom 소장).

*Kashmir Lomm: 역사적으로 중요한 가치를 지닐 만한 파시미나를 다수 소장하고 문화 전승에 힘쓰고 있다. 철저하게 품질 관리를 하며 진정한 카슈미르 숄을 세상에 알리는 선도적 존재이다.

A／카니 직물 공방의 직인들. 빨리 마무리하기 위해 또는 후배에게 기술을 전하기 위해 한 장의 천을 두 사람이 짜는 경우가 많다. B／탈림 만들기에 사용한 디자인 그림. 은색 부분은 자리라고 불리는 메탈 실을 사용하는데 앤틱 카니 직물의 복각에 도전한 작품. C／디자인을 기호화한 탈림. 색 배열과 카니(보빈)를 넣는 순서 등 구성을 기록한다. 예전에는 탈림을 작성하는 전문 직인이 있었다고 한다. D／같은 분홍색이라고 해도 조합이 다채롭다. 미묘한 색의 차이를 디자인에 반영하는 모습에서 높은 미의식을 엿볼 수 있다. E／디자인이 세밀할수록 많은 카니를 사용한다. 아름답게 완성하려면 리듬이 중요해서 숙련된 기술자는 탈림을 외워서 어느 정도 순서를 순식간에 진행한다. 때로는 한 장에 1,000개 정도 카니를 준비하는 경우도 있다고 한다.

완성됩니다.

역사상 가장 뛰어난 섬유로 숄을 만든 것은 17세기였습니다. 당시에는 봄 털갈이 철에 야생 산양이 나무에 몸을 비비며 빠진 털을 손으로 모아서 털을 손상 없이 채집할 수 있었기 때문이라고 합니다.

중세 유럽에서는 카슈미르에서 온 파시미나 직물을 '캐시미어'라고 불렀다고 합니다. 그래서 숄에 사용하는 모섬유가 카슈미르 산양의 속털인 사실이 밝혀졌을 때 그 섬유를 캐시미어라고 이름붙였습니다. 섬유를 보면 파시미나는 캐시미어와 같습니다. 단지 일반적으로 손으로 짠 천 이외의 가공품과 방적실에 파시미나라는 말을 사용하지는 않습니다. 파시미나, 파시미나 숄이란 카슈미르를 손으로 짠 캐시미어 100%의 직물을 가리킵니다.

시장의 변화

19세기 중반까지 전성기를 누린 파시미나 숄이지만 유럽에서 자동 직조기가 개발되며 자카르(Jacquard) 생산이 대규모로 가능해지자 시장을 잃고 맙니다. 같은 시기에 스리나가르에서 대기근이 발생하면서 인구가 3분의 1로 줄었다는 기록이 있습니다. 이러한 비극이 겹치면서 19세기 말까지는 볼 수 있었던 파시미나 산업이 20세기에는 소멸했습니다. 그 시기에 매수처를 잃은 철직공 대부분은 활로를 찾아서 제조 과정이 비슷한 양탄자 만들기로 전향했습니다. 그 후로 100년 넘게 카슈미르의 철직은 자취를 감췄습니다.

그러나 1990년대에 들어서면서 파시미나 숄이 다시 주목받습니다. 몇몇 사업가가 움직이기 시작하면서 최상의 촉감을 자랑하는 손직물 숄은 고급 패션 아이템으로 찾는 사람이 급증했습니다. 특히 호화로운 자수 숄이 각광받았는데 아주 적지만 그 반열에 철직도 올랐습니다. 명맥이 끊어졌다고 여겼으며 세계적으로 희귀한 철직 기술은 직인의 가정에서 소리 소문 없이 계승되며 지켜졌습니다.

스리나가르에서 굴마르그(Gulmarg) 방면으로 40km정도 떨어진 곳에 카니하마(Kanihama)라는 마을이 있습니다. 마을 이름은 철직에 사용하는 목제 보빈 '카니스'에서 유래하는데 직물 이름도 '카니 직물'이라고 부르게 됐습니다. 시장이 움직이기 시작한 2000년경부터 정부의 지원을 받아서 카니하마 일대에서 카니 직물의 기술훈련을 실시했습니다. 지금은 카니하마에서 만든 철직만을 진정한 카니 직물로 여겨서 제작 지역의 표시를 허가 받은 특별한 지역이 되었습니다. 실제 대대로 가업으로 전승된 다른 지역의 손직물도 있지만 목제 보빈인 카니스 또는 카니를 사용한 철직을 카니 직물이라고 부르며 하나의 카테고리를 이뤘습니다.

카니 직물의 기법

현재 카니 직물은 직조기 1대에 두 사람의 직인이 함께 한 장을 짜냅니다. 2×2 능직 베이스에 색실을 감은 카니(보빈)를 사용한 철직입니다. 양탄자를 짤 때의 기법과 비슷합니다. 무늬가 비스듬하게 드러나는 능직은 평직에 비해서 폭신하면서도 표면에 광택이 나서 파시미나 숄에 알맞습니다.

철직을 짤 때 무늬 디자인은 기호화해서 섬유의 패턴과 색 구성을 지시하는 '탈

명장 파야즈 씨의 손. 망설임 없이 능숙하게 카니를 움직이는 느낌이다. 실수가 허락되지 않기 때문에 집중력을 유지하면서 하는 작업은 인내력이 관건이다.

림'을 보면서 진행합니다. 탈림은 모눈종이에 도안을 겹쳐서 작은 칸에 기호와 번호를 넣어서 만듭니다. 최근에는 디자인 그림을 스캔한 다음 소프트웨어를 활용해서 기호화한 탈림을 만드는 일이 늘었습니다.

현대 명장

2003년쯤에 500~600명밖에 없었던 카니 직인이 5년 후에 5배 넘게 증가해서 3,000명까지 늘었습니다. 그후에도 꾸준히 증가하고 있습니다. 숄 수요가 늘고 활로를 확보하자 양탄자 직인으로 전향한 사람들이 다시 카니 직인으로 돌아왔습니다. 30년 전에는 굉장히 보기 힘들었던 카니 직물은 생산량을 해마다 늘려가며 정상화 단계를 밟아가고 있습니다.

2024년 7월 카니하마에 있는 공방을 찾아서 명장 파야즈 씨와 이야기를 나눴습니다. 그는 숄 사업을 하는 아버지에게 '제작 전반을 알아야 사업에서 살아남는다'는 말과 함께 기술 습득을 권유받아서 할아버지에게 카니 직물 제작을 사사했다고 합니다. 카니하마의 훈련생이 된 파야즈 씨는 직공으로 두각을 드러내며 지금은 공방에서 최고난도의 디자인을 담당하게 되었습니다. 그의 공방에는 과거의 디자인과 탈림 아카이브가 빼곡히 보관 정리되어 있습니다. 아름다움을 일구는 일에 철저함을 기하기 위해서 공방은 청결하게 관리했습니다.

파야즈 씨는 역사적 디자인을 오리지널에 가까운 형태로 재현하는 일을 굉장한 영광이라고 생각하며 예전에 번성했던 파시미나 숄 시대를 부활시키는 것이 꿈이라고 합니다.

카니 직물을 제작하는 일은 한 집안의 가업을 물려받는 일일 뿐만 아니라 카슈미르 사람으로서 정체성을 계승하는 것이며 선조들이 이뤄놓은 역사에 존경을 표하는 일이기도 합니다. 또 그 지역의 미의식을 보존해나가는 일이라는 이야기도 했습니다.

앞으로의 전망

전체적으로 무늬가 들어간 작품 1장을 완성하기 위해 1년 이상, 대형은 2년 이상이 걸리는 이 직물은 말 그대로 섬유의 보석입니다. 판매를 위해서는 소비자의 존재가 중요합니다. 600년 이상의 역사를 지닌 기술을 계승해온 선조들에게 경의를 표하며 현대 생활과 패션에 다가가 변화에 대응하는 유연성을 소중히 여기며 활로를 모색하고 있습니다.

저는 국경을 초월해서 전통 공예의 매력을 공유하는 것이 앞으로 수공예가 걸어가야 할 길에 큰 역할을 한다고 믿습니다. 일본에서는 오래 전에 인도에서 들어온 텍스타일과 융합해서 뿌리 내린 적이 있습니다. 양국의 인연을 파시미나에도 활용해서 향후 일본인만이 만들어낼 수 있는 숄 제작에 매진할 계획입니다.

마음에 드는 도안을 들고 미소짓는 파야즈 씨. 공방에서 만든 모든 조각을 아카이브에 정성스럽게 파일링해놓았다.

F／17세기에서 18세기 디자인에서 영감을 받은 작품. 심플하면서도 섬세하다. 색을 바꿔가며 조합을 늘리고 있다. G／F의 도안으로 제작한 이 숄은 18세기 전반 작품의 오마주. 제작할 수 있는 직공이 손에 꼽힐 만큼 아주 어려운 작품. H·I／17세기에서 18세기 디자인을 크기를 조절해서 복각한 것과 오리지널 디자인을 추가한 작품. 감색 작품은 38페이지 아래 사진에서 파야즈 씨가 들고 있던 디자인을 어레인지한 작품. J／최근 새로 고안된 전체 무늬 디자인. 2년에 걸쳐서 완성됐다는 대형 숄은 섬세한 꽃잎을 정교하게 표현했다. K／파야즈 씨 혼신의 한 장. 18세기 디자인을 복각한 것으로 꽃병에 꽂힌 카네이션은 당시 인기 있는 모티브였다고 한다. 작은 꽃 부분의 가장자리 표현이 특히 뛰어나다.

시부야 사토코(渋谷聡子)

일본 홋카이도 출생. 2007년에 프렌치 에스닉 셀렉트 숍 피스타슈(pistache)를 시작했다. 2015년 털실타래 세계 수행 기행 취재를 계기로 파시미나 전문 브랜드 누쿠이로(nukuiro)를 시작해서 현지 직공과 오리지널 파시미나 제작에 힘쓰는 한편 카슈미르 문화와 숄의 훌륭함을 전시회를 중심으로 알리고 있다. 2024년 여름 카슈미르 수공예를 둘러싼 여행을 처음으로 기획했다. 2024/11/30~12/1, 6~7 가나가와현 즈시시의 바하(Bahar)에서 파시미르 전시회를 개최할 예정.
Instagram: nukuiro

레이디 니트

기성복 매장에서는 만나기 힘든 작품으로 시간과 수고를 아끼지 않은 스타일.
어른 여성에게 잘 어울리는 우아한 니트입니다.

photograph Hironori Handa styling Masayo Akutsu hair&make-up Naoyuki Ohgimoto model Ann(176cm)

재킷 무늬를 치마에도 곁들여서 은은한 통일감
에 마음이 끌리는 투피스. 아래위를 따로따로
다른 아이템과 입을 수도 있어서 하나만 있어도
활용도가 높습니다. 은색 실의 지그재그 무늬는
구슬뜨기가 베이스입니다.

Design／오카모토 게이코
Knitter/(Jacket)／미야모토 히로코
How to make／P.148
Yarn／다이아몬드케이토 다이아 타탄, 다이아 오
프

Glasses, Brooch／산타모니카 하라주쿠점

그러데이션 얀과 모눈무늬의 조합이 눈길을 끄는 짧은 기장의 재킷. 가로로 뜨면서 걸쳐뜨기로 만든 무늬에 포근한 퍼 안을 통과시켜서 풍부한 질감을 연출했습니다. 부푼 소매와 폭신폭신한 칼라가 사랑스러운 디자인입니다.

Design／모리 시즈요
How to make／P.145
Yarn／다이아몬드케이토 다이아 캐롤리나, 다이아 타탄, 테디

Skirt／SLOW 오모테산도점

복을 불러들이는 장식물

제야의 종소리를 들으며 가는 해를 돌아보고 앞으로 시작되는 새해의 소원을 빕니다.
다가올 한 해의 계획을 세우면서 복을 부르는 장식물로 새로운 운을 끌어당겨봐요.

photograph Toshikatsu Watanabe styling Akiko Suzuki

복고양이

한 손을 든 포즈로 복을 손짓해 부르는 복고양이.
"그냥 세수하는 거 아냐?"라고 오해하기 십상이
지만, 느긋하게 일하는 중이에요!

Design／마쓰모토 가오루
How to make／P.154
Yarn／DARUMA 둘시안 모혼병태, 라메 레이스실#
30

오뚝이

'길년뽑기'의 오뚝이는 쓰러지지 않아서 사업 번
창의 상징이기도 하고 노력파라서 소원 성취를 의
미하기도 합니다. 어떤 소원도 이루어주는 배포
큰 녀석입니다.

Design／마쓰모토 가오루
How to make／P.154
Yarn／DARUMA 둘시안 모혼병태, 라메 레이스실#
30

활짝 웃는 동글동글한 모양이 사랑스러운 복고양이. 송죽
매 장식과 붉은 목걸이, 목걸이에 달린 딸랑거리는 방울 소
리가 마음을 편안하게 합니다. 손을 드는 쪽으로 끌어당기
는 운이 다르기에 좌우대칭 한 쌍으로 만들었어요. 오른손
은 금전, 왼손은 사람과 손님을 불러들입니다. 색에도 의미
가 있어 요즘은 컬러풀한 녀석도 등장했지요. 사업이 번창
하고 운이 트이는 장식물로 인기인 오뚝이는 오묘한 표정이
매력적입니다. 얼굴의 부품과 신성한 '복(福)' 자는 짧은뜨기
로 떠서 공들여 붙였습니다. 자잘한 부품이 없어지지 않게
처음부터 두 눈을 넣어 뜹니다.

Enjoy Keito

이번에는 Keito 오리지널 얀, 천연 소재로만 만든 병태 모헤어 '카라모프'를 사용한 작품을 소개합니다.

photograph Shigeki Nakashima styling Kuniko Okabe,Yuumi Sano hair&make-up Hitoshi Sakaguchi model Julianne(160cm)

Keito
calamof

Keito 카라모프

모헤어 40%, 울 35%, 알파카 25%, 색상 수／8, 1타래／약 100g, 실 길이／약 220m, 실 종류／병태, 권장 바늘／대바늘 8~10호
Keito 오리지널 얀. 날개에 모헤어와 알파카, 심에 울을 사용한 천연 섬유로만 이뤄진 탐사(기모사)입니다. 지난 9월에는 단색 컬러인 핑크, 노란색, 파란색, 초록색이 새롭게 출시되었는데 기존의 그러데이션 색상과도 잘 어울립니다. 그러데이션 실은 일본 장인이 1타래씩 수작업으로 염색하고 있습니다.

들쑥날쑥 가터 스누드

새로 출시된 단색 컬러 실과 그러데이션 실을 2단마다, 겉뜨기와 안뜨기를 조합해서 곧게 뜹니다. 뜨는 건 어렵지 않은데도 독특하면서 색다른 무늬를 즐길 수 있답니다. 이 스누드는 노란색 계열로 조합했지만, 핑크 계열이나 파란색, 초록색 계열 등 좋아하는 색감으로 떠도 좋아요.

Design／Keito
Knitter／스토 데루요
How to make／P.169
Yarn／Keito 카라모프

심플한 래글런 풀오버

목둘레의 안뜨기 라인과 래글런선, 등 부분에 달린 단추가 포인트인 심플한 풀오버예요. 소매·밑단·목 둘레는 메리야스뜨기한 상태에서 그대로 마무리하는 디자인입니다. 그냥 입어도 예쁘고 셔츠 위에 레이어 드해도 예쁜 스타일이지요. 어떤 코디와도 잘 어울리는 트렌디한 풀오버랍니다.

Design／Keito
Knitter／스토 데루요
How to make／P.144
Yarn／Keito 카라모프

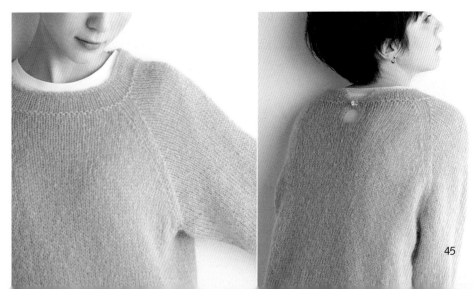

도카이 에리카의 배색무늬 니트

photograph Toshikatsu Watanabe styling Akiko Suzuki

큰 인기를 누리고 있는 도카이 에리카의 신작이 도착했어요. 배색뜨기의 참맛을 흠뻑 느껴보아요. (46~47페이지에 소개된 작품은 도안이 수록되어 있지 않습니다.)

이야기 속 캐릭터를 배색뜨기하고 싶어서 그림 형제 동화에서 여러 동물이 등장하는 《브레멘 음악대》를 골랐습니다. 금색 스팽글은 밤하늘에 반짝이는 별을 표현한 것이랍니다. 품과 진동둘레는 넉넉히 잡았으니까 다양한 코디를 즐길 수 있어요.

Knitter／가네코 마유미

46

화사한 부케를 배색뜨기한 풀오버는 가는 모헤어를 합사했기 때문에 촉감이 보드랍고 가볍습니다. 품과 소매 너비는 크고, 소매길이는 짧은 디자인입니다.

Knitter／스즈키 기미코

오스트리아의 경승지 할슈타트를 앞판 전체에 떠넣었어요. 색깔이 다른 실을 합사해서 더욱 세밀한 그러데이션으로 산과 호수, 건물을 표현했습니다.

Knitter／스즈키 기미코

베스트에 등장한 동물을 가방 양면에 한 가득. 가방은 여백이 적으므로 편물을 옆으로 펼치면 동물끼리 이야기하는 것처럼 보여서 즐거움이 배로 늘어납니다. 가방이 크므로 손잡이 심지는 꼭 달아주세요.

Knitter／스즈키 기미코

다뜨베이더

취재 : 정인경 / 사진 : 김태훈, 다뜨베이더(2, 3, 4, 5)

1

다뜨베이더
니터로 활동하면서 연희동에서 '묘한술책'이라는 이름의
바를 운영 중이다. 고양이와 술, 책을 좋아해서 차린 바였
는데 지금은 뜨개를 하는 아지트, 뜨갤럭시가 되었다. 뜨갤
럭시에서 여러 사람들과 교류하며 즐겁게 뜨개를 한다.
X : @allknitvader

X(구 트위터)에서 활동하는 니터 다뜨베이더는 사회 현상이나 트렌드 등의 화두에 자기 관점을 투영해 만든 시의적절한 작품들로 뜨개인들에게 사랑받는 뜨개인입니다. 다뜨베이더라는 이름처럼 다 떠버리겠다는 듯이 의류나 소품, 대바늘과 코바늘을 가리지 않고 다양한 작품을 뜨고 공유합니다. 주로 익명으로 운영되는 SNS(X)에서 활동하다 보니 특별히 정체를 감춘 적이 없음에도 그가 남자라는 것을 나중에 알고 놀라는 사람도 많다고 합니다. '뜨개하는 남자'라는 생소한 정체성에 그의 뛰어난 실력이 오해를 사기도 했다고요.

"뜨개에 몰두하게 된 계기는 아무래도 코로나19의 영향이 커요. 당시에도 바를 운영하고 있었는데 저녁 9시 이후로 영업을 할 수 없게 되면서 운영에 큰 어려움을 겪게 됐거든요. 저는 마치 재난 상황에 동굴로 숨어버린 사람처럼 매일 12시간 이상 뜨개에만 몰두했어요. 그것은 일종의 도피였고 중독이었습니다."

그의 그런 모습을 보고 말없이 고급 대바늘 세트를 선물해준 친구도 있었습니다. 주변의 응원에 힘입어 남다른 밀도로 매일 뜨개를 하다 보니, 남다른 속도로 실력이 늘기 시작했습니다. 뜨개를 시작한 지 이제 4년 정도라고 말하면 모두 놀란다고 합니다. 어떻게 그렇게 높은 실력을 갖게 되었느냐고요.

"저는 처음부터 뜨개가 잘 되었어요. 바늘을 잡았을 때도, 코를 처음 잡을 때도 마치 이전에 해본 적 있는 것처럼 익숙했죠. 그런 제가 저도 놀라워 SF 영화 〈데몰리션 맨〉이 떠올랐어요. 거기 보면 냉동 감옥에서 깨어난 주인공이 전혀 할 줄 몰랐던 뜨개를 갑자기 잘하는 장면이 나와요. 미래 기술을 통해 주인공의 무의식 속에 뜨개 기술을 주입했던 거죠. 저도 그랬어요. 배운 적도 없는데 하라는 대로 하면 막힘 없이 술술 떠졌어요."

곰곰이 생각해보니 할머니의 영향일 것이라는 생각이 들었다고 합니다. 할머니한테 직접적으로 뜨개를 배우지는 않았지만 늘 뜨개를 하는 할머니의 모습

을 보면서 '정서적 학습'이 이루어졌던 거지요. 할머니와의 일화를 떠올리고 나서부터는 뜨개를 도피나 중독으로 생각하지 않게 되었습니다. 그리고 뜨개를 잘하기 때문에 따라오는 재미와 성취감이 삶의 활력이 되어주었습니다. 그러던 차에 우연한 기회로 곰인형 400개를 만드는 엄청난 프로젝트를 맡게 됩니다.

"베어베터는 발달장애를 가진 분들이 일하는 사회적 기업이에요. 우연한 기회에 회사 캐릭터 곰 인형을 하나 만들어드렸는데, 직원들에게 선물하고 싶다고 무려 400개를 주문해주신 거예요. 정확히 1년 4개월이 걸렸습니다. 자기 자신과의 싸움이기도 했고 그 기간 동안 자아 성찰도 많이 했습니다. 그리고 무엇보다 저의 뜨개가 경제적 보상으로 돌아온다는 것이 새로운 원동력을 심어주었어요."

이전까지는 뜨개로 돈을 벌 수 있다고는 전혀 생각하지 못했다고 합니다. 이 일을 계기로 많은 뜨개 작가들이 제대로 된 경제적 보상을 받으면서 창작 활동을 했으면 좋겠다는 생각을 하기도 했습니다. 이후로도 계속해서 뜨개를 하면서 그의 안에서 뜨개의 의미가 계속 변화했고, 지금은 스스로를 표현하는 방법으로 생각하고 있다고 합니다.

"저에게 뜨개란 일종의 언어예요. 하고 싶은 말을 뜨개로 하고 있으니까요. 때로는 말이나 글보다 뜨개 작품이 더 큰 파급력을 가질 수 있다는 것을 몸소 체험하기도 했고요. 앞으로도 뜨개를 통해 제가 하고 싶은 말을 하고, 하고 싶은 말이 있는 사람들을 대변해주고 싶어요."

화가는 그림을 그리고 음악가는 연주를 하듯이 다뜨베이더는 뭐든 다 떠버리면서 표현하겠다고 합니다. 그것이 그가 추구하는 뜨개의 궁극적인 모습이라고요.

1／공작새 인형. 몸통에서 꼬리 깃털로 이어지는 실루엣이 사실적이다. 2／400개를 떴던 대작 프로젝트 베어베터 뜨개 곰인형. 3／자작 도안으로 만든 모자. 고양이 실루엣이 귀엽다. 4／셜록홈즈 스웨터. 중간에 바이올린 무늬를 창작해 넣었는데 원작 작가님도 좋아해주었다. 5／더 블니팅으로 뜨는 스타워즈 머플러. 무료로 공개된 도안으로 아무 설명 없이 무늬 차트만 있는 것을 하나하나 공부해서 떴다. 6／모티브를 이어서 가방을 뜨기도 한다. 7／좋아하는 뜨개 인형 작가 신시아 발렛(Cinthia Vallet)의 오리 가족. 안에 펌프를 넣어 날개가 움직이게 만들었다. 8／마찬가지로 신시아 발렛의 도안으로 뜬 작품들. 바느질이 없이 뜰 수 있다는 특징이 마음에 든다. 9／정교한 만큼 어려워 조금씩 천천히 뜨고 있는 에스토니아 스웨터. 10／묘한술책 뒤쪽 룸으로 들어가면 아늑한 작업실이 나온다. 11／작업실 한쪽에 쌓여 있는 실들. 12／묘한술책 한쪽 벽에 걸린 반려 고양이들의 그림.

매혹적인 그러데이션

배색할 필요가 없는 그러데이션 실, 그 자체의 색 변화를 즐기는 심플한 실루엣과 뜨개법으로 우리를 매료하는 뜨개 옷.

photograph Hironori Handa styling Masayo Akutsu
hair&make-up Naoyuki Ohgimoto model Ann(176cm)

톱다운 둥근 요크 베스트는 임팩트가 있는 넓은 줄무늬를 뜰 수 있는 롱 피치 그러데이션 실로 떴어요. 앞단도 연결해 떠서 줄무늬가 이어지고, 굵은 실이라 빨리 완성할 수 있는 점도 매력이랍니다. 하나만으로도 귀여운, 마음에 쏙 드는 단추를 쪼르르 달았어요.

Design／atelier tricot(고바야시 마키)
How to make／P.156
Yarn／DMC 옴브레

Skirt／산타모니카 하라주쿠점

50

물 흐르는 듯 색이 바뀌는 그러데이션을 메리야
스뜨기로 만끽할 수 있는 빅 실루엣 풀오버. 루
즈핀 드롭 슬리브는 균은 실로 뜬 편문가 찰떡궁
합! 일식선으로 소매를 달아서 뜨기 쉬운 점도
좋아요. 앞뒤 몸판의 단수를 달리해서 균형 있게
입을 수 있어요.

Design／오타키 리호코
How to make／P.161
Yarn／DMC 피루엣 XL
Shirt／산타모니카 하라주쿠점

51

다이내믹한 롱 피치 보더 무늬를 맛볼 수 있는
실로 몸판과 소매를 이어서 가로뜨기해 세로 줄
무늬 그러데이션을 만끽해보아요. 매우 가벼운
대형 헤어리 얀 2볼을 사용했으며 앞단과 밑단,
소맷부리는 같은 알파카를 사용한 스트레이트
얀으로 탄탄하게 완성했어요.

Design／오카모토 마키코
How to make／P.162
Yarn／다이아몬드 모사 알파카 스칼라, 다이아 알
파카 릴리카

Choker, Bangle／산타모니카 하라주쿠점

52

동글동글한 중심의 구슬뜨기가 깜찍한 육각형 모티브를 그러데이션 실로 떴습니다. 가장자리 2단은 단색 실로 떠서 꽃 모티브의 고운 색깔 변화가 돋보입니다. 모티브를 연결해 뜨면서 시시각각 변하는 아름다운 색깔에 마음을 사로잡힙니다.

Design／기시 무쓰코
Knitter／MAKO
How to make／P.164
Yarn／다이아몬드 모사 다이아 카리용, 다이아 태즈 메이니안 메리노 '파인'

Shirt／산타모니카 하라주쿠점
Skirt／하라주쿠 시카고(하라주쿠/진구마에점)

삭 얀 특유의 경쾌한 그러데이션. 심플하게 겉뜨
기와 안뜨기를 반복하므로 '니팅 하이'라는 행복
감을 느낄 수 있습니다. 테두리뜨기를 하지 않는
밑단과 목둘레, 코를 줍지 않는 해방감도 기뻐요.
요크 부분은 겉뜨기뿐인 가터뜨기예요.

Design／쓰마가리 다케히토
How to make／P.170
Yarn／나이토상사 울 삭 프린트

Shirt／하라주쿠 시카고 하라주쿠점
Skirt／하라주쿠 시카고(하라주쿠/진구마에점)

다채로운 네온 컬러가 점점이 나열된 귀여운
인상의 그러데이션 실을 썼어요. 심플한 편물
에서 색 변화를 즐길 수 있고 퍼프 슬리브와
소맷부리의 리본이 포인트예요. 리본 부분은
소맷부리를 뜰 때 약간의 수고를 들여서 중
심을 작은 편물로 빙 둘러 감싸 풀리지 않습
니다.

Design／가마타 에미코
Knitter／고바야시 도모코
How to make／P.160
Yarn／나이토상사 슈퍼 소프트 DK 도트

Skirt／SLOW 오모테산도점

구름이 떠다니는 하늘이 떠오르는 그러데이션이
따스한 느낌을 줍니다. 사실 이 격자무늬는 바구
니뜨기도 4줄 접어 엮기도 아닙니다. 겉뜨기와
안뜨기 블록에 걸기코를 넣은 것으로, 간단한 무
늬 도안을 보면 놀랄 거예요. 착용하기 편한 기장
감과 슬릿으로 유용한 카디건입니다.

Design／다케다 아쓰코
Knitter／마쓰노 가오리
How to make／P.171
Yarn／안아트 레인드롭스

Skirt／하라주쿠 시카고(하라주쿠/진구마에점)

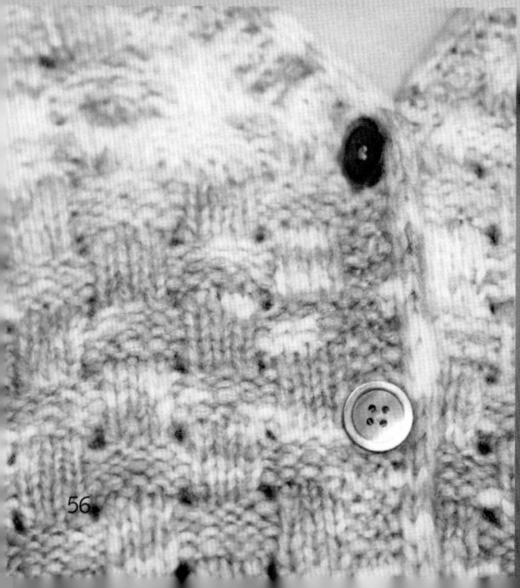

옆 페이지의 카디건과 같은 실로 떴지만, 원통형으로 떴기 때문에 그러데이션 폭이 좁아져 분위기가 달라집니다. 폭신하고 가벼운 실이라서 하의를 떠도 무겁게 느껴지지 않습니다. 끌어올려 뜨기로 세로 라인을 떠서 맵시 있게 보입니다.

Design／가사마 아야
How to make／P.159
Yarn／얀아트 레인드롭스

Leather jacket／SLOW 오모테산도점

Color Palette

폭신하고 포근한 뜨개 바지

겨울 인도어 라이프의 필수품! 따뜻한 아이템 뜨개 바지♡
미몰레 기장부터 쇼트 팬츠까지. 복부 워머도 함께 즐겨보세요.

photograph Shigeki Nakashima styling Kuniko Okabe, Yuumi Sano
hair&make-up Hitoshi Sakaguchi model Julianne(160cm)

Cream

유행하는 미몰레 기장은 너무 길지도
너무 짧지도 않은 적절한 기장감. 집에
서 입는 옷은 편한 게 최고죠! 줄무늬
바지의 부드러운 색깔의 조합이 마음을
편안하게 해줘요. 양옆에 한 줄씩 케이
블 무늬를 넣었어요.

Design／오카 마리코
Knitter／오카 지요코
How to make／P.173
Yarn／올림포스 시젠노쓰무기 mofu

Pink

여사는 배가 차가우면 안 돼요. 동그랗게
뜨는 간단한 복부 워머로 쾌적하고 따
뜻하게 지내요. 가볍고 폭신한 감촉이
긴장을 풀어줘요.

Pastel blue × Ice grey

움직이기 편한 쇼트 팬츠 타입은 허리
부분과 본체를 바이 컬러로 배색했습니
다. 쇼트 팬츠 기장이니까 외출할 때 스
커트 안에 몰래 입어도 괜찮아요.

Lavender

옆 페이지의 미몰레 기장을 귀여운 단색
으로 떴습니다. 엄선한 소재를 사용한
면 혼방의 기모 타입 실은 따끔거리지
않고 정말 보드라워요.

Pastel pink

쇼트 팬츠 타입을 단색으로. 부드럽고
사랑스러운 색깔의 실을 갖추고 있으므
로 원하는 색으로 여러 장 떠서 기분에
따라 골라 입어보세요!

Yarn Catalogue

가을 겨울 실 연구

가을 호에 이어 올겨울 추천하는 새로운 실을 소개합니다.
시크한 색, 컬러풀한 색, 가벼움, 질감… 모두 매력적입니다.

photograph Toshikatsu Watanabe styling Akiko Suzuki

룰렛
퍼피

수예 도구인 '룰렛'을 의미하는 실 이름은 점점이 리드미컬하게 나타나는 무늬에서 이름 붙여졌습니다. 배색 무늬를 뜬 것처럼 보이는 재미있는 편물은 적당한 탄력이 있어 의류·소품 모두 즐길 수 있습니다.

Data
울 75%, 나일론 25%, 색상 수／6, 1볼／100g · 약 260m, 실 종류／합태, 권장 바늘／6〜8호(대바늘)·6/0〜8/0호(코바늘)

Designer's Voice
볼륨이 있어 적당히 부드럽고 텐션도 있어 스트레스 없이 뜰 수 있어요. 작품에서는 남성을 의식해서 시크한 색을 골랐지만, 화려한 색상도 즐거울 거예요. (YOSHIKO HYODO)

토르멘타
퍼피

'고지에서 일어나는 눈보라'를 의미하는 실 이름은 자잘하게 날리는 실크 네프의 모양에서 이름 붙여졌습니다. 뜨는 느낌이 좋으며, 고품질의 가벼운 마무리감을 즐길 수 있습니다.

Data
울 72%(램스 울 100% 사용), 앙고라 10%, 나일론 10%, 실크 8%
색상 수／8, 1볼／50g ·약 179m, 실 종류／중세, 권장 바늘／5〜7호(대바늘)·5/0〜7/0호(코바늘)

Designer's Voice
네프 혼용으로 심플한 편물도 존재감이 나타납니다. 매우 가벼워 복잡한 무늬도 무거워지지 않습니다. 드라이한 촉감이지만 부드러워 무척 뜨기 좋은 실입니다.(오쿠즈미 레이코)

쿠캇(KUKAT)
올림포스 제사

꽃들처럼 아름답게 적두된 편물과 보드랍고 탄력이 있는
단정한 촉감은 핀란드에 피는 '쿠캇(꽃들)' 같습니다. 탄력
이 있어 뜨기 좋으며 부드러워 착용감 좋게 마무리됩니다.

Data
울(메리노 울) 55%, 알파카(로열 베이비 알파카) 45%, 색
상 수／9, 1볼/50g・약 126m, 실 종류／병태, 권장 바늘
／6~8호(대바늘)・6/0~8/0호(코바늘)

Designer's Voice
적당한 탄력이 있어 무척 뜨기 좋은 실입니다. 밝은 컬러와
차분한 컬러가 골고루 갖춰져 있어 여름철을 제외한 3계
절 애용할 것 같습니다.(오카 마리코)

시젠노 쓰무기 mofu
올림포스 제사

살에 닿는 것인 만큼 부드러운 소재에 신경 쓴 코튼 혼
용의 '시젠노 쓰무기' 시리즈 기모 타입. 세탁이 가능하
며 촉감도 상하지 않습니다. 피부에 자극적이지 않아
모헤어 등 기모사의 깔끄러움을 싫어하는 분에게도 추
천하는 부드러운 실입니다.

Data
코튼(수피마) 50%, 울(메리노 울・방축 가공), 모헤어(키
드 모헤어) 12%, 나일론 8%, 색상 수／9, 1볼／30g・
약 96m, 실 종류／병태, 권장 바늘／7~9호(대바
늘)・8/0~10/0호(코바늘)

Designer's Voice
무척 부드럽고 가벼워 뜨기 좋습니다. 만지면 탄력이
없는 것처럼 느껴지기도 하지만 다양하게 활용하기 좋
은 실입니다.(가와지 유미코)

고나유키 루프(그러데이션)
고쇼산업 게이토피에로

빙글빙글 불규칙하게 이어지는 크고 작은 루프가 특징
이며 울과 알파카 혼용으로 폭신폭신한 촉감의 그러데
이션 루프 얀입니다. 루프 부분뿐만 아니라 심지도 울
알파카라서 가볍고 부드러운 촉감입니다. 세게 잡아당
기면 끊어지기 쉬우니 조심해서 떠야 해요.

Data
모 55%, 알파카 45%, 색상 수/6, 1볼/40g ·약
72m, 실 종류/극태, 권장 바늘/11~13호(대바
늘)·8/0~10/0호(코바늘)

Designer's Voice
심플한 무늬를 떠도 귀엽게 완성되며 굵은 실이라 술술
떠져서 무척 즐겁게 떴습니다.(ATELIER *mati*)

WHIPS NEW(굵은 버전)
고쇼산업 게이토피에로

심지를 기모로 가득 감싸 단단해서 잘 끊어지지 않아
안심하고 뜰 수 있습니다. 푹신푹신한 기모는 손땀을
느슨하게 뜨는 것을 추천합니다. 공기를 가득 머금은
듯한 마무리감은 가볍고 부드러워 스웨터나 카디건, 머
플러 등에 제격입니다.

Data
아크릴 55%, 나일론 30%, 모 15%, 색상 수/9, 1볼/
40g ·약 89m, 실 종류/병태~극태, 권장 바늘/9~10
호(대바늘)·7/0~8/0호(코바늘)

Designer's Voice
부드러워서 뜨기 좋은 실이었습니다. 부피감이 느껴지
지만 가볍고 따뜻해 보입니다. 떴을 때의 푹신푹신한
느낌도 좋았습니다.(간노 나오미)

코하레 시스
Silk HASEGAWA

실크인데 폭신폭신하고 부드러운 실은 특수 가공으로 섬유 안에 공기를 듬뿍 머금게 했습니다. 섬유의 두께는 무려 캐시미어의 약 절반으로 가느다란 털끝이 무척 보드라워 마치 누에고치에 감싸이는 듯한 포근함을 갖고 있습니다. 캐시미어를 뛰어넘는 실크라고도 불리며 고급스러운 무광 느낌의 소재로 폭넓은 작품을 만들 수 있습니다.

Data
실크 100%, 색상 수/10, 1볼/25g ·약 80m, 실 종류/합태, 권장 바늘/5~7호(대바늘)·5/0~7/0호(코바늘)

Designer's Voice
실크답게 부드럽고 광택이 아름다운 뜨기 좋은 실입니다. 가는 편이라 2겹으로 뜨거나 모헤어 등과 함께 뜨거나 레이스뜨기에 사용해도 근사할 것 같습니다.(기시 무쓰코)

피루엣 XL
DMC

빙글빙글 도는 발레의 피루엣처럼 짧은 주기로 흐르듯이 변하는 컬러가 아름다운 그러데이션 얀입니다. 통통하고 쫄깃한 가벼운 마무리감이 특징입니다.

Data
아크릴 80%, 울 20%, 색상 수/5, 1볼/200g ·약 300m, 실 종류/극태, 권장 바늘/14~15호(대바늘)·7mm(코바늘)

Designer's Voice
아름다운 그러데이션으로 어디를 떼어내도 절묘한 컬러입니다. 흐르는 듯한 그러데이션의 변화를 기분 좋게 즐길 수 있었습니다. 두꺼운 실이지만 가벼운 마무리감도 마음에 드는 포인트입니다.(오타키 리호코)

63

자유로운 바람처럼 엮은 아름다운 뜨개의 세계

뜨개 작가 바람공방 인터뷰

인터뷰 : 정인경 / 번역 : 김수연 / 사진 : 김태훈

전 세계적으로 많은 니터들의 열렬한 지지를 받고 있는 뜨개 작가 바람공방. 바람공방 작가는 트렌드에 맞는 디자인을 자기만의 스타일로 재해석하며 꾸준하게 선보이면서도, 신간 도서 및 〈털실타래〉 매거진 등을 통해 언제나 새로운 작품을 소개하는 부지런한 작가다. 오랜 시간 쉬지 않고 뜨개 디자인을 해왔지만, 여전히 그의 눈빛은 처음 뜨개를 시작한 사람처럼 빛난다. 최근 《바람공방의 페어아일 니팅》 한국어판을 출간하며 양평 뜨개머리앤에서의 작품 전시, 워크숍 등을 진행한 바람공방 작가에게 뜨개에 관한 생각을 들어보았다.

Q. 바람공방이라는 이름이 독특해요. 여기에는 어떤 뜻이 담겨 있나요?

사실 '바람공방'이라는 이름은 제가 출판물에 디자인을 수록할 때 쓰려고 지은 필명이에요. 언제나 뜨개바늘을 들고 전 세계를 여행하는 꿈을 꾸고 있거든요. 현지에서 실을 사서 뜨개를 하고, 완성된 작품은 시장에서 팔고, 또다시 다음 장소로 여행을 떠나는 거죠. 그렇게 바람 부는 대로 살아가고 싶은 저의 마음을 담은 이름이랍니다. 그동안 뜨개 디자인을 꾸준히 해온 덕분인지 해외에서도 디자인 의뢰가 들어오고, 워크숍 초청도 받아 참석하고 있는데요. 어릴 때부터 꿈꿔왔던 소원이 다른 형태로 이루어진 기분이에요.

Q. 그렇군요. 말씀하신 것처럼 한국에서도 작가님의 책과 작품을 좋아하고, 이를 통해 뜨개를 공부해 온 니터들이 있다는 것도 알고 계셨나요?

전혀 몰랐어요. 제 디자인이 한국 니터분들의 뜨개에 도움도 되고 영감도 주고 있다니 정말 기쁜 마음이네요.

Q. 그렇다면 어떻게 처음 뜨개를 시작하셨고 또 직업으로 삼게 되셨나요?

5~6살 무렵이었을 거예요. 어머니께 코바늘뜨기를 배워서 사슬뜨기로 끈을 만들어 실뜨기를 하면서 놀았어요. 그 이후에 한길 긴뜨기와 짧은뜨기로 목도리를 만든 기억이 어렴풋하게 남아 있네요. 12살 때쯤에는 코바늘로 손뜨개 인형을 만들었죠. 대바늘뜨기는 17살 때쯤 처음 해본 것 같아요. 너무 오래 입어서 팔꿈치 부분이 닳은 스웨터가 있었는데 그 스웨터를 풀어서 다시 털실 상태로 만들었죠. 스팀을 주어서 구불구불한 실을 펴고, 사용할 수 있는 부분을 활용해서 안 메리야스뜨기로 조

끼를 떴어요. 그때는 메리야스뜨기도 깔끔하게 뜨지 못했을 때라서, 단마다 장력이 달라 줄이 가는 것처럼 보였지만 그래도 뿌듯한 마음으로 입고 다녔답니다.

대학 입시를 앞두고는 입시 공부하는 게 싫었던 기억이 나요. 그러다가 여성 그래픽 디자이너인 이시오카 에이코 씨와 일러스트레이터인 야마구치 하루미 씨에게 자극을 받아 디자이너가 되겠다는 막연한 목표를 세우고는 도쿄 예술대학에 지원했다가 떨어졌죠. 2년간 재수를 하면서 도쿄 예술대학에는 세 번 떨어지고 최종적으로 무사시노 미술대학 디자인과에 들어가게 되었어요. 그 무렵부터 직접 입을 옷을 바느질이나 뜨개질해서 만들어 입었어요. 기성복으로 나오던 것들은 학생 신분으로는 살 수 있는 가격이 아니었거든요.

학교를 중퇴하면서 무대나 TV, 이벤트 등에 쓰일 소품을 만드는 아틀리에에서 아르바이트를 했습니다. 그러면서도 여전히 옷 만드는 건 좋아해서 계속 뜨개를 하다가 뜨개 작품들을 하라주쿠의 부티크에 위탁 판매하게 된 것이 제 뜨개 디자인 경력의 시작이랍니다. 그때가 아마 24살 무렵이었을 거예요.

이후 친구의 소개로 한 뜨개 디자이너를 알게 되었는데 그 디자이너가 뜨개 책을 출간하는 출판사의 편집부를 소개해 주었어요. 그러면서 1973년쯤 처음으로 바람공방이라는 이름으로 디자인한 작품이 책에 실리게 되었습니다.

Q. 한국의 팬들 중에서는 작가님 디자인 중에서도 유독 페어아일 작품의 팬들이 많아요. 아름답고 조화로운 바람공방만의 배색 덕분일 텐데요, 뜨개질할 때 색을 선택하고 조합하는 작가님만의 팁이 있다면 알려주세요.

색을 체계화할 때의 기준으로 12 색상환을 들 수 있어요. 가까이에 있는 색은 '유사

1/바람공방의 배색뜨기 노하우와 스틱 기법이 담긴 책 《바람공방의 페어아일 니팅》. 2/이번 한국 전시에서는 바람공방의 작품과 스와치를 함께 볼 수 있었다.

색'이고 원의 반대편에 있는 색은 '보색'이라고 하죠. 이 색상환을 활용하면 색을 활용하는 데 큰 도움이 될 거예요.

편물은 뜨개코 때문에 음영이 져서 종이나 컴퓨터에 그린 도안과는 느낌이 달라요. 저는 무늬 도안부터 그린 뒤에 원하는 색 조합으로 바꿔가며 떠본답니다. 그리고 1.5m 정도 떨어진 위치에서 편물의 색감을 살펴보고 가장 괜찮아 보이는 부분을 사용해요.

Q. 그렇다면 작가님이 뜨개 옷을 디자인할 때 가장 중요한 포인트는 무엇일까요?

뜨개의 경우 실의 특성을 아는 것이 중요해요. 어떤 모양과 패턴이 작품에 어울릴지, 완성해서 입었을 때 어떤 모습이 될지 생각하면서 디자인을 만든답니다.

Q. 오랫동안 뜨개 디자이너로서 활약해 오셨는데, 혹시 어려웠던 순간은 없으셨나요? 뜨개를 계속해 올 수 있었던 작가님만의 원동력은 무엇이었나요?

작품을 마감하기 전에는 항상 긴장하는 습관이 있어요. 미대생 시절 과제를 마감에 맞춰 제출하던 일을 지금까지도 계속 되풀이하고 있는 기분이라고 할까요? 하지만 이런 압박감이나 마감의 존재 자체가 제가 목표를 향해 나아가는 데 필요한 힘이 된다고 생각해요. 수예 편집자나 실 브랜드의 기획 담당자와 의견을 주고받으며, 다양한 프로젝트를 진행하는 일 또한 무척 재미있고 보람찬 원동력이 되어준답니다. 어떤 일이든 마찬가지겠지만, **좋아하는 일이라면 그게 무엇이든 질리지 않고 꾸준히 이어가게 되는 것 같아요.**

Q. 작가님을 롤 모델로 삼아 나아가고 있는, 스스로의 뜨개 실력을 늘리고 싶다거나 언젠가 자신만의 디자인을 만들고 싶은 니터들에게는 어떤 조언을 해주실 수 있을까요?

뜨개 실력을 늘리려면 아무래도 많이 떠보는 것이 좋아요. 그리고 만약 잘못 뜬 것 같다면 다시 풀어서 뜨고 또 뜨는 거죠. 그 방법밖에는 없는 것 같아요. 그리고 디자인을 할 때는 자신이 만들고 싶은 것이나 좋아하는 것들을 디자인에 녹여내는 것이 좋답니다.

Q. 바람공방의 디자인의 특징은 아란과 페어아일을 비롯해 굉장히 다양한 종류로 제작되고, 그러면서도 모던하면서도 트렌디하다는 평이 많아요. 이렇게 다양한 작품을 디자인하는 과정에서 끝없는 영감을 얻으시는 원천이 있으신가요?

가끔 거리를 걸어 다니다 보면 공기 속에서 언뜻 시대적인 분위기가 느껴질 때가 있어요. 제 경우에는 그때의 분위기가 머릿속에 저장되어 있다가 디자인할 때 자연스럽게 나오게 되는 것 같아요. 저는 언제나 유행을 타지 않는 니트를 선보이기 위해 노력하고 있어요. 그래서 패션 디자인과는 조금 다르게, 늘 소재의 특성과 착용감을 우선적으로 고려해서 디자인한답니다.

Q. 작가님께서 생각하시는 뜨개의 매력은 무엇인가요?

타래로 뭉쳐 있던 기다란 실 한 가닥이, 뜨개를 하면 면이 되고, 다시 그 면들을 조합하면 옷이 되지요. 3차원으로 뜰 수 있으니 이를 통해 옷뿐만 아니라 모자나 소품, 조형물을 만들 수도 있고요. 잘못 뜬 것 같아서 풀어내더라도 다시 실 한 가닥으로 돌아가게 돼요. 실 하나가 어떤 형태가 되었다가 다시 실로 되돌아가기도 하는, 그런 **무한한 매력에 빠져든 것 같아요.**

6 7 8

Q. 바람공방의 디자인을 사랑하는 한국 팬들에게 마지막으로 한 말씀 부탁드립니다.

이번에 한국의 많은 뜨개 팬과 만날 수 있어서 정말 행복했어요. 뜨개에 대한 여러분의 열정적인 마음을 함께 느낄 수 있어서 영광이었습니다. '뜨개'라는 세계 공통의 언어를 통해 사람들과 유대감을 형성할 수 있다는 것이 얼마나 멋진 일인지 다시 한번 깨달았어요. 앞으로도 이 마음이 시대를 초월해서 전해진다면 좋겠습니다. 곧 다시 만날 수 있기를 바랄게요.

3／스틱 작업을 하기 전의 편물. 4／배색을 뜨기 전에는 다양한 스와치를 만들어 색 조합과 무늬를 확인한다. 5／지난 2017년에 출간된 바람공방 작가의 에세이 《오늘도 뜨개, 내일도 뜨개》에 수록된 색상환. 6／같은 페어아일 배색이라도 몸통이나 요크에만 무늬를 넣거나 베스트로 만드는 등 방법을 달리하면 다른 스타일을 연출할 수 있다. 7／전시된 작품을 살펴보는 바람공방 작가. 8／《페어아일 니팅》에 수록된 다이아몬드와 십자 무늬 브이넥 베스트.

나만의 페어아일 배색 만들기 워크숍

바람공방 작가 x 뜨앤_THANN

취재 : 정인경 / 사진 : 김태훈

지난 9월 7일, 양평에 위치한 뜨개머리앤의 쇼룸 뜨개 가든(이하 뜨가)에서는 일본의 뜨개 작가인 바람공방의 한국에서의 첫 전시 오프닝 및 작가와의 만남, 페어아일 워크숍이 열렸습니다. 바람공방 작가는 오랫동안 꾸준하게 뜨개 작품을 선보였고, 트렌드에 맞는 다양한 디자인을 부지런하게 선보이는 작가이기 때문에 한국에도 많은 팬을 보유하고 있습니다. 이날 행사에는 《바람공방의 페어아일 니팅》 속 실물 작품을 포함한 작가의 다양한 작품이 전시되어 방문객들은 직접 작품을 살펴보고 영감을 얻을 수 있었습니다.

바람공방 작가의 사인회가 시작되자 사람들은 저마다 소장하고 있던 바람공방 책들을 꺼내 사인을 받았는데, 그중에는 10년 이상 전부터 바람공방을 좋아해 원서를 구매했던 독자들도 더러 있었습니다. 오래 소중히 보던 책에 사인을 요청하는 팬들의 모

1／작가와의 만남에서 사인을 하고 있는 바람공방 작가. 2／'작가와의 대화'를 통해 참가자들의 질문에 답변하고 있는 바람공방 작가. 3／바람공방 작가가 손수 준비한 엽서와 마커, 스와치를 뜰 수 있는 도안이 제공되었다. 4／워크숍에서 떠볼 스와치 샘플. 샘플을 기준으로 원하는 색을 조합한다. 5／스와치의 구조와 색조합의 팁 등을 작가가 설명해주고 있다.

습에 바람공방 작가도 무척 놀라며 즐거워했습니다. 사인회가 끝난 후에는 간단한 질의응답 시간이 이어졌습니다. 영감의 원천, 배색의 기법 등 다양한 질문이 나왔고 작가는 최선을 다해 답했습니다. 참석자들이 가장 궁금해했던 것은 아무래도 색을 조합하고 사용하는 방법에 대한 것이었습니다. 배색 작품을 자주 선보이고, 최근 《바람공방의 페어아일 니팅》이 출간되었기에 자연스럽게 색을 사용하는 요령에 대한 질문이 주를 이루었습니다. 바람공방 작가는 "망설이지 마세요. 계속 시도하고 가장 좋은 것을 찾으세요"라고 말하며 직접 여러 번 떠보는 것만이 정답이라고 용기를 주는 답변을 전해주었습니다.

오후가 되어 드디어 작가와 함께하는 페어아일 워크숍이 시작되었습니다. 워크숍에는 총 15명의 수강생이 참석했습니다. 워크숍의 목표는 바람공방 오리지널 페어아일 무늬에 자기만의 색 조합을 넣어 스와치를 완성하는 것이었습니다. 먼저 바람공방 작가의 스와치와 종이에 그려진 기호 도안을 보면서 설명을 들은 후 스와치를 참고해 어떤식으로 색을 조합할지 구상했습니다. 샘플 작품이 있었기 때문에 먼저 무늬를 익히고 구성을 머릿속으로 그려볼 수 있었습니다. 바람공방 작가는 수강생 사이를 돌아다니며 각자 고른 색을 호기심 어린 눈으로 지켜보고 조언을 해주었습니다.

마음 속으로 대체적인 색상을 정한 뒤에는 뜨개머리앤에서 준비해준 로완Rowan의 펠티드 트위드Felted Tweed의 57가지 색상 중 필요한 만큼을 챙겨 각자 색을 조합

해보았습니다. 취향에 따라 위치에 맞는 색을 정하고 조금씩 잘라 종이에 붙여 보면서 색상을 정했습니다. 색이 결정된 후에는 무늬를 떠나가기 시작했습니다. 같은 무늬라고 해도 색상에 따라 느낌이 달라지는데 15명 모두가 저마다의 개성을 뽐내는 스와치를 만든 것이 인상적이었습니다. 작가의 말처럼 어떤 색도 잘못된 조합은 없다는 것을 알 수 있는 시간이었습니다.

수강생들은 모두 오래 뜨개를 해온 베테랑 실력자들이라 작가의 설명을 듣고 망설임 없이 뜨개를 시작했습니다. 뜨개를 사랑하는 마음으로 모인 수강생들 사이에서 에디터도 색조합을 만들고 스와치를 떠보았습니다. 처음에는 '이게 맞을까? 이렇게 해도 될까?'하는 마음으로 망설였지만 함께 참여한 수강생들의 격려와 응원을 받으며 한 땀 한 땀 코를 만들었습니다. 전혀 어울릴 것 같지 않던 색도 함께 무늬를 이루고 자연스럽게 어우러지면서 개성 있는 패턴이 되었습니다.

마지막에는 완성한 스와치를 한 데 모아 사진을 찍었습니다. 얼핏 봐서는 같은 무늬라고 생각할 수 없을 정도로 다양한 색상 조합에 눈이 즐거웠습니다. 배색뜨기의 대가를 한국에서 직접 만나 조언을 들을 수 있는 소중한 시간이었습니다.

6 / 각자 좋아하는 색의 실을 조금씩 잘라 배열해보면서 색을 골랐다. 7 / 워크숍에서는 로완의 펠티드트위드를 사용했다. 8 / 필요한만큼 실을 자르는 수강생들. 9 / 워크숍이 끝난 후에는 완성된 스와치들을 모아 사진을 찍었다. 10 / 에디터가 직접 참여해 떠본 스와치. 11, 12, 13 / 직접 뜬 페어아일 작품을 입고 행사에 참여한 독자들.

Yarn World

신여성의 수예 세계로 타임슬립!
원조 · 손뜨개 인형

귀여운 손뜨개 인형은 마음을 포근하게 해주는 친구이지요. 마음을 담아 뜨다 보면 어느새 늘어나버립니다. 신여성들도 원조 손뜨개 인형에 푹 빠졌습니다.

기독교 금지령이 풀린 후 1885년 오사카에서는 도쿄보다 1년 빨리 가와구치 외국인 거류지 5군데에서 YMCA 청년회 여성들이 털실 세공 교습소를 열었습니다. 뜨거운 관심을 받아 규리키 부인이 뜨개질 지도를 혼자 도맡아 각 교습소를 차례로 돌며 일본 옷에도 사용할 수 있는 양말이나 장갑, 모자 등 생활 뜨개를 가르쳤습니다. 이렇게 뜨개는 눈 깜짝할 새에 퍼져나갔습니다.

당시는 극락정토와 가장 가까워지는 날로 춘계 황령제라는 선조께 제를 올리는 날이 있고, 봄에는 오곡 풍년을 기원하고 가을에는 풍요로운 수확에 감사하기 위해 신사에 참배를 하는 풍습이 있었습니다. 그리고 1887년 3월 22일의 춘계 황령제 때 고베 시모야마테도리 야나기카게 책방에서 털실 조화 종람회가 열렸습니다. 한 가닥의 털실로 자유롭게 입체적인 것을 떠낸 작품들은 상당히 훌륭한 것이었습니다. 조화뿐만 아니라 불수감을 뜬 것도 전시됐습니다. 이듬해 털실 염색이 개발된 영향도 있어 공물, 다도 관련 장식에 꽃과 새, 열매를 생생하게 본뜬 그야말로 원조 손뜨개 인형이 유행했습니다.

당시의 교본에는 비파, 가지를 꺾은 귤, 표주박 등이 실려 있습니다. 삽화를 자세히 보면 감귤 등의 껍질 표면의 우둘투둘한 느낌은 이랑뜨기 기법이 사용됐습니다. 아쉽게도 이번에 새 손뜨개 인형은 발견할 수 없었지만 꽃꽂이나 자수와는 달리 유파가 없는 뜨개는 자유롭게 입체화를 할 수 있어 거기에 매료된 신여성들의 창의적인 아이디어는 끊이지 않았습니다. 그 뛰어난 세공물은 디자인 등록을 하는 사람까지 나왔을 정도이니 놀라운 유행입니다. 디자인 등록을 한 사람은 손뜨개 인형 디자이너로 데뷔해 뜨개질 학원으로도 성황을 이루었다고 합니다.

공물, 다도 관련에 사용된 원조 손뜨개 인형 열매는 뜨개질 보급의 한 과정으로 중요한 존재였습니다. 신여성들이 푹 빠져 창의력을 발휘한 일본 특유의 기예(예술)라고 해도 과언이 아니겠지요. 또한 디자이너로서의 여성 자립도 이끈 사랑스러운 손뜨개 인형입니다.

공물, 다도 관련에 사용된 손뜨개 인형 열매

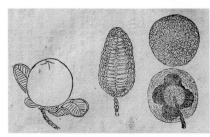

《재봉과 편물》 하쿠분칸 : 감 뜨는 법 삽화

《일요백과전서 제7 재봉과 편물》
1895년 간행 하쿠분칸

이로도리 레이스 자료실 기타가와 게이

일본 근대 서양 기예사 연구가. 일본 근대 수예가의 기술력과 열정에 매료되어 연구에 매진하고 있다. 공익재단법인 일본수예보급협회 레이스 사범. 일반사단법인 이로도리 레이스 자료실 대표. 유자와야 예술학원 가마타교·우라와교 레이스뜨기 강사. 이로도리 레이스 자료실을 가나가와현 유가와라에서 운영하고 있다.
http://blog.livedoor.jp/keikeidaredemo

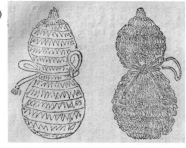

《재봉과 편물》 하쿠분칸 : 표주박 뜨는 법 삽화

Yarn World

이거 진짜 대단해요! 뜨개 기호
돌아가는 것도 나아가는 것도 당신 하기 나름【코바늘뜨기】

대단해요! 뜨개 기호 **1번째** '평범하지 않은 느낌'과 '돌아가는 것'이 좋은 분에게

 되돌아 짧은뜨기

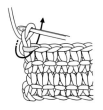

1 편물의 방향은 그대로 하고 기둥코인 사슬 1코를 뜨고 화살표처럼 바늘을 움직여 전단의 머리 2가닥에 넣는다.

2 실 위에서 바늘에 실을 걸어 그대로 실을 앞으로 빼낸다.

3 실을 앞으로 빼낸 모습.

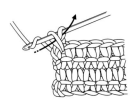

4 코바늘에 실을 걸어 화살표처럼 2개의 루프로 한 번에 빼내 짧은뜨기를 뜬다.

왼쪽에서 오른쪽으로 뜨는군…

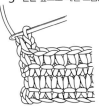

5 되돌아 짧은뜨기 완성.

대단해요! 뜨개 기호 **2번째** '뭔가 해주는 느낌'과 '나아가는 것'이 좋은 분에게

바늘 돌려 짧은뜨기

1 실을 빼내 바늘을 화살표처럼 돌린다.

2 바늘에 실을 걸어 바늘에 걸린 2개의 루프로 한 번에 빼낸다.

3 바늘 돌려 짧은뜨기 완성.

4 1~2를 반복해서 뜬다.

여러분, 뜨개질하고 있나요? 뜨개 기호를 아주 좋아하는 뜨개남(아미모노)입니다. 겨울 호네요. 털실타래의 가을겨울 호는 대바늘뜨기가 주인공이 되기 쉽지만 여기서는 코바늘뜨기 정보를 전해드립니다. 이번에는 짧은뜨기의 변형 2가지를 가져왔습니다. 둘 다 테두리뜨기나 마지막 단에 쓸 수 있는 기법으로 짜임새도 닮은 느낌이 들어서 함께 소개합니다.

첫 번째는 '되돌아 짧은뜨기'입니다. 짧은뜨기 기호 위에 물결선이 들어가 있습니다. 확실히 평범한 짧은뜨기와는 다릅니다. 이 '평범하지 않은 느낌'이 마음에 드는 포인트입니다. 더욱 재미있는 것이 뜨는 방향입니다. 그림에도 나오지만 전단에 바늘을 넣어 왼쪽에서 오른쪽을 향해 짧은뜨기를 떠나갑니다. '되돌아'인 만큼 되돌아가는 듯한 이상한 느낌이 듭니다. 고작 이것만으로 평범한 짧은뜨기와는 전혀 다른 느낌이 되지요. 처음 떴을 때 아이스크림 막대에서 하나 더 당첨이 나왔을 때와 같은 차원의 기쁨이 온몸을 휘저었던 것으로 기억합니다.

다른 하나는 '바늘 돌려 짧은뜨기'입니다. 기호 위에 대바늘뜨기의 돌려뜨기 기호가 자리 잡고 있습니다. 이 '뭔가 해주는 느낌'이 참을 수 없습니다. 뜨는 법은 되돌아 짧은뜨기와 달리 평소대로 떠 나갑니다. 그러나 실을 빼낸 뒤에 손목을 휙 돌려 비틉니다. 개인적으로 이 방식을 좋아하는 이유가 여기에 있습니다. 이 퍼포먼스적 요소가 '뭔가 해주는 느낌'을 단번에 향상시켜 오랜만에 열차를 탔을 때와 같은 고양감을 불러일으키는 것입니다.

2가지 기법 모두 평범한 짧은뜨기보다 볼륨감이 나타나는 느낌입니다. 그림은 알기 힘든 부분도 있으니 꼭 손을 움직여서 확인해보세요. 떠보면 아시겠지만 되돌아가는 것과 나아가는 것에서 취향이 갈리니 좋아하는 쪽을 선택해주세요. 물론 대바늘뜨기의 테두리에도 활용할 수 있으니 여러분의 뜨개의 폭이 넓어진다면 기쁘겠습니다.

자, 지금까지 힘닿는 한 뜨개 기호에 대해 설명드렸는데 이번이 마지막 회입니다. 지금까지 읽어주신 여러분, 고맙습니다!

뜨개남의 한마디
역시 손뜨개, 뜨개 기호는 심오합니다. 아무튼 이번이 마지막 회입니다. 다음 호부터는 또 다른 각도에서 뜨개질의 매력을 전해드릴 수 있었으면… 하고 망상 중입니다. 그럼 또 어디선가 뵐 수 있기를!

(뜨개남의 SNS도 매일 업로드 중!)
X : @nv_amimono
Instagram : amimonojapan

뜨개 고민 상담실

코바늘뜨기의 기초 왕복뜨기편~기초코부터 기둥코까지~

코바늘뜨기의 기초코와 기둥코의 기본, 다양한 의문을 품은 채 뜨고 있지 않나요?
'이제 와'만의 포인트 레슨으로 이번 기회에 확인해보세요.

촬영/모리야 노리아키

지금까지 어떻게
했더라?

이제 와 새삼 고민 해결사

상담

코바늘 뜨기를 하다 보면 문득 떠오르는 궁금증에 손이 멈춥니다.

'기초코를 어디서 주웠지?', '기둥코에서 뭔가 실수를 했나?'

이렇게 뭉게뭉게 피어오르는 다양한 의문을 깔끔하게 해결해주세요.

어드바이스 1 기초코 줍는 법은 목적에 따라 각양각색

여러분은 사슬뜨기 기초코를 어디에서 줍습니까?
작품의 특징과 목적에 따라서 줍는 곳을 달리 하면 완성도가 확연히 달라집니다.

1
사슬 코산을 줍는다

❶ ❷

사슬의 겉면이 깔끔하게 남습니다. 사슬 위치와 조금 어긋나기 때문에 줍기 어려운 점이 있지만 편물의 가장자리를 살린 작품에 추천합니다. 코를 빽빽이 채우는 작품을 뜰 때 사용합니다.

2
가장자리 반 코를 줍는다

❶ ❷

줍기 쉽고, 코를 줍는 곳이 확실하게 보이지만 기초코가 늘어져서 구멍이 생기기 쉬운 문제가 있습니다. 기초코에 신축성이 필요할 때나 기초코의 양쪽 반 코를 줍는 작품에 알맞습니다.

3
사슬 반 코와 코산을 줍는다

❶ ❷

줍기 쉽고 안정감이 있습니다. 단, 실을 2가닥 주우므로 기초코 부분이 조금 두툼해지는 문제가 있습니다. 비침무늬 등 코를 건너뛰면서 줍는 경우나 가는 실로 뜰 때 알맞습니다.

Q 편물 기초코 부분이 왜 오그라들까요?

짧은뜨기로 편물을 떠봤습니다.

편물보다 2호 두꺼운 바늘로 뜬 기초코

기초코가 오그라들지 않고 깔끔하게 떠집니다.

편물과 같은 호수의 코바늘로 뜬 기초코

기초코가 오그라들면서 줄어들었습니다.

A 막상 뜨개를 시작해서 한참을 뜨다 보면 기초코 부분이 오그라들었던 경험은 없으신가요? 기초코를 뜨는 바늘은 편물을 뜨는 바늘보다 1~2호 굵은 것을 사용하면 됩니다. 균형 잡힌 모양으로 완성되거든요. 아래 표는 굵은 바늘을 선택하는 대략적인 기준입니다.

편물 종류	굵게 하는(+) 호수
짧은뜨기·한길 긴뜨기의 모든 코를 줍는 경우	+2호
일반적인 비침무늬	+1~2호
모눈뜨기	+1~2호
그물뜨기	+0~1호

어드바이스 2 기둥코에 관한 이모저모

첫 단 뜨개 끝에서 다음 단으로 진행할 때 뜨는 사슬뜨기를 '기둥코'라고 합니다.
실제로 사소한 궁금증을 품은 채 뜨개하는 분들도 있을 텐데요.
이 기회에 기둥코를 완벽하게 정복하기 바랍니다.

1
기둥코 사슬은 몇 코를 떠야 합니까?

뜨개코의 높이는 뜨는 기법에 따라 달라서 각각 높이에 맞는 콧수만큼 기둥코 사슬을 뜹니다.

뜨개코 높이와 기둥코 콧수

한길 긴뜨기 (사슬 3코)	긴뜨기 (사슬 2코)	짧은뜨기 (사슬 1코)	사슬뜨기 (기둥코가 뜨개코)

한길 긴뜨기	**긴뜨기**	**짧은뜨기**

3코 / 토대코	2코 / 토대코	1코

기둥코 / 기둥코의 토대코

기둥코 / 기둥코의 토대코

기둥코

2
어느 코를 주울까?

짧은뜨기는 한길 긴뜨기와 코 줍는 위치가 다릅니다. 짧은뜨기는 기둥코를 뜬 후 첫 코부터 주워서 뜨개를 시작합니다(①). 긴뜨기보다 길이가 긴 뜨개코는 기둥코를 단의 첫 코로 이용하기 때문에 뜨개 시작은 앞단의 2번째 코부터 줍습니다(②). 단의 마지막은 앞단의 기둥코를 잊지 말고 주워서 뜨개를 마무리하세요(③).

예: 짧은뜨기 뜨개 도안

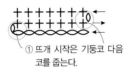

① 뜨개 시작은 기둥코 다음 코를 줍는다.

예: 한길 긴뜨기 뜨개 도안

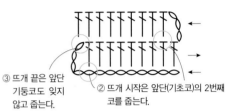

③ 뜨개 끝은 앞단 기둥코도 잊지 않고 줍는다.

② 뜨개 시작은 앞단(기초코)의 2번째 코를 줍는다.

뜨개를 진행할수록 편물이 이렇게 됐다면…

편물이 점점 좁아진다

편물이 점점 퍼진다

각 단의 뜨개 끝에서 앞단의 기둥코를 줍지 않아서 콧수가 단마다 1코씩 줄었습니다. 아래 그림을 참고해서 뜨세요.

뜨개 시작에서 앞단의 2번째 코부터 줍지 않고 첫 코부터 주웠기 때문에 콧수가 단마다 1코씩 늘었습니다. 아래 그림을 참고해서 2번째 코부터 주우세요.

2가닥 줍는다

Q 기둥코를 뜨는 타이밍은 언제?

A 단을 다 뜨고, 그대로 다음 단의 기둥코를 뜨면 뜨개 코의 아래쪽이 꽉 조여져 편물이 깔끔합니다.

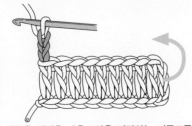

편물을 뒤집은 다음 2단을 시작하는 기둥코를 뜨면 뜨개 코의 아래쪽이 느슨해져 틈이 커집니다(왼쪽 사진).

Q 편물은 어느 방향으로 뒤집나요?

A 다음 단으로 뜨개를 진행할 때, 바늘이 있는 쪽은 움직이지 않도록 하고 편물의 오른쪽 끝을 바깥쪽으로 돌려서 뒤집습니다.

편물을 반대쪽으로 뒤집으면 기둥코의 아래쪽이 꼬이면서 틈이 커집니다(왼쪽 사진).

재료
실…DMC 콜도넷 스페셜 no.80 흰색(BLANC)
부자재…꽃철사(지철사) #35, #26, 경화액 스프레이(Neo Rcir), 접착제, 액체 염료(Roapas Rosti), 사용하는 색은 도안 표를 참고하세요. 리본, 양털 펠트 적당량

도구
레이스 바늘 14호, 펠트 바늘

완성 크기
도안 참고

POINT
● 각 파트를 뜹니다. 지정된 색으로 물들이고 마르면 모양을 잡아서 경화 스프레이를 뿌립니다. 열매는 접착제에 지정된 색 염료를 섞은 다음 철사 끝에 붙여서 고정합니다. 리스 토대와 가지를 만들 철사에 접착제를 바르면서 실을 감습니다. 스웨그는 겨우살이의 균형을 고려해서 배치해서 모은 다음 리본으로 묶습니다. 리스는 균형을 잘 잡아서 배치한 후 토대 철사의 틈에 가지를 꽂아서 고정합니다. 위에 리본을 묶어서 완성합니다.

염료 사용색

	염료
겨우살이	초록색, 노란색, 검은색
코튼 플라워	올리브, 갈색
스타 아니스	갈색
호랑가시나무	초록색, 노란색, 검정색
유칼립투스	초록색, 검정색
리스 토대	초록색, 노란색, 올리브

※모두 레이스 바늘 14호로 뜬다.

겨우살이 이파리
스웨그… 14장
리스…20장

◄━ =실 자르기

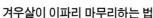

열매
스웨그… 22가닥
리스…26가닥

열매
⟩2mm
철사 #35

※반으로 접은 철사 끝에 접착제를 발라서 말린다.
3~4번 반복해서 두께가 2mm 정도가 되도록 한다.

겨우살이 이파리 마무리하는 법

반으로 접기
5mm
통과하다
1cm
철사 #35

② 실을 감은 부분을 중심으로 해서 철사를 반으로 접고, 이파리 기초 코의 원에 다시 한번 통과시킨다. 2가닥을 모아서 실을 1cm 감는다.

① 기초코의 원에 철사를 통과시켜서 뜨개 끝의 꼬리실을 5㎜ 감아서 접착한다.

스웨그 마무리하는 법

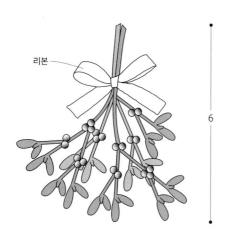

리본

6

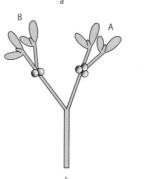
벽에 걸기 위해 철사 #35로 고리를 만들고, 리본 안쪽에 붙여서 접착제로 고정한다.

a, b를 모아서 리본으로 묶는다. 가지를 적당한 길이로 자르고 자른 면에 접착제를 바른다.

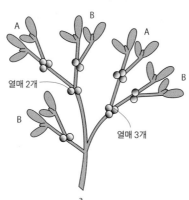
A
B
A
열매 2개
B
B
열매 3개
a
b

※겨우살이 A, B와 열매를 모은 다음 접착제를 바르면서 실을 감는다.

겨우살이와 열매 마무리하는 법

겨우살이 A
스웨그… 3묶음
리스…6묶음

겨우살이 이파리
열매

※겨우살이 이파리 2묶음과 열매 3개를 모은 다음 접착제를 바르면서 실을 감는다.

겨우살이 B
스웨그… 4묶음
리스…4묶음

겨우살이 이파리
열매

※겨우살이 이파리 2묶음과 열매 2개를 모아서 접착제를 바르면서 실을 감는다.

유칼립투스 마무리하는 법

유칼립투스 A
2묶음

유칼립투스 B
1묶음

대
대
소
유칼립투스 대
유칼립투스 소

철사를 모아서
접착제를 바르면서 실을 감는다

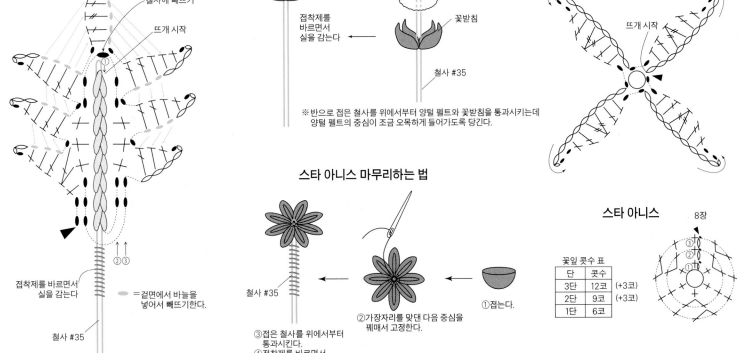

유칼립투스 대 5장

철사
②
뜨개 시작

●로 이어진다
뜨개 시작 ←①
철사 #35
(9코)

유칼립투스 소 2장

철사
②
뜨개 시작

●로 이어진다
뜨개 시작 ←①
철사 #35
(7코)

▶ =실 자르기
=짧은뜨기 코머리

유칼립투스 뜨는 법
1단…사슬의 뜨개 시작 매듭에 철사를 통과시키고, 철사를 감싸면서 짧은뜨기한다.
2단…1단의 짧은뜨기 코머리의 뒤 반 코를 주워서 뜨는데 1단의 뜨개 시작 쪽에서 철사를 접고,
1단의 남은 반 코와 함께 감싸며 뜬다.

호랑가시나무
2장

철사에 빼뜨기
뜨개 시작
접착제를 바르면서
실을 감는다
철사 #35

=겉면에서 바늘을
넣어서 빼뜨기한다.

1단…철사를 반으로 접고, 접힌 부분에
실을 이어서 짧은뜨기를 8코 한다.
2단…1단의 짧은뜨기 코머리가 위쪽을 향하게 한 후,
양 끝에서 반 코를 주워서 뜬다.

코튼 플라워 마무리하는 법

※양털 펠트를
펠트 바늘로 1cm 크기로
둥글게 만든다.

접착제를
바르면서
실을 감는다

꽃받침
철사 #35

※반으로 접은 철사를 위에서부터 양털 펠트와 꽃받침을 통과시키는데
양털 펠트의 중심이 조금 오목하게 들어가도록 당긴다.

코튼 플라워 꽃받침
6장

뜨개 시작

스타 아니스 마무리하는 법

철사 #35

①접는다.

②가장자리를 맞댄 다음 중심을
꿰매서 고정한다.

③접은 철사를 위에서부터
통과시킨다.
④접착제를 바르면서
실을 감는다.

스타 아니스
8장

꽃잎 콧수 표

단	콧수	
3단	12코	(+3코)
2단	9코	(+3코)
1단	6코	

리스 마무리하는 법

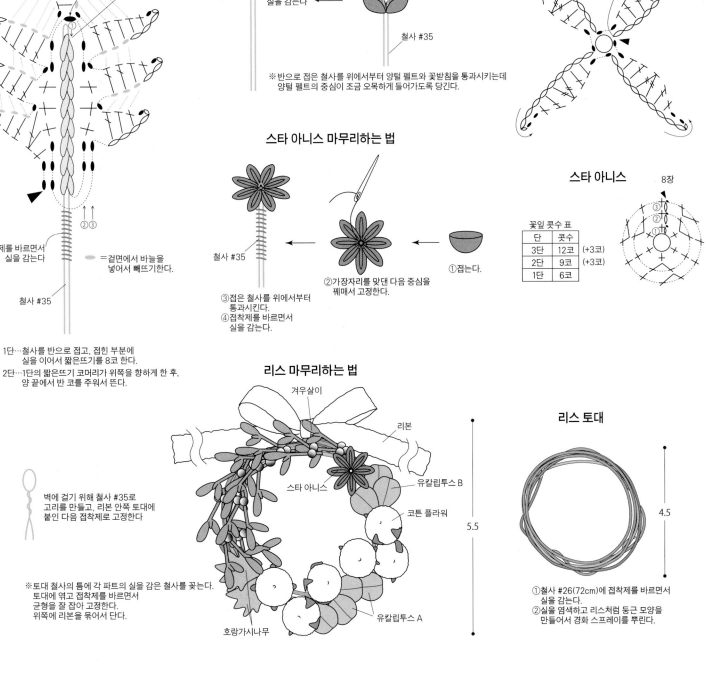

겨우살이
리본
스타 아니스
유칼립투스 B
코튼 플라워
유칼립투스 A
호랑가시나무

5.5

벽에 걸기 위해 철사 #35로
고리를 만들고, 리본 안쪽 토대에
붙인 다음 접착제로 고정한다

※토대 철사의 틈에 각 파트의 실을 감은 철사를 꽂는다.
토대에 엮고 접착제를 바르면서
균형을 잘 잡아 고정한다.
위쪽에 리본을 묶어서 단다.

리스 토대

4.5

①철사 #26(72cm)에 접착제를 바르면서
실을 감는다.
②실을 염색하고 리스처럼 둥근 모양을
만들어서 경화 스프레이를 뿌린다.

함께 뜨는 즐거움, 뜨개가 즐거워지는 공간

취재 : 정인경 / 사진 : 김태훈

뜨개는 혼자서도 즐길 수 있는 취미이지만 함께하면 즐거움이 배가 됩니다. 그래서인지 최근 들어 다양한 뜨개 모임이 생기고 카페나 공방에 모여 함께 뜨개를 하는 뜨개인들도 많아지고 있지요. 서로 모여 지금 뜨고 있는 작품에 대해 이야기도 나누고 새로운 정보도 얻을 수 있어 이런 '카페 뜨개'를 선호하는 사람들이 많습니다. 자연스럽게 뜨개인들이 모여 자유롭게 뜰 수 있는 공간도 하나둘 생겨나고 있어요. DIY 키트로 큰 사랑을 받고 있는 브랜드의 공간, 일본수예보급협회 보그니팅 사범 선생님이 운영하는 공간, 뜨개를 너무 사랑하는 뜨개 애호가의 공간, 뜨개 책을 만들고 편집하는 뜨개 에디터의 공간. 총 4곳의 공간은 저마다의 특색으로 꾸려져 있습니다. 뜨개인들에게 아지트 같은 공간이 되어줄 장소 4곳을 소개합니다.

뜨개로 채운 동화 같은 카페, 누뗀

청계산 입구에 자리한 동화 같은 집 안으로 들어가면 뜨개 세상이 펼쳐집니다. 지하 1층과 지상 2층으로 이루어진 공간은 구석구석 어디를 보아도 누뗀만의 감성으로 가득하지요. 빈티지한 가구 위에 가득 쌓인 실들을 보고 있으면 마치 유럽의 어느 실 가게에 들어온 것 같은 느낌도 듭니다. 누뗀에서는 뜨개 사계절의 DIY 키트와 뜨개 바늘, 실 등을 구매할 수 있는데 완제품도 함께 전시되어 있어 제품을 직접 보고 선택할 수 있습니다. 1층 룸에서는 클래스가 열리며, 클래스는 누뗀 네이버 예약을 통해 등록할 수 있습니다. 2층 공간은 고객들이 편하게 앉아 뜨개를 즐길 수 있고, 하늘로 창이 나 있어 빛이 잘 들고 마치 어느 별장의 테라스 같은 느낌을 줍니다. 특히 커다란 소파석이 인기가 많아 해당 좌석은 1시간으로 이용 시간이 제한되어 있으니 참고하세요.

주소 : 서울 서초구 청계산로 119
운영 시간 : 10:30-19:00(휴무는 네이버 지도 확인)
인스타그램 : @__nutten

1/유럽 마을의 뜨개숍 같은 누뗀의 내부 2/뜨개 사계절의 베스트셀러인 바라클라바도 색깔별로 준비되어 있다. 3/뜨개 사계절의 뜨개 DIY 키트. 4/뜨개 실과 바늘 이외에도 다양한 부자재를 함께 판매하고 있다.

뜨개 실과 책이 가득한 곳, 니팅 카페 토요

방학동 간송옛집 앞 조용한 길가에 위치한 니팅 카페 토요에는 아침부터 뜨개인들의 발길이 이어집니다. 8시에 카페가 오픈하자마자 클래스가 시작되기 때문인데, 클래스는 이곳을 운영하는 이은전 선생님이 직접 진행합니다. 도서관을 방불케 할 정도로 많은 책은 모두 선생님의 소장품. 이은전 선생님은 일본수예보급협회 보그니팅 사범으로, 이곳에서는 보그니팅 전 과정(입문, 강사, 지도원, 준사범) 수업이 진행되기 때문에 제대로 뜨개를 배우고 싶어하는 사람들이 특히 많이 찾습니다. 수업을 하다가 바늘이나 실 등 필요한 것이 생기면 현장에서 구매할 수 있으며, 세하선의 실을 비롯해 랑(LANG), 데비블리스(Debbie Bliss), 인디시타(Indiecita), 울 어딕트(wool addicts) 등 다양한 브랜드의 실을 구경하는 재미도 톡톡하지요. 커피에 진심인 바리스타가 만드는 음료와 맛있는 디저트 메뉴도 유명한데, 뜨개하러 온 김에 주문했다가 커피와 디저트를 먹으러 오는 손님이 있을 정도. 넓은 공간에서 실과 뜨개책에 둘러싸이는 소중한 경험을 할 수 있는 공간입니다.

주소 : 서울 도봉구 시루봉로 149 102호
운영 시간 : 08:00~19:00
인스타그램 : @cafe.toyo

1／뜨개 책으로 가득한 토요의 내부. 2／서랍마다 여러 브랜드의 실들이 가득 담겨 있다. 3／클래스를 진행하는 룸에는 책장에 뜨개 관련 서적이 빼곡히 꽂혀 있다. 4／음료를 시켜두고 뜨개를 즐기는 손님.

뜨개러버의 취향 저격 카페, 옐로우헤이트

이름은 옐로우 헤이트이지만 온통 노란색으로 꾸며진 재밌는 공간. 뜨개를 정말 좋아하는 사장님이 오픈한 카페라 곳곳이 뜨개인을 위한 배려로 넘칩니다. 뜨개 재료와 편물, 음료까지 올려 놓아도 넉넉한 넓고 튼튼한 테이블, 오래 앉아 있어도 편안한 의자, 코가 잘 보이도록 조절한 불빛까지. 어느 하나 허투루 준비한 것이 없는 분위기지요. 음료를 주문한 손님에게는 실리콘 뚜껑을 함께 주는데, 모두가 모여 뜨개를 하다 보니 실먼지가 많이 날려 음료를 보호하기 위해 준비했다고 합니다. 벽을 가득 채운 감성적인 엽서는 모두 사장님이 직접 촬영한 사진으로 만들었다고 합니다. 카페 한 켠에는 사장님이 직접 뜬 작품들과 자유롭게 이용할 수 있는 자투리 실도 준비되어 있습니다. 편안하게 카페 뜨개를 하고 싶은 뜨개인이라면 방문하기를 추천합니다.

주소 : 서울시 관악구 행운6길 22 1층
운영 시간 : 10:00~21:00(운영 시간과 휴무는 인스타그램 확인)
인스타그램 : @yellow_hate_

1／판매하는 뜨개 실과 열람용 실이 준비되어 있다. 2／직접 뜬 옷들도 구경할 수 있다. 3／음료를 시키면 실먼지가 들어가지 않도록 실리콘 뚜껑을 함께 제공한다. 4／자투리 실은 자유롭게 사용할 수 있다.

뜨개책 편집자의 취향을 엿볼 수 있는, 흘깃

취미 책방 흘깃은 취미를 주제로 한 다양한 도서와 제품을 판매하는 공간입니다. 오랫동안 출판사에서 다양한 베스트셀러 뜨개책을 기획해온 편집자가 운영하는 공간이라 편집자의 시선으로 직접 큐레이션한 다양한 뜨개 책을 구비하고 있는 것이 가장 큰 특징이며, 귀엽고 컬러풀한 실과 도구, 키트도 구매할 수 있습니다. 이곳에서는 매주 주말 자유로운 뜨개 모임이 열리는데, 책방에서 열리는 다양한 취미 클래스 중에서도 특히 뜨개 관련 행사나 이벤트를 적극적으로 기획하고 있습니다. 또한 모루인형 키트, 비즈발 키트, 손바느질 손수건 키트 등 수공예의 멋을 느낄 수 있는 다양한 핸드메이드 취미 소품과 키트도 판매하고 있어, 취미가 있는 일상의 소소한 즐거움을 발견하기에도 좋은 곳입니다.

주소 : 서울시 마포구 백범로 86 2층
운영 시간 : 12:00~20:00(월 휴무, 비정기 휴무는 네이버 지도 확인)
인스타그램 : @glance.hg

1／다양한 뜨개 책이 진열되어 있는 흘깃의 책장. 2／해외 도서도 편히 살펴볼 수 있고, 부담없이 살 수 있는 가격대의 실도 있다. 3／흘깃에서 판매 중인 양말 실들. 4／넓은 테이블에서 마음껏 뜨개를 즐길 수 있다.

누뗀

주소 : 서울시 마포구 백범로 86 2층
운영 시간 : 12:00~20:00(월 휴무, 비정기 휴무는 네이버 지도 확인)
인스타그램 : @glance.hg

니팅 카페 토요

자료 제공 : 경기남부 뜨개모임 뜨!, 니트위트

오프라인 뜨개 모임 '뜨!'의 첫 회지 출간

'뜨!'는 2022년 온라인 함뜨방에서 지리적으로 가까운 분들이 경기도 남부에서 만나기로 하며 시작된 뜨개 모임입니다. 함께 모여서 뜨개를 즐기기도 하고 공부하기도 하며 알차게 1년을 보내고 2024년에는 모두가 참여할 수 있는 멋진 프로젝트를 기획하기로 했습니다. 그렇게 멤버 모두가 모여 첫 회지를 제작하게 되었습니다. 회지에는 멤버들의 소개와 함께 베스트, 스카프, 인형 등 작품 사진과 도안을 실었습니다. 뿐만 아니라, 뜨개에 관한 여러 에세이, 대바늘 기법과 뜨개 도구에 대한 설명과 후기도 있어 니터라면 누구나 재미있게 읽을 수 있는 내용이 가득합니다. 뜨개에 진심인 사람들이 모여 다양한 방식으로 뜨개를 즐기는 뜨!처럼 올 겨울에는 근처에 사는 마음 맞는 니터들과 모임을 가져보는 것도 좋겠습니다. 뜨!의 첫 회지는 모임 인스타그램(@knit_ddeu) 프로필에서 누구나 읽을 수 있습니다.

1／오프라인 모임을 즐기는 뜨! 회원들. 2／회지에 실린 귀여운 오리 파우치. 3／전통 매듭의 무늬를 살린 매듭 베스트로 역시 회지에서 만날 수 있다.

니트위트, 노구치 토모코 작가와 함께한 특별한 니팅 이벤트

1／워크숍에서 수록된 작품 뜨는 법을 지도하는 노구치 토모코. 2／참가자의 요청으로 사인을 하는 노구치. 3／니트위트에 전시된 노구치의 작품들.

2024년 9월 6~7일, 인천의 '니트위트(KnitWit)'에서 일본의 유명 뜨개 작가 '노구치 토모코'의 워크숍과 트렁크쇼가 성황리에 개최되었습니다. 노구치는 일본 도쿄의 뜨개숍 '초코슈(Chocoshoes)'의 대표 작가로, 여러 권의 저서를 출간하고 〈다루마 패턴북(DARUMA PATTERN BOOK)〉 시리즈에 꾸준히 작품을 연재하고 있습니다. 이번 행사에서는 새로운 도안집인 〈Cherry Knit Pie〉를 니트위트에서 최초로 출시하며 이를 기념해 수록된 작품 중 2점을 작가와 함께 뜨는 워크숍을 진행했습니다. 행사 이틀간 전시된 노구치의 작품을 직접 착용해 볼 수 있었으며, 일본 초코슈 매장에서만 만날 수 있던 다양한 키트도 구매할 수 있었습니다. 또한, 참가자들은 작가와 이야기를 나누며 자유롭게 소통하고 사진을 찍는 등 특별한 시간을 보냈습니다. 니트위트는 앞으로도 세계 각지의 작가를 초청해 한국의 니터들을 위한 이벤트를 이어갈 계획으로, 최신 소식은 공식 인스타그램(@knitwit_store)에서 확인할 수 있습니다.

나를 표현하는 뜨개 키링

키링의 인기가 날로 더 높아지고 있습니다. 최근에는 '백꾸'라는 용어까지 등장했는데 바로 '가방(bag)을 꾸민다'라는 뜻입니다.
가방에 무언가를 달아 개성을 표현하는 시대! 뜨개인이라면 뜨개 키링으로 정체성을 표현해보는 건 어떨까요?
개성 넘치는 아이디어로 자기만의 제품을 만드는 키링 작업자 4인의 작품을 만나보았습니다.

취재 : 정인경 / 사진 : 김태훈

예티 크로셰
@yeticrochet

귀여운 털뭉치들을 만드는 예티 크로셰입니다. 몽글몽글 귀엽고 빵빵한 인형들은 언뜻 '이게 코바늘?' 하는 생각이 들기도 해요. 통통한 몸과 몰려 있는 이목구비, 저마다 특색 있는 꼬리들이 앙증맞아요. 실 색에 따라 이름이 정해지고요. 모든 아이들은 저마다 다른 특징을 갖고 있어 세상에 하나 뿐인 나만의 인형이 되지요. 가방에 달아 어디든 함께 갈 수 있는 뜨개 인형이랍니다. 실이 엉켜 부슬부슬해지면 살살 빗어주세요. 애정을 쏟는 만큼 빵실하고 귀여운 얼굴을 보여줄 거예요. 예티 크로셰의 제품은 해외 주문이 늘고 있어 전 세계로 뻗어 나가고 있어요. 오프라인에서는 성수동 베른샵에서 만나볼 수 있고요. 주문 제작도 가능하니 예티 크로셰의 인스타그램을 확인해주세요!

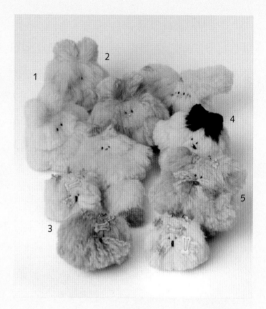

1. 먼지 토끼 시리즈
예티 크로셰의 대표 인형인 먼지 토끼(일명 먼토). 오리지널 먼지 토끼도 귀엽지만 당근을 많이 먹어 주황색으로 물든 당근 토끼와 냉방병에 걸려 온 몸이 파랗게 질린 냉방병 토끼도 사랑스러워요.

2. 머털이
시골에서 생활하고 가끔 농산물을 팔러 서울에 옵니다. 서울은 사람도 많고 왠지 무섭고 부끄러워서 앞머리로 눈을 가리고 다닙니다.

3. 도사 시리즈
연두색과 하얀색의 조화가 무를 꼭 닮은 무도사와 새하얀 털의 배추도사. 갈색 삽살이처럼 보이는 아이는 썬탠 배추도사랍니다.

4. 냥 시리즈
뾰족한 귀와 통통한 꼬리를 가졌어요. 새우튀김 냥은 지붕에서 일광욕 하다가 새우튀김처럼 구워졌지요.

5. 팝핀 멍
연보라색의 팝핀 멍은 팝핀 캔디 꼬리를 갖고 있어요. 상큼함이 필요할 때 팝핀 멍을 바라보면 기분까지 좋아져요.

오위
@ooui.studio

손과 실로 귀여운 것을 만드는 오위입니다. 작고 귀엽고 새로운 것을 계속해서 만들어내고 있어요. 말 그대로 한 땀 한 땀 제작하기 때문에 많은 정성과 시간이 들어가요. 여러 가지 색깔을 조합해서 오위만의 분위기를 내는 것이 특징이에요. 여기에 오위 고유의 디자인이 어우러져 어디에 달아도 눈에 띄는 키링이 만들어져요. 제품에는 작고 귀여운 비즈나 단추들을 불규칙적으로 장식해서 키치한 무드를 내고 있어요. 오위의 제품은 오밀조밀하고 단단해서 키링으로 달기 안성맞춤입니다. 튼튼해서 잘 헤지지도, 망가지지도 않아 오래 함께할 수 있는 키링이에요. 백꾸 유행에 맞춰 키링이 넘쳐나는 요즘 흔하지 않고 독특한 키링을 찾는다면 딱 좋아요!

1. 버섯
독버섯 키링은 저마다 다른 색감과 조합으로 개성을 드러냅니다. 단정한 코와 단단한 촉감이 완성도를 높여줘요.

2. 나비
합사 실을 이용해 다양한 컬러로 만드는 나비 키링입니다. 손에 쏙 들어오는 귀여운 사이즈에 길게 늘어져 하늘거리는 실이 포인트예요.

3. 드레스
오위의 드레스는 여러 가지 색상 조합으로 만들어집니다. 반짝이는 기모가 달린 실로 장식해 특별한 분위기를 만들었어요.

4. 파르페
추억의 파르페 컵의 형태와 위에 얹어진 아이스크림까지 완벽하게 재현한 키링이에요. 색 조합과 비즈로 오위만의 분위기를 냈어요.

5. 버섯 케이스
닫혔을 땐 버섯이지만 버섯 갓을 열어보면 안에 수납 공간이 있는 버섯 모양 립밤 케이스랍니다. 겉에는 오위의 시그니처 비즈들을 달아주었어요.

콘치
@cornchy.kr

요상해서 더 귀여운 콘치의 작품들은 키치한 요즘의 감성을 그대로 담고 있어요. 키링 외에도 젊은 감성을 느낄 수 있는 다른 제품들을 많이 만들죠. 바늘 파우치, 잔디 코스터, 자투리 실 스크런치 등 손 가는 대로 뜨는 편이에요. 전형적이지 않고 재밌는 제품을 많이 만들기 때문에 힙한 느낌이 들어서 한 번 더 돌아보게 되는 매력이 있어요. 또 콘치의 제품에는 볼드한 느낌의 라벨이 달려 있어서 완성도를 높여줍니다. 어디에 달아도 귀엽고 독특하게 마무리되는 키링이에요. 핸드메이드 특성 상 모든 제품이 다 세상에 하나뿐인 제품이라는 것도 소장 가치를 높이는 포인트랍니다.

1. 외계 시리즈
어딘가 이상한 모양의 외계 생명체예요. 몸통 실과 대비되는 색의 단추로 눈을 만들어 달았어요. 단추를 달아준 실 덕에 눈매가 순해 보여요.

2. 버섯
콘치만의 특징적인 모양으로 만든 버섯이에요. 각각의 버섯에는 이름이 있어요. 버섯갓을 열면 수납할 수 있는 공간이 있어요.

3. 오징어와 문어
다리가 제멋대로 꾸부러지는 오징어예요. 사방으로 펼쳐진 다리 덕에 바닥에 설 수도 있답니다. 눈과 눈 사이가 멀어 더 귀여운 제품이에요.

4. 해파리 시리즈
동그란 머리에 짧은 촉수가 흔들리는 해파리예요. 촉수는 팬시얀을 써서 독특한 느낌을 냈어요. 작은 사이즈의 해파리라 부담스럽지 않아요.

5. 클로버
행운을 주는 클로버는 다양한 질감을 넣어서 만들었어요. 부담스럽지 않은 작은 크기에 긍정적인 기운을 담고 있어서 선물하기도 좋아요!

문할모니
@moonhalmoni

핸드메이드의 따뜻함을 전하는 문할모니의 키링에는 사랑스러움이 가득해요. 아침햇살처럼 여리여리한 분위기를 가진 문할모니의 키링은 여성스러운 느낌이 특징이에요. 그래서인지 오히려 볼드한 패션이나 가방에 매치하면 매력이 더 살아나지요. 함께 매치한 실버 하트 참도 문할모니의 매력을 더 높여준답니다. 심플 이즈 베스트! 심플한 키링을 원하지만 디테일은 놓치고 싶지 않다면 하트나 쿠션처럼 간단한 작품을 달아보는 건 어떨까요? 문할모니 유튜브에서는 꽃다발과 산호초 키링을 만들 수 있는 튜토리얼 영상도 확인할 수 있으니 나만의 키링을 만들어보세요.

1. 꽃다발
문할모니의 베스트셀러인 꽃다발은 3가지 색상으로 만들었어요. 디테일한 마감 처리가 정말 꽃다발처럼 보이게 만들어준답니다.

2. 트리
크리스마스가 다가오니 트리 키링은 어떤가요? 특수사로 만든 미니 루프 트리는 크리스마스의 무드와 잘 어울려요.

3. 산호초
메탈 얀과 하늘색 실, 은빛 체인이 어우러져 신비로운 분위기를 자아내는 산호초 키링이에요. 자유롭게 뻗어 있는 산호초의 가지를 뜨개로 만들었어요.

4. 하트
한쪽은 볼록하고 한쪽은 오목해서 흔히 보는 하트지만 유니크한 느낌이 나요. 심플하고 직관적인 키링이라 어디에나 매치하기 좋아요.

5. 미니 쿠션
가운데가 오목한 방석 모양에 리본을 달았어요. 자유롭게 묶은 리본이 문할모니만의 개성을 담아내어 더욱 예쁜 키링이랍니다.

내가 만든 '털실타래' 속 작품

〈털실타래 Vol.5〉 10p
크림(@theorganic32)

실: 니트컨테이너 울 6합
〈털실타래 Vol.5〉에 실린 건지니트 작품으로 안
뜨기, 겉뜨기로만 무늬를 만드는 것이 재밌습니
다. 앞뒤가 동일하고 겨드랑이의 거싯이 있는 건
지니트 고유의 독특한 구조를 배울 수 있어 즐거
웠어요.

〈털실타래 Vol.9〉 44p
Churochet

실: 체리코코 인형실
체리코코 인형실로 탄탄한 유령 인형을 만들었
습니다. 핼러윈 무드에 맞춰 인형 안에 조명을 넣
어주어, 밤에도 악령을 쫓아내 줄 든든한 유령으
로 만들었습니다! 귀여운 표정의 유령이지만 결
코 귀엽지만은 않은 든든한 나만의 유령을 만들
수 있어 재밌었습니다!!

〈털실타래 Vol.5〉 92p
살구랑희랑

실: 라라뜨개 캐시5(라이트그레이, 미스티블러쉬,
블루퍼플멜란지)
임신 중에 태교겸 재미있게 작업한 첫 바텀업 작
품입니다. 무늬 만드는 과정이 흔하지 않아서 만
드는 내내 지루하지 않아 끝까지 재미있게 작업
했네요. 얇고 따뜻해서 한겨울에도 손이 잘 가는
스웨터에요.

〈털실타래 Vol.7〉 42p
김나연(코아짱 @koa_shallweknit_2023)

실: DMC 에코비타(110, 138)
운동할 때도 편하게 입을 수 있고, 후드가 달려
있어 더 귀엽고 캐주얼한 "스포티 니트". 맨살에
닿은 느낌마저도 시원시원한 "DMC 에코비타"
를 사용해 mc는 110-그레이로, 포인트가 되는
cc는 138-네온색으로 떠 보았습니다.

〈털실타래 Vol.6〉 42p
@yully_knit

실: 두니트 베베로
소매를 따라 흐르는 아란무늬와 고무단 포인트에
반한 도안이예요. 부드러운 베이비알파카 실로
떠 주었더니 고급스러움이 더해져 정말 예쁜 스
웨터가 되었답니다. 다양한 무늬 덕에 지루할 새
없이 즐거운 뜨개 시간이었어요.

〈털실타래 Vol.9〉 49p
뜨랑(@somsatang)

실: DMC woolly5 + 모헤어
뜨앤 x 한스미디어 체험단 이벤트에 당첨되어 아
란무늬 베스트를 뜨게 되었어요. 무늬가 가득해
서 지루할 틈이 없고 울리5실도 아란무늬가 이쁘
게 나와서 즐겁게 떴습니다!

독자분들이 뜬 〈털실타래〉 속 작품을 소개합니다!
원작의 느낌을 살려 완성한 작품, 취향대로 디자인을 조금 변형한 작품, 다른 색으로 떠 새로운 느낌으로
만든 작품까지 모두 만나 보세요. 〈털실타래 Vol.1~10〉 속 작품을 만드셨다면 SNS에 사진과 한스미디어
(@hansmedia)를 태그해서 업로드해 주세요!

구성·편집 : 편집부

〈털실타래 Vol.9〉 13p
이한비(@birain_Knit)

실: 바늘이야기 패션아란 윌로우
결혼을 앞두고 특별한 사진을 남기고 싶은 마음
이 들었어요. 그때 〈털실타래 Vol.9〉에 멋진 아란
도안이 딱!하고 나타난 거예요! 뜨는 방법도 너
무 쉬웠답니다. 봄을 기다리는 겨울을 생각하면
서 차분한 연두 계열로 완성해 보았습니다.♥

〈털실타래 Vol.8〉 38p
세상

실: 캐시미어 레이스(111)
너무나 여성스러운 디자인의 숄이라 어울릴까 싶
었지만, 머플러처럼 두르면 또 다른 매력이 있습
니다!

〈털실타래 Vol.1〉 55p
이네lines

실: 게파드 푸노
색상 조합을 조금만 다르게 해도 전혀 다른 무늬
와 분위기의 작품을 만들 수 있는 게 바로 페어
아일의 매력 아닐까요! 메인실을 하늘색으로 잡
았더니 차가운 겨울 느낌이 나는 작품이 되었습
니다. :) 굵은 실로 빠르게 완성할 수 있고, 페어아
일의 매력에 빠져들 수 있는 작품이라 이 도안은
꼭 한번 떠 보시길 추천드려요.

〈털실타래 Vol.9〉 98p
민트라임 (@mint._lime)

실: DE RERUM NATURA Ulysse(바탕 6볼, 배
색 각 1볼씩)
처음 보자마자 '빨간망토 차차'가 연상되어 이건
꼭 떠야겠다 맘 먹었어요. 아란과 배색의 조합이
너무 예쁘고 귀여우면서도 여성스러움을 가득
담고 있어요~! 지루할 틈 없는 무늬의 연속이라
뜨는 내내 재미도 있고, 한 작품에서 배색과 무늬
를 다 해볼 수 있어서 더 좋았어요.♡

〈털실타래 Vol.5〉 98p
두나(@duna_knitting)

실: 삼성물산 노블레스
아름다운 아란무늬와 독특한 구조에 관심이 가
서 떠 본 작품이에요. 복잡해 보이지만 많이 어렵
지 않고, 재미있게 잘 떠진답니다. 입었을 때 더
이쁘고, 손뜨개의 고급스러움이 느껴져요.^^

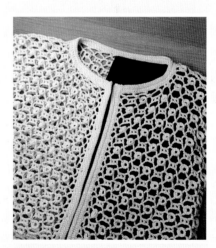

〈털실타래 Vol.8〉 15p
실수(@real_knitting)

실: 샤블리 콘사 1.5콘
〈털실타래 Vol.8〉의 작품을 완성해 봤습니다. 원
작은 7부 정도의 긴팔이지만 저는 조끼 형식으
로 바꿨습니다. 코바늘 옷을 처음 만들어 봤는데
도안부터 아름다운 디자인이라 너무 맘에 드는
옷이 되었습니다. 또한 만드는 동안에도 정갈한
무늬를 만들기 위해 신경 쓰며 작업했습니다.

이탈리아의 대지를 사랑하는 여성들

Lanivendole 라니벤돌리(이탈리아)

약 십수 년 전부터 유럽과 미국에서 유행하기 시작한 손염색실은 세계적인 확산을 보이며 최근에는 일본에서도 취급점과 다이어(손염색 작가)가 늘고 있습니다. 다이어인 Chappy(채피) 씨가 각국의 다이어를 소개하면서 손염색실의 세계를 탐방합니다.

취재·글·사진: Chappy (Chappy Yarn)

라니벤돌리는 산간의 캐시미어 목장에 사는 줄리아 씨와 제노바에 사는 스테파니아 씨 두 사람이 경영하고 있다.

밀라노에서 디젤차로 갈아타고 3시간 남짓. 거기서 다시 차로 산길을 10분 남짓.

이번 세계의 손염색을 찾아 떠나는 여행은 파리에서 이탈리아로. '이탈리안 메이드'를 고집하는 라니벤돌리를 찾아 북이탈리아를 방문했습니다.

라니벤돌리는 5년 전에 스테파니아 씨와 줄리아 씨 두 사람이 만든 손염색 브랜드입니다. 계기는 갓 캐시미어 목장을 시작한 줄리아 씨가 섬유 공예를 가르치는 스테파니아 씨의 방적 수업에 참가한 것으로 곧 의기투합한 두 사람은 이탈리아를 고집한 실 제작을 모색하기 시작합니다. 브랜드 이름은 '실을 파는 여자들'의 피렌체 방언에서 따온 것입니다.

"이탈리아에는 현지에서 양을 길러 그 양털을 마을 단위로 방적하는 전통 산업이 있습니다. 마을 단위라서 전문성이 높고 뛰어난 품질로 정평 나 있어요. 그런데 최근 30년 사이 수입에 밀려 많이 사라져버렸어요. 전통 산업을 지키기 위해 이탈리아 전통의 훌륭한 가치를 전할 수 있는 뭔가 독특한 일을 하고 싶었어요." 라는 스테파니아 씨.

유럽 각지의 섬유 축제를 돌며 시행착오를 거듭한 끝에 자신들의 개성을 나타내기 위해 한 가지 결론에 이릅니다. 그것은 '섬유 자체가 말하게 하는' 것.

메리노가 몇 퍼센트라는 실의 배합을 고집하는 손염색 작가가 많은 가운데 그녀들이 고집하는 것은 섬유 자체입니다. 최대한 현지에 뿌리내린 내추럴한 섬유를 모으고 처리를 줄임으로써 원모가 지닌 개성과 촉감을 살린 실을 만들고, 그 실을 살리기 위한 손염색을 모색하고 있습니다. 촉감은 인터넷으로는 잘 전해지지 않기에 실제로 실을 볼 수 있는 얀 페스티벌 등의 기회가 정말 소중하다고 합니다.

"처음에는 작은 방적소와 합심해서 5kg부터 시작했어요. 손염색을 선택한 건 양이 너무 적어서 어느 공장도 염색해주지 않아서였죠. 하지만 사실 실의 촉감을 살리려면 그 실에 맞춰서 조절할 수 있는 손염색이 최고란 걸 깨달았어요. 지금은 손염색 말고는 생각할 수 없어요."

저마다 털빛이 다른 캐시미어 염소의 털을 블렌딩함으로써 실에 깊이 있는 질감이 탄생한다.

채피(Chappy)

손염색 아티스트. 손염색실 브랜드 Chappy Yarn 다이어 겸 CEO. 도쿄에서 태어나 홍콩에 살고 있다. 2015년부터 보고 뜨고 입어서 즐거운 촉감을 중시한 손염색실을 선보이고 있다. 이벤트와 인터넷을 중심으로 뜨는 사람이 행복해지는 손뜨개실을 목표로 활동하고 있다.
Instagram : Chappy Yarn

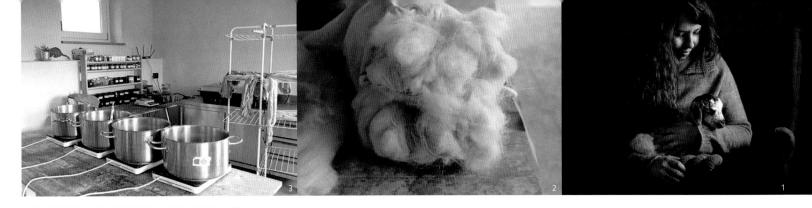

1／캐시미어 염소는 강한 동물이지만, 그중에는 실내에서 자라는 섬세한 염소도 있다. 이 녀석의 이름은 무려 'Gomi tolo(털실타래)'라고 한다. 2／이제부터 방적되는 캐시미어. 3／같은 색을 만들어내기 위해 산성 염료를 사용한다. 초목 염색은 물 확보 문제로 단념했다.

베이스 실의 종류는 많지 않지만 모두 이탈리아에서 자란 양과 알파카, 모헤어 같은 소재를 사용하고 피에몬테와 토스카나 등의 작은 방적소에서 방적했기 때문에 추적 가능한 품질을 자랑합니다. 자랑은 10년 이상을 들여 탄생한 메리노 교배종 아퀼라나(Aquilana)의 희소한 섬유를 사용한 베이스입니다. 특히 네불라 (Nebula)라는 베이스는 줄리아 씨의 캐시미어 목장에서 자그마치 2년을 들여 캐시미어 염소 1마리씩에서 직접 빗질해 모은 털을 블렌딩한 것으로 아퀼라나 의 탄력과 캐시미어의 부드러움, 가벼움을 겸비한 시간과 정성을 들인 수작업의 결정체입니다.

높은 품질과 이탈리안·메이드에 대한 고집, 실 제작에 대한 진지한 자세, 실의 촉감을 살린 염색이 인기를 모아 지금은 유럽뿐 아니라 세계 각지의 디자이너 가 뜨거운 시선을 보내는 존재가 되었습니다.

두 오너는 지극히 자연스러운 모습으로 캐시미어 목장이 내려다보이는 바람 통하는 테라스에서 당연한 듯이 화이트 와인을 권하며 취재에도 시종 느긋하고 여유로운 분위기였습니다. 친구에게 집을 안내하듯 목장과 아틀리에를 소개해 줬는데 아틀리에에 들어갈 때 했던 "자, 들어와요! 노 시크릿(no secret)! 전부 봐 요!"라는 말에서 대범함과 자신감을 본 것 같았습니다.

"거대 다이어처럼 무거운 냄비를 씻어줄 젊은 사람이 필요해요.", "맞아요!" 아틀 리에를 보여주지 않는 손염색 작가가 많은데, 아무렇게나 놔둔 실이 담긴 냄비 를 본체만체하며 너스레를 떱니다. 이런 여유는 섬유를 수작업으로 모으고 블 렌드하고 실로 만들어 염색하고 섬유 축제에서 대면 판매를 하는 이 모든 일련 의 작업으로 탄생하는 것이 라니벤돌리라는 브랜드이기 때문이겠지요.

다음 목표는 1박을 하며 쉴 수 있는 숙박 시설을 목장에 오픈하고 캐시미어 염 소에 둘러싸인 뜨개 모임을 하는 아주 재미있을 것 같은 기획을 하는 것이라는 데요. 이 기사가 나올 즈음에는 실현하고 있기를 바랍니다.

Lanivendole
http://lanivendole.com/en/

4／염소에게 멍에를 씌워 고정하고 안쪽 털을 빗질하며 털을 깎 아나간다. 5／사람을 잘 따르고 무엇에든 흥미가 넘치는 캐시미 어 염소들. 사람을 보면 금세 모여듭니다. 6／"같은 가치관을 깊 이 공유하고 있다"라고 말하는 스테파니아 씨(오른쪽)와 줄리아 씨(왼쪽).

Let's Knit in English!
니시무라 도모코의 영어로 뜨자

심플한 편물에 재미를 살짝 더하고 싶다면

photograph Toshikatsu Watanabe   styling Akiko Suzuki

편물에 재미를 살짝 더하고 싶을 때 편리한 게 테두리뜨기. 에징(edging)이라고
도 하죠. 에징을 더했을 뿐인데 작품의 느낌이 크게 변한 경험을 한 사람도 많
을 거예요. 평소에 셰틀랜드 레이스 같은 레이스 무늬를 뜨는 사람은 자연스럽
게 무늬를 에징에 넣은 작품을 뜨겠지만, 에징 그 자체를 의식해서 넣는 일은
적지 않을까요?
에징이라고 해도 섬세하거나 화려한 것부터 간단하면서도 존재감이 있는 것까
지 종류가 무한합니다. 게다가 뜨는 방향도 다양하므로 즐기는 방법도 그만큼
많아집니다.
여기서 소개하는 에징 A와 B는 세로 방향으로 뜨는 타입입니다. 단독으로 뜨
면 점점 길쭉한 편물이 만들어집니다. 이것만 사용할 수도 있지만, 가터뜨기나
메리야스뜨기 등 기본 편물 끝에 에징의 콧수만큼 더해 본체와 함께 한꺼번에
뜰 수 있습니다. 또는 맨 처음 에징을 떠두고 단에서 코를 주워 본체를 뜰 수도
있으며, 그 반대로 본체의 코를 남겨두고 거기에 에징을 떠서 연결하는 등 사
용법은 다양합니다.
에징 C는 고무뜨기 시작 위치에 구슬뜨기를 떠놓는 타입입니다. 밑단과 소맷
부리 등에 쓸 수 있습니다.
이와 반대로 코를 막을 때 피코뜨기하면서 막는 타입이 D입니다. 이처럼 약간
이라도 에징을 넣으면 작품의 완성도가 꽤 달라집니다. 한층 더 모험을 하고
싶다면 무늬집 등에서 마음에 드는 에징을 찾아도 즐겁습니다. 간단한 편물에
약간만 공을 들이면 멋진 선물도 된답니다.

뜨개 약어

약어	영어 원어	우리말 풀이
BO	bind off	코를 막는다, 덮어씌우기
k	knit	겉뜨기 코, 겉뜨기
k2tog	Knit 2 sts together	왼코 겹쳐 2코 모아뜨기
kwise	knitwise	겉뜨기하듯이
LHN	left hand needle	왼바늘
p	purl	안뜨기 코, 안뜨기
rep	repeat	반복한다
RHN	right hand needle	오른바늘
RS	Right Side	겉면
s2kpo	slip 2 sts together knitwise, knit 1 st, pass slipped sts over the knit st.	2코에 겉뜨기하듯이 오른바늘을 넣어 옮기고 다음 코를 겉뜨기한 뒤, 오른바늘에 옮겨둔 코를 뜬 코에 덮어씌운다=중심 3코 모아뜨기
ssk	slip, slip, knit	2코에 각각 겉뜨기하듯이 오른바늘을 넣어 옮겨서 코 방향을 바꾸고 돌려뜨기하듯이 2코를 한꺼번에 뜬다=오른코 겹쳐 2코 모아뜨기
st(s)	stitch(es)	뜨개코
WS	Wrong Side	안면
yo	yarn over	걸기코

\<Pattern A\>

Cast on 10 sts.
Set–up row (WS): Knit.
Row 1: k2, yo, k2tog, k3, yo, k2tog, k1.
Row 2: k3, yo, k2, yo, k5. (12 sts)
Row 3: k2, yo, k to end. (13 sts)
Row 4: BO 3 sts, k to end. (10 sts)
Rep Rows 1 to 4.

\<무늬 A\>

10코 만든다.
준비단(안면): 끝까지 겉뜨기.
1단: 겉 2, 걸기코, 왼코 겹쳐 2코 모아뜨기, 겉 3, 걸기코, 왼코 겹쳐 2코 모아
뜨기, 겉 1.
2단: 겉 3, 걸기코, 겉 2, 걸기코, 겉 5.(12코)
3단: 겉 2, 걸기코, 끝까지 겉뜨기.(13코)
4단: 3코 덮어씌우기, 끝까지 겉뜨기.(10코)
1~4단을 반복한다.

\<Pattern B\>

Cast on 10 sts.
Set–up row (WS): Knit.
Row 1: k7, (k1, yo) three times and k1 into same st, k2. (16 sts)
Rows 2 to 5: k to end.
Row 6: BO 6 sts, k to end. (10 sts)
Rep Rows 1 to 6.

\<무늬 B\>

10코 만든다.
준비단(안면): 끝까지 겉뜨기.
1단: 겉 7, 같은 코에 [겉 1, 걸기코] 3회와 겉 1을 뜨고 겉 2.(16코)
2~5단: 끝까지 겉뜨기.
6단: 6코 덮어씌우기, 끝까지 겉뜨기.(10코)
1~6단을 반복한다.

※무늬 D 뜨는 법은 P.117에 게재했습니다.

<Pattern C>

multiple of 4 sts + 1

MB (make bobble): (p1, yo) twice, p1 into next st, turn, k5, turn, p5, turn, ssk, k1, k2tog, turn, s2kpo.

CO 33 sts.

Row 1 (RS): k2, p1, k1, *MB, k1, p1, k1; rep from *, k1.
Row 2 (WS): k1, *p1, k1; rep from * to end.
Row 3: k2, *p1, k1; rep from * to last st, k1.
Rep Rows 2 and 3.

<무늬 C>

4코의 배수+1코

MB(make bobble=구슬뜨기한다):
1단(겉면): 1코에 [안 1, 걸기코 1] 2회와 안 1을 뜨고 편물을 뒤집는다.
2단(안면): 겉 5, 편물을 뒤집는다.
3단: 안 5, 편물을 뒤집는다.
4단: 오른코 겹쳐 2코 모아뜨기, 겉 1, 왼코 겹쳐 2코 모아뜨기. 편물을 뒤집는다.
5단: (겉뜨기의) 중심 3코 모아뜨기.
33코 만든다.
1단(겉면): 겉 2, 안 1, 겉 1, 【MB, 겉 1, 안 1, 겉 1】을 마지막에 1코 남을 때까지 반복하고 겉 1.
2단(안면): 겉 1, 【안 1, 겉 1】을 마지막까지 반복한다.
3단: 겉 1, 【안 1, 겉 1】을 마지막에 1코 남을 때까지 반복하고 겉 1.
2, 3단을 반복한다.

신간

Let's Knit in English!
서술형 패턴으로 뜨는 양말

니시무라 도모코 지음

〈털실타래〉 연재에서 소개한 영문 패턴을 변형해 양말을 뜰 수 있게 만든 니시무라의 신간이 출간되었습니다. 영어·일본어 문장 패턴과 일본식 도안을 함께 수록했습니다. 양말 뜨기를 즐길 수 있는 작품 10점을 실었습니다. 권말에는 영어 뜨개 용어 사전도 제공하고 있습니다.

니시무라 도모코(西村知子)

니트 디자이너, 공익재단법인 일본수예보급협회 손뜨개 사범, 보그학원 강좌 '영어로 뜨자'의 강사. 어린 시절 손뜨개와 영어를 만나서 학창 시절에는 손뜨개에 몰두했고, 사회인이 되어서는 영어와 관련된 일을 했다. 현재는 양쪽을 살려서 영문 패턴을 사용한 워크숍·통번역·집필 등 폭넓게 활동하고 있다. 저서로는 국내에 출간된 《손뜨개 영문패턴 핸드북》 등이 있다.

Instagram : tette.knits

하야시 고토미의 Happy Knitting

photograph Toshikatsu Watanabe, Noriaki Moriya, Nobuhiko Honma(process) styling Akiko Suzuki

가터뜨기 튜브에 속을 채워 만드는 달팽이 매트

《가브스트리크》의 회보. 2021년 봄호.

파리의 화랑에 방문해준 헬레 씨 부부. 남편은 프랑스인으로 고향을 방문 중이었다.

처음으로 가브스트리크에 이 매트를 소개한 리타 씨는 파미르고원의 뜨개 책도 냈다.

가브스트리크의 기사를 위해 헬레 씨가 뜬 달팽이 매트.

《셰이커 텍스타일 아트》에 실린 달팽이 매트(왼쪽 페이지).
셰이커 교도의 생활에서 볼 수 있는 천이나 손으로 만든 소품 등이 소개되어 있다. 지금도 통용될 법한 것도 있다.

매년 북유럽에서 열리는 니트 심포지엄을 주최하는 조직이 가브스트리크(Gavstrik). 이곳에서 해마다 4회 보내오는 회보를 매번 기대하고 있습니다. 덴마크어라서 이해할 수는 없지만 사진이 많아서 신간 소개 등 정보 수집에 도움이 됩니다. 2021년 봄호에는 똬리를 튼 듯한 니트 매트가 실려 있었습니다. 메이킹 사진이 있어서 어떻게 만드는지는 알 수 있었지만 기사 내용은 결국 알 수 없었습니다. 그런데 여름호에 실린 후속 기사에서 셰이커 뮤지엄의 작품인 것을 알고 그렇다면 이것은 셰이커교 사람들이 만든 것이 틀림없다고 믿고 있었습니다.

이 달팽이 매트는 계속 관심이 가서 일본에서도 소개하고 싶다고 생각했습니다. 가브스트리크를 이끄는 키리아 씨에게 말했더니 이 기사를 쓴 헬레 씨를 소개해줬습니다. 그녀는 덴마크어 기사를 영어로 번역하고 자신이 뜬 매트도 빌려주었습니다. 올해 4월에 파리에서 자수 전시를 하고 있던 저는 그녀와 만날 수 있었습니다. 전시회에 방문한 그녀가 들려준 이야기는 뜻밖의 내용이었습니다.

30년 전 가브스트리크에 멤버 리타 씨가 쓴 기사에 관심을 가진 헬레 씨는 이 매트 조사를 시작했습니다. 이 매트에 대해 기사를 쓴 리타 씨는 패턴을 소개했는데 그 패턴은 에바 트로시그가 쓴 스웨덴 책에서 소개한 것으로, 1923년에 미국에 건너간 스웨덴 여성이 에바에게 뜬 것을 보낸 것 가운데 이 매트가 있었다고 쓰여 있었습니다. 거기서 헬레 씨는 몇몇 뮤지엄에 연락해 이 매트에 대해 물었습니다. 스톡홀름의 노르디스카 뮤지엄에서 온 답장에 따르면 어떤 잡지에 실린 패턴이 동서로 퍼져 나간 것이 아닐까라는 것입니다. 다른 뮤지엄의 마리아 마드손은 스웨덴에서는 무척 대중적이며 자신도 2011년에 농민 대상의 잡지에 패턴을 제공했다고 했습니다. 리타 씨의 기사는 《셰이커 텍스타일 아트(Sherkar Txtile Arts)》를 참고했기에 헬레 씨는 이 책의 저자인 베버리 고든에게도 연락해 패턴에 대해서나 어디서 이 테크닉이 왔는지 물었지만 어느 것도 특정할 수 없다고 했습니다.

그럼 어째서 셰이커 뮤지엄에 이 매트가 남아 있는 걸까요. 이유는 뮤지엄의 창설자가 샀을 것이라는 것. 셰이커 사람들은 수녀나 이웃 여성들이 만든 것을 선물 가게에서 팔아 돈을 얻었습니다. 그중에 이 매트도 있어서 팔렸을 거라는 것입니다. 다시 말해 이 매트는 셰이커 교도의 디자인도 전통도 아닌 말하자면 포크 아트 아닐까요. 포크 아트는 오래전 시골 생활에서 탄생한 것으로 생각하기 쉽지만 헬레 씨는 지금도 탄생할 거라고 말했습니다.

헬레 씨가 영어로 쓴 문장 중에 'sittorm'이라는 단어가 있어서 물어봤습니다. 의미는 '뱀 위에 앉다'라고 합니다. 달팽이라는 의미의 'snail' 외에 이런 이름으로도 불리는 모양입니다. 자투리 실을 가터뜨기로 뜨는데 1코만 겉뜨기를 넣는 것이 포인트입니다. 이렇게 하면 반으로 접어 예쁜 튜브를 만들 수 있습니다. 뜨는 법으로도 모양으로도 특정할 수 있는 것이 아니기에 이 매트의 기원은 알 수 없지만 자투리 실을 사용해 튜브를 뜨면서 속을 채워(이번에는 심포지엄에서 오랜만에 만난 리타 씨에게 배워 자투리 털실을 채웠습니다) 필요한 사이즈가 될 때까지 뜨면 되니 간단합니다. 발상은 패치워크와 같지 않을까요. 자투리 실을 활용하기에 더할 나위 없이 멋진 아이디어 같지 않나요?

마음에 드는 색의 자투리 실을 모았으면 적당히 실을 바꾸면서 가터뜨기로.
떠서 꿰매고 채우고 빙빙 감아 붙여 사용하고 싶은 의자 사이즈로 완성합시다.

Design／하야시 고토미
Yarn／하마나카 아메리

도안

□ = ①

V = 걸러뜨기(2단)

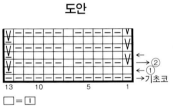

❶ 뜨개 시작 실꼬리를 조금 길게 남기고, 손가락에 실을 걸어서 만드는 기초코로 13코 만듭니다.

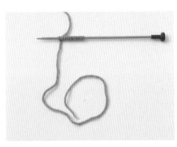

❷ 첫 코는 걸러뜨기, 중심은 겉뜨기, 마지막은 안뜨기를 하고 가터뜨기로 실을 바꾸면서 뜹니다. 실을 바꿀 때도 실꼬리는 길게 남깁니다.

❸ 어느 정도 떴으면 꿰매서 관 모양으로 만듭니다. 뜨개 시작에 남긴 실을 돗바늘에 꿰고,

❹ 기초코에 실을 통과시켜 오므립니다.

❺ 그 실로 가장자리 코를 떠서 꿰매기를 해 관 모양으로 만듭니다. 실을 바꾼 부분은 같은 실로 바꿔서 떠서 꿰매기를 합니다.

❻ 실 처리를 하고 자른 실과 조금 남은 어중간한 실을 속에 채워 넣습니다.

❼ 끝까지 꼼꼼히 채우면서 떠서 꿰매기로 합칩니다.

❽ 1~2바퀴 감을 정도의 길이가 되면 꿰매서 소용돌이 모양을 만듭니다.

❾ 중심의 겉뜨기 위치와 떠서 꿰매기를 한 부분을 감침질합니다.

❿ 뜨고 꿰매고 채우면서 소용돌이 모양으로 꿰매 붙입니다.

⓫ 실은 자투리 실을 사용하고 컬러풀한 달팽이 매트를 만들어봅시다.

하야시 고토미(林ことみ)
어릴 적부터 손뜨개가 친숙한 환경에서 자랐으며 학생 때 바느질을 독학으로 익혔다. 출산을 계기로 아동복 디자인을 시작해 핸드 크래프트 관련 서적 편집자를 거쳐 현재에 이른다. 다양한 수예 기법을 찾아 국내외를 동분서주하며 작가들과 교류도 활발하다. 저서로《북유럽 스타일 손뜨개》등 다수가 있다.

Lovely Knit & Crochet
러블리한 니트&크로셰

각양각색의 귀여운 요소가 한가득! 뜨기 시작할 때부터 즐거운,
기분이 밝아지는 뜨개 옷이랍니다.

photograph Shigeki Nakashima styling Kuniko Okabe,Yuumi Sano hair&make-
up Hitoshi Sakaguchi model Julianne(160cm)

입체적인 꽃 모티브에 열매 같은 구슬
뜨기, 레이스 느낌의 구멍 무늬와 프릴
같은 테두리뜨기. 귀여운 요소 천지인
데 부담스럽지 않고 제각기 소녀스러
움이 알맞게 담긴 디자인입니다.

Design／가와지 유미코
How to make／P.175
Yarn／올림포스 시젠노쓰무기 mofu

격자무늬에 미니 장미가 핀 가든 스타일이 매력적이에요. 가로 라인은 피코 뜨기, 세로 라인은 나중에 스티치로 넣습니다. 간단한데 효과적이라서 떠보고 싶어지는 기법입니다.

Design／가와이 마유미
Knitter／오키타 기미코
How to make／P.178
Yarn／올림포스 SILK&WOOL

Frill blouse, Lace gathered skirt／네스트 로브(네스트로브 오모테산도점)

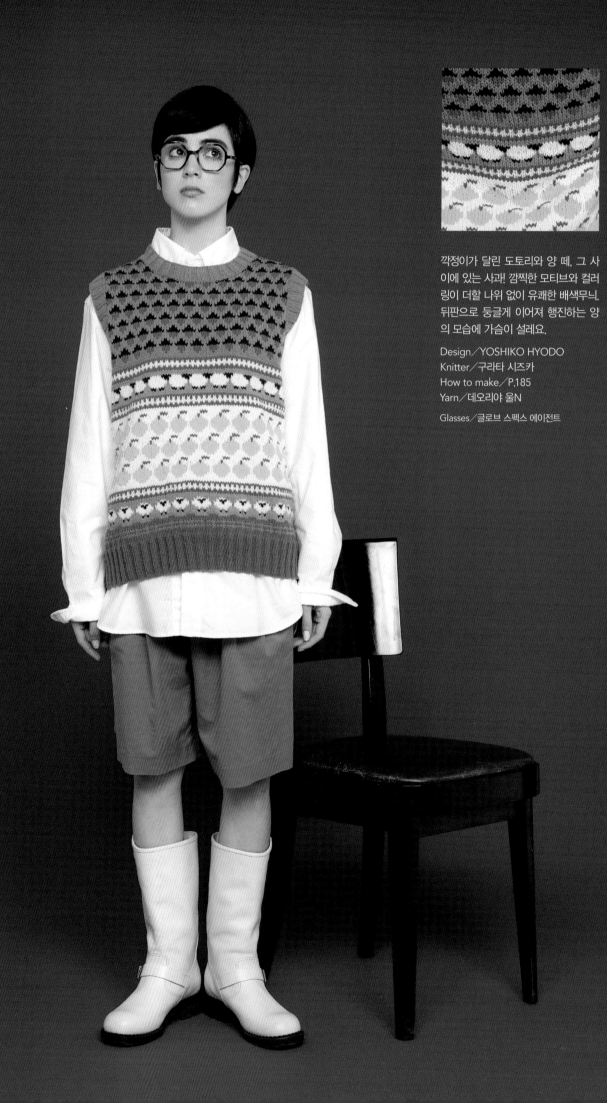

깍정이가 달린 도토리와 양 떼, 그 사이에 있는 사과! 깜찍한 모티브와 컬러링이 더할 나위 없이 유쾌한 배색무늬. 뒤판으로 둥글게 이어져 행진하는 양의 모습에 가슴이 설레요.

Design／YOSHIKO HYODO
Knitter／구라타 시즈카
How to make／P.185
Yarn／데오리야 울N

Glasses／글로브 스펙스 에이전트

여러 고운 색상을 사용한 꽃밭 배색무
늬를 몸판에 배치하고, 소매는 흰색으
로만 메리야스뜨기해 깔끔하게 완성
한 풀오버. 빼내뜨기를 더해서 입체감
을 낸 무늬가 효과적이고 재미있는 디
자인입니다.

Design／오카 마리코
Knitter／미즈노 준
How to make／P.182
Yarn／데오리야 e—울

Let's Knit in English! 번외편
서술형 패턴으로 양말을 뜨자

올가을, 털실타래의 연재 코너 'Let's Knit in English! 영어로 뜨자'에서 탄생한, 서술형 패턴으로 뜨기 위한 책 2권이 발매됩니다.
그걸 기념하여 털실타래 지면에서도 서술형 패턴으로 뜰 수 있는 양말을 소개합니다.

photograph Shigeki Nakashima   styling Kuniko Okabe,Yuumi Sano   hair&make-up Hitoshi Sakaguchi   model Julianne(160cm)

최근 몇 년 사이 양말 뜨기는 큰 인기를 끌며 빠져드는 사람이 속출하고 있지만 입체적인 아이템인 만큼 도안을 봐도 잘 모르겠다는 분이 많은 것 같습니다. 그런 분에게 희소식입니다!

니시무라 도모코 씨로부터

지금까지 《털실타래》 연재 코너 'Let's Knit in English! 영어로 뜨자'에서 영문으로 뜨는 다양한 무늬를 소개해왔습니다. 한 걸음 더 나아가 그 무늬들을 사용해 서술형 패턴으로 양말을 떠보면 어떨까요?

이번에는 단순한 고무뜨기에 살짝 양념을 더한 양말을 제안합니다. 무늬 부분은 실을 통과시킨 것뿐이라서 무척 간단하고 사용하는 실에 따라 어레인지할 수도 있습니다. 남은 실을 활용하기에도 제격입니다.

양말은 특히 서술형 패턴이 뜨기 쉬워서 추천합니다. 도안에서 좌절한 분도 꼭 도전해보세요.

How to make／P.176
Yarn／이사거 삭 얀

New Book Information

《털실타래》 연재에서 소개한 무늬를 활용해 양말을 떴습니다!

＼ 영문파도 서술형파도 도안파도! ／

처음으로 영문 패턴을 뜨는 사람에 맞춰 서술형 패턴과 도안을 비교해서 실었습니다. 서술형 패턴만의 뜨는 법도 과정을 담은 사진으로 자세히 소개하고 즐기면서 뜰 수 있는 양말 10점 게재! 책의 마지막에는 영문 패턴에 자주 나오는 용어·약어를 정리한 서술형 패턴 사전도 있습니다. 11월 말에는 숄과 넥 웨어 책도 발매됩니다!

《Let's knit in English!
서술형 패턴으로 뜨는 양말(Let's Knit in English
文章パターンで編むソックス)》
니시무라 도모코

《Let's Knit in English
서술형 패턴으로 뜨는 숄+넥 웨어(Let's Knit in English!
文章パターンで編むショール+ネックウエア)》
니시무라 도모코

이런 양말로!　　　이 무늬가

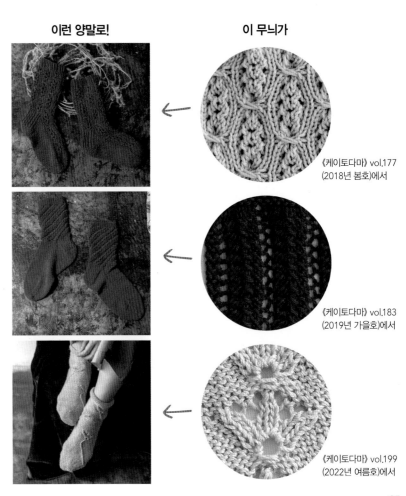

《케이토다마》 vol.177
(2018년 봄호)에서

《케이토다마》 vol.183
(2019년 가을호)에서

《케이토다마》 vol.199
(2022년 여름호)에서

photograph Hironori Handa　styling Masayo Akutsu　hair&make-up Naoyuki Ohgimoto　model Ann(176cm)

Couture Arrange

시다 히토미의
쿠튀르 어레인지

꽃무늬 풀오버

〈쿠튀르 니트 7〉에서
클래식한 분위기의 하이넥 풀오버였다.

겨울이 다가오면 어쩐지 공들인 무늬의 작품을 뜨고 싶어집니다. 이번에는 쿠튀르 니트 7에서 번갈아 매 단 무늬가 들어간 풀오버의 무늬를 재배치해 다른 분위기의 무늬로 어레인지해봤습니다.

바탕이 된 무늬는 제가 무늬 만들기를 생각할 때 전환기가 된 소중한 무늬입니다. 좋아하는 무늬에 이 이상 손대지 않겠다고 생각하고 저 깊숙이 넣어둔 것입니다. 어떤 계기가 지금까지는 금기시했던 무늬를 꺼내보는 마음을 불러일으켜, 분해하고 재조합해 6장의 무늬가 되었습니다. 그중 하나가 이번 풀오버입니다.

모양은 목둘레를 제외하면 직선으로 단순합니다. 실은 소프트한 올 스트레이트 얀으로 색감은 민트 그린에 살짝 흰색을 가미한 느낌으로 무늬가 잘 보이는 색을 골랐습니다.

지금까지는 무늬를 어레인지할 때 조금이라도 전보다 납득할 만한 것을 만들자며 어딘가 무늬와 경쟁하는 듯한 부분이 있었습니다. 하지만 깊숙이 넣어둔 무늬는 힘을 빼고 마주할 수 있어 뭔가를 배운 듯한 기분이 들었습니다.

detail

전체의 무늬 구성은 번갈아 늘어선 무늬를 세로로 반쯤 이동시켜 가로 무늬로 변경했습니다. 무늬의 디테일은 매 단의 걸기코 레이스, 2코 지그재그 레이스, 돌려뜨기와 안 뜨기 라인에 실 감아 매듭뜨기 꽃 3종을 조합했습니다.

테두리뜨기는 다이아 무늬를 그대로 끝에 살리는 무늬를 골랐습니다. 몸판에 붙은 구슬을 조합하고 꿰매는 쪽에 안뜨기를 배치했습니다. 목둘레는 가늘게 마무리하고 싶어 다이아 무늬만으로 하고 밑단과 소맷부리는 몸판과 같은 2코 지그재그 레이스를 1줄 추가했습니다.

다 떴으면 다이아 무늬를 따라 핀을 꽂고 다림질로 모양을 정돈해서 마무리합니다.

〈쿠튀르 니트 7〉에서
Knitter／나시모토 아케미
How to make／P.186
Yarn／다이아몬드케이토 다이아 타스마니안 메리노

Skirt／SLOW 오모테산도점
Earring／산타모니카 하라주쿠점

오카모토 게이코의 Knit +1

니트 +원

올겨울에는 수예 감성의 디자인을 추천해요.

photograph Shigeki Nakashima styling Kuniko Okabe, Yuumi Sano
hair&make-up Hitoshi Sakaguchi model Julianne(160cm)

2024년~2025년 가을겨울 K's K의 추천 실은 선명한 컬러가 특징인 '카라멜라'입니다. '카라멜라'는 이탈리아어로 '사탕'이나 '캐러멜'이라는 의미입니다. 이 실은 선명한 색을 내기 위해 아크릴을 섞어서 만들었습니다. 아크릴은 아름다운 발색과 손쉬운 염색이 특징으로 변형이 풍부한 색감을 만들 수 있습니다.

이번에는 12색을 만들어봤습니다. 앞으로 더욱 색을 늘려갈 예정이니 기대해주세요.

아크릴은 폴리에스테르나 나일론 등의 합성 섬유 중에서도 부드럽고 촉감이 좋으며 보온성도 뛰어납니다. 또 주름이 잘 지지 않고 세탁해도 줄어들지 않는 등 많은 장점이 있습니다. 다만 털이 뭉치기 쉬운 단점이 있으니 세탁할 때는 반드시 뒤집어서 세탁해주세요.

올해는 기본색을 베이스로 수예 기술을 곁들인 디자인이 트렌드입니다. '카라멜라'를 사용해 '꽃 모티브를 단 카디건'과 '프린지를 단 풀오버'를 만들었습니다. 코바늘로 뜬 꽃 모티브를 채워 넣거나 어깨 주위에 프린지를 둘러주는 것은 뜨개를 사랑하는 우리에게는 더없이 즐거운 수고입니다.

오카모토 게이코(岡本啓子)
아틀리에 케이즈케이(atelier K's K) 운영. 니트 디자이너이자 지도자로 전국적으로 왕성하게 활동 중. 오사카 한큐백화점 우메다 본점 10층에 위치한 케이즈케이의 오너. 공익재단법인 일본수예보급협회 이사. 저서로《오카모토 게이코의 손뜨개 코바늘뜨기》가 있다.
http://atelier-ksk.net/
http://atelier-ksk.shop-pro.jp/

실／카라멜라

왼쪽／시크한 배색의 바탕무늬 카디건에 사랑스러운 컬러의
꽃 모티브를 가득 곁들였습니다. 컬러나 배치는 취향에 따라
어레인지해 독창성을 추구해보세요.

Knitter／모리시타 아미
How to make／P.189
Yarn／K's K 카라멜라, 마카롱

오른쪽／오프 화이트의 비침무늬와 베이지의 바이 컬러.
요크 주위에 프린지를 가득 달아서 포인트로.

Design · Knitter／가토 도모코
How to make／P.195
Yarn／K's K 카라멜라, 마카롱

glasses／글로브 스펙스 에이전트

첫번째오늘의
즐거운
양말 만들기

매일 신고 싶은 첫번째오늘의 손뜨개 양말
사계절 내내 즐기는 느긋한 양말 생활

다양한 방식과 구조의 양말들을 수록해
뜰 때도, 신을 때도 즐겁게!

정영주 지음 | 156 쪽 | 20,000 원

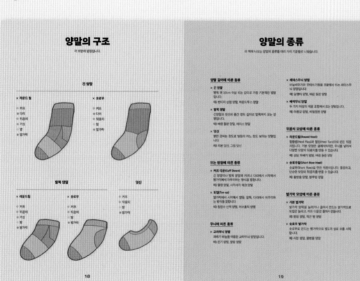

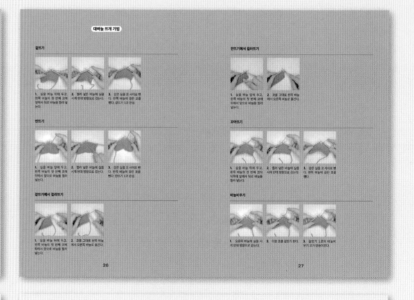

Ivy socks
담쟁이 양말

차분한 감성의
단색 양말

톡톡 튀는 색감의
러블리한
배색 양말

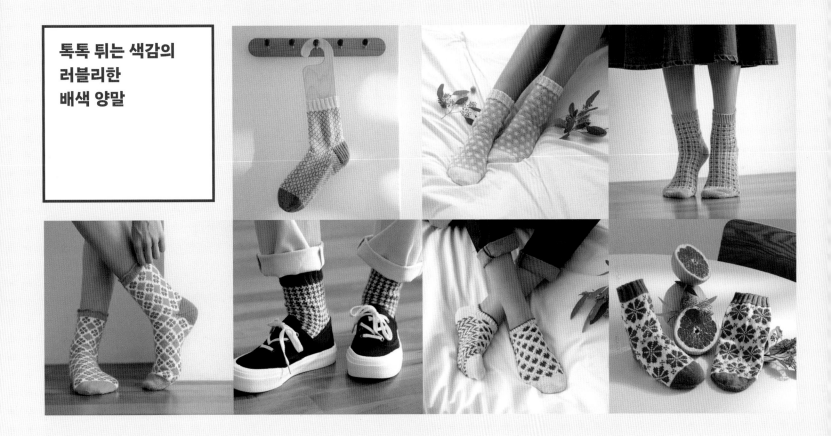

photograph Hironori Handa styling Masayo Akutsu hair&make-up Naoyuki Ohgimoto model Ann(176cm)

밑단과 소맷부리에 단 삼각형의 트리밍은 몸
판과 소매와 같이 떠 나가므로 아주 빠르게
뜰 수 있습니다. 실은 부드러운 모헤어를 사용
해 따뜻한 분위기를 더했습니다.

Design／실버편물연구회 오쿠무라 리에코
How to make／P.198
Yarn／다이아몬드케이토 다이아 파인 모헤어

Skirt／SLOW 오모테산도점

레이스무늬도 수편기로 뜨면 스윽스윽입니다.
교차무늬의 트리밍도 옮김바늘 하나를 사용
해 손쉽게 뜰 수 있어요. 트리밍은 다양한 작
품에 응용할 수 있어 편리하니 꼭 마스터해보
세요.

Design／실버편물연구회 오쿠무라 리에코
How to make／P.199
Yarn／퍼피 퀸 마니
Pants／SLOW 오모테산도점

신·수편기 스이돈 강좌

이번에는 기계뜨기만의 테두리뜨기를 소개합니다.
코드를 연결해서 뜨는 방법, 이어서 뜰 수 있는 방법 모두 작은 포인트로 매력적인 테두리뜨기가 완성됩니다!

촬영/모리야 노리아키

테두리뜨기하는 법(P.102 작품)

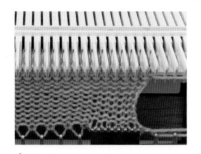

1
테두리뜨기의 콧수를 포함하지 않고 버림실 뜨기 기초코를 하고, 왼쪽에서 1단 뜹니다.

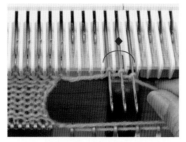

2
오른쪽 끝에서 3코를 빈 바늘로 하고, 다음 3코(◆)에 감기코 기초코를 합니다. 바늘을 D 위치로 꺼내 1단을 뜹니다.

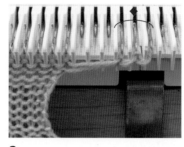

3
1단을 뜬 모습입니다. 이어서 6단을 뜨는데, ◆의 3코는 매 단 D 위치로 바늘을 꺼내서 뜹니다.

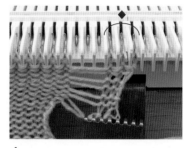

4
6단을 뜬 모습입니다.

5
◆의 3코를 옮김바늘에 옮기고,

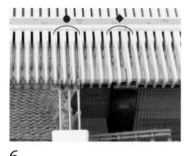

6
●의 3코에 겹치고 ◆의 바늘을 A 위치로 내려서 1단을 뜹니다.

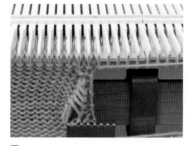

7
1단을 뜬 모습입니다.

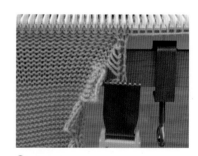

8
2~6을 반복합니다.

9
테두리뜨기를 완성했습니다.

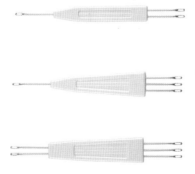

옮김바늘1-2
※아미무메모 본체에 포함되어 있습니다.

옮김바늘1-3
※옵션입니다.

옮김바늘2-3
※옵션입니다.

밑단 테두리뜨기하는 법(P.103 작품)

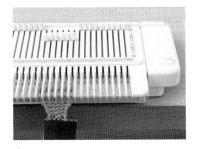

1
수편기의 오른쪽 끝에서 버림실 뜨기 기초 코로 6코를 만듭니다.

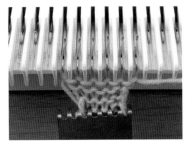

2
왼쪽에서 시작해 3단을 뜹니다.

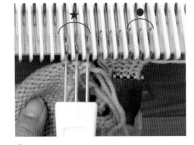

3
몸판의 안면을 앞에 두고 밑단의 오른쪽 끝에서 3코를 옮김바늘에 옮기고 ★의 3코에 겁니다.

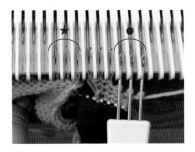

4
●의 3코를 옮김바늘에 옮기고,

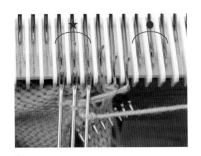

5
★의 3코에 겹칩니다.

6
●의 바늘을 A 위치로 내리고 코가 걸린 바늘을 D 위치까지 꺼내서 4단을 뜹니다.

7
4단을 뜬 모습입니다.

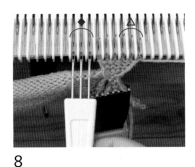

8
이어서 몸판의 밑단 3코를 옮김바늘에 옮기고, ◆의 3코에 겁니다.

9
△의 3코를 옮김바늘에 옮기고, ◆의 3코에 겹칩니다.

10
△의 바늘을 A 위치로 내리고 코가 걸린 바늘을 D 위치까지 꺼내 4단을 뜹니다. 8~10을 밑단의 코가 없어질 때까지 반복하는데 마지막은 2단을 뜨고 버림실 뜨기합니다.

11
테두리뜨기를 완성했습니다. 겉면에서 본 모습입니다.

12
옆선은 안면이 겉을 보도록 겹치고 래치 너머에서 감아 코막음을 합니다.

「뜨개꾼의 심심풀이 뜨개」

노스탤직한 한 컷 '24장짜리 뜨개 카메라'가 있는 풍경

스마트폰 카메라로
화면을 보고 찰칵찰칵

특별할 것 없는 일상이나 기념을 찍는다
다시 한 장 찰칵
모두와 금방 공유할 수 있다

24장짜리 일회용 카메라가 있다
한쪽 눈으로 파인더를 들여다본다

좋아하는 풍경, 좋아하는 사람, 추억의 장소
특별할 것 없는 일상과 기념일

평소와는 다른 방식으로 본다
한 장 한 장 셔터를 누른다

남은 장수는 줄어가지만
사랑스러운 기억은 늘어간다

마지막 한 장, 무얼 찍을까

현상하는 것이 기대된다

뜨개꾼 203gow(니마루산고)
색다른 뜨개 작품 '이상한 뜨개'를 제작한다. 온 거리를
뜨개 작품으로 메우려는 게릴라 뜨개 집단 '뜨개 기습단'
을 창설했다. 백화점 쇼윈도, 패션 잡지 배경, 미술관 및
갤러리 전시, 워크숍 등 다양한 활동을 전개하고 있다.
https://203gow.weebly.com(이상한 뜨개 HP)

글·사진/203gow 참고 작품

실을 가로로 걸치는
배색무늬뜨기
※ 일본어 사이트

걸러 안뜨기
(1단)
※ 일본어 사이트

짧은 링뜨기

※ 일본어 사이트

재료
데오리야 e 울 남색(09) 195g, 에크뤼(13) 100g

도구
대바늘 6호·8호, 코바늘 5/0호

완성 크기
가슴둘레 96㎝, 어깨너비 43㎝, 기장 58㎝

게이지(10×10㎝)
줄무늬 무늬뜨기 22코×38단

POINT
●몸판…손가락에 실을 걸어서 기초코를 만들어 뜨기 시작하고, 배색무늬뜨기, 줄무늬 무늬뜨기로 뜹니다. 배색무늬뜨기는 실을 가로로 걸치는 방

법으로 뜹니다. 줄임코는 2코 이상은 덮어씌우기, 1코는 가장자리 1코를 세우는 줄임코를 합니다.
●마무리…어깨는 덮어씌워 잇기, 옆선은 떠서 꿰매기를 합니다. 밑단·진동둘레는 지정 콧수를 주워 테두리뜨기로 원형뜨기합니다. 목둘레는 지정 콧수를 주워 테두리뜨기로 왕복으로 뜹니다. 목둘레 끝단의 늘림코는 도안을 참고합니다. 목둘레 끝단은 코와 단 잇기의 요령으로 몸판과 합칩니다. 링뜨기의 고리 방향을 반대쪽으로 넘기고 스팀 다림질해서 정리합니다.

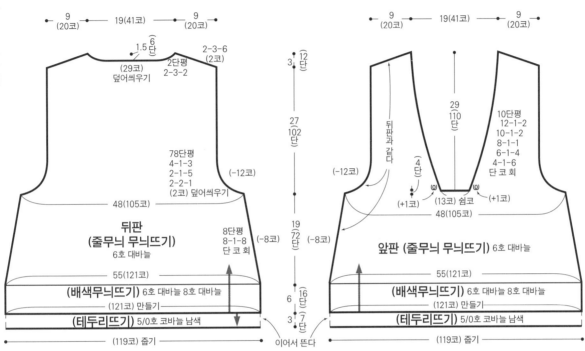

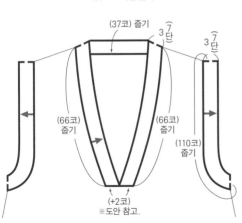

목둘레·진동둘레(테두리뜨기)
5/0호 코바늘 남색

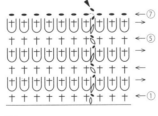

테두리뜨기(밑단·진동둘레)

╫=짧은 링뜨기
►=실 자르기

줄무늬 무늬뜨기

□=□1
Ⅴ=걸러 안뜨기(1단)
배색 { ▨=남색 □=에크뤼 }

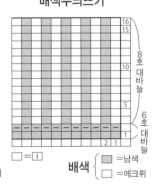

배색무늬뜨기

□=□1
배색 { ▨=남색 □=에크뤼 }

목둘레 끝단의 늘림코
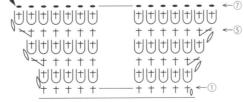

재료
프랑지파니 5플라이 건지 울 에크뤼(ARAN (NATURAL)) 465g 1콘

도구
대바늘 3호·1호

완성 크기
가슴둘레 100cm, 기장 57cm, 화장 72cm

게이지(10×10cm)
메리야스뜨기·무늬뜨기 A 24코×34단

POINT
●요크·몸판·소매…요크는 별도 사슬로 기초코를 만들어 뜨기 시작하고, 무늬뜨기 A·B·C, 메리야스뜨기로 원형뜨기합니다. 늘림코는 도안을 참고합

니다. 뒤판은 앞뒤 단차로 12단 왕복으로 뜹니다. 거싯은 감아코로 만듭니다. 몸판은 앞뒤 몸판을 이어서 무늬뜨기 A·B, 메리야스뜨기로 원형뜨기합니다. 슬릿 틈임 끝부터는 앞뒤 몸판을 나눠서 2코 고무뜨기로 왕복으로 뜹니다. 뜨개 끝은 무늬를 이어서 뜨면서 덮어씌워 코막음합니다. 소매는 요크의 쉼코, 앞뒤 단차, 거싯에서 코를 주워 메리야스뜨기, 무늬뜨기 C, 2코 고무뜨기로 원형뜨기합니다. 소매 밑선의 줄임코는 도안을 참고합니다. 뜨개 끝은 밑단과 같은 방법으로 합니다.

●마무리…목둘레는 기초코의 사슬을 풀어서 코를 주워 테두리뜨기로 원형뜨기합니다. 뜨개 끝은 밑단과 같은 방법으로 합니다.

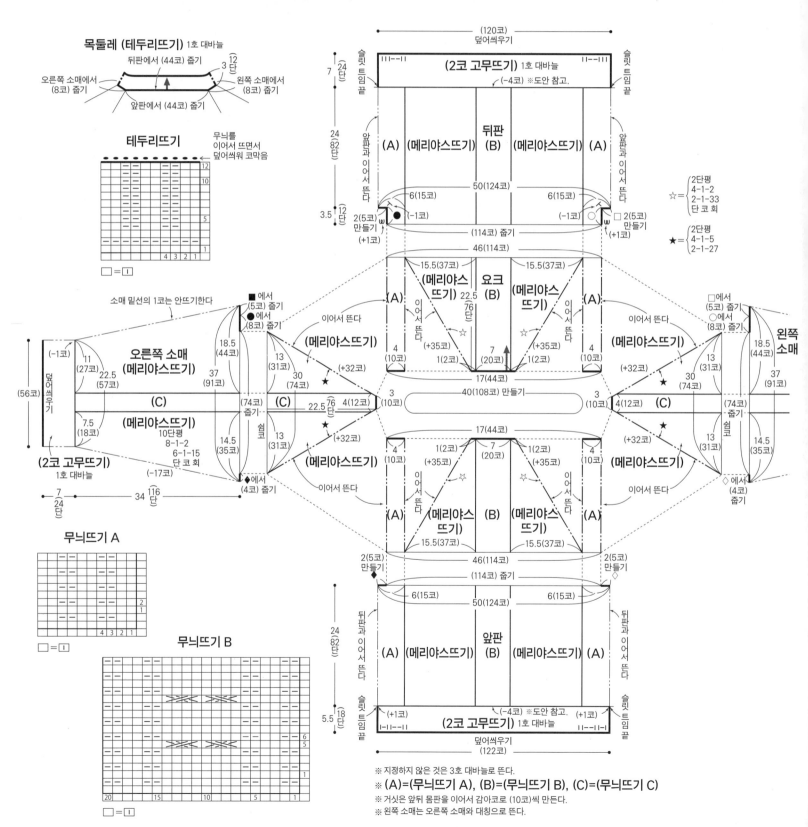

목둘레 (테두리뜨기) 1호 대바늘

테두리뜨기

무늬뜨기 A

무늬뜨기 B

※ 지정하지 않은 것은 3호 대바늘로 뜬다.

※ (A)=(무늬뜨기 A), (B)=(무늬뜨기 B), (C)=(무늬뜨기 C)

※ 거싯은 앞뒤 몸판을 이어서 감아코로 (10코)씩 만든다.

※ 왼쪽 소매는 오른쪽 소매와 대칭으로 뜬다.

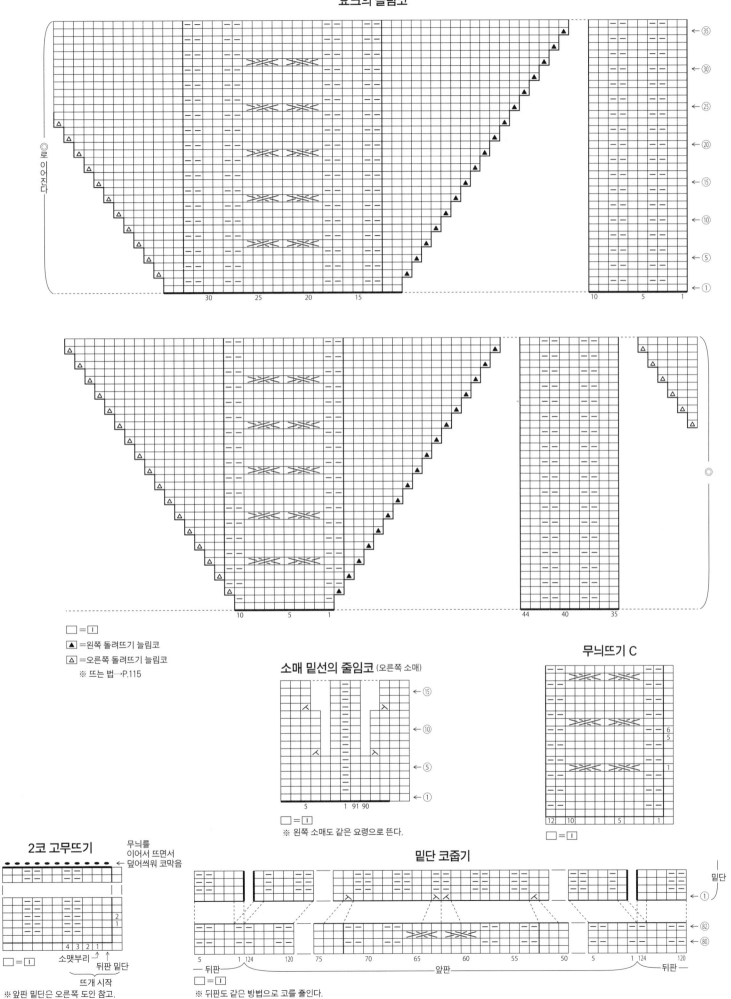

요크의 늘림코

□ = ①
▲ = 왼쪽 돌려뜨기 늘림코
△ = 오른쪽 돌려뜨기 늘림코
※ 뜨는 법→P.115

소매 밑선의 줄임코 (오른쪽 소매)
□ = ①
※ 왼쪽 소매도 같은 요령으로 뜬다.

무늬뜨기 C
□ = ①

2코 고무뜨기
무늬를
이어서 뜨면서
덮어씌워 코막음
□ = ①
소맷부리
뒤판 밑단
뜨개 시작
※ 앞판 밑단은 오른쪽 도안 참고.

밑단 코줍기
밑단
뒤판
앞판
뒤판
□ = ①
※ 뒤판도 같은 방법으로 코를 줄인다.

재료
실…Keito 컴백 회색(02) 480g 5볼
단추…지름 15mm×1개
도구
대바늘 8호·6호
완성 크기
가슴둘레 126cm, 기장 54cm, 화장 69cm
게이지(10×10cm)
안메리야스뜨기 18코×28.5단, 멍석뜨기 17.5코
×28.5단, 무늬뜨기 A 22코×28.5단, 무늬뜨기 C
27.5코×28.5단
POINT
●몸판·소매…몸판은 손가락에 실을 걸어서 기초
코를 만들어 뜨기 시작하고, 2코 고무뜨기로 뜹니

다. 이어서 안메리야스뜨기, 멍석뜨기, 무늬뜨기 A
·B·B'·C를 배치해서 뜹니다. 뒤판은 지정 단수를
떴으면 좌우를 이어서 뜹니다. 줄임코는 2코 이상
은 덮어씌우기, 1코는 가장자리 1코를 세우는 줄
임코를 합니다. 어깨는 덮어씌워 잇기를 합니다. 소
매는 몸판에서 코를 주워 안메리야스뜨기, 무늬뜨
기 A·C, 2코 고무뜨기로 뜹니다. 뜨개 끝은 2코 고
무뜨기 코막음을 합니다.
●마무리…옆선·소매 밑선은 떠서 꿰매기를 합니
다. 목둘레는 지정 콧수를 주워 2코 고무뜨기로 원
형뜨기합니다. 뜨개 끝은 소맷부리와 같은 방법으
로 합니다. 지정 위치에 단춧구멍을 내고, 안면에
서 같은 색 실로 버튼홀스티치를 합니다. 단추를
달아 완성합니다.

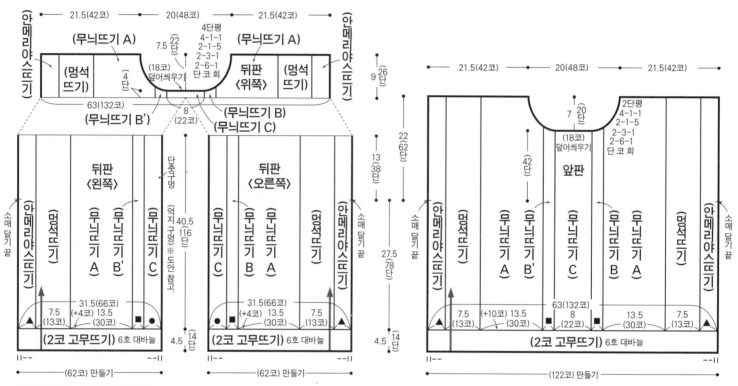

※ 지정하지 않은 것은 8호 대바늘로 뜬다.
▲ = 4(7코) ● = 4(11코)
■ = 2.5(5코)

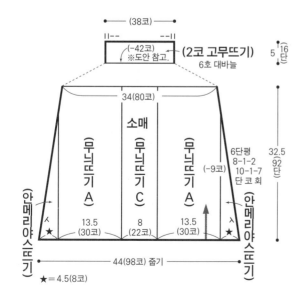

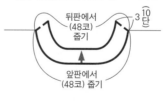

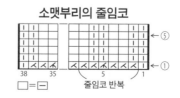

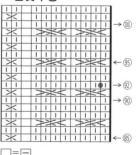

□ = □
● = 억지 구멍
※ 안면에서 버튼홀스티치를 한다.

2코 고무뜨기

멍석뜨기

무늬뜨기 B'

무늬뜨기 B

무늬뜨기 A

무늬뜨기 C

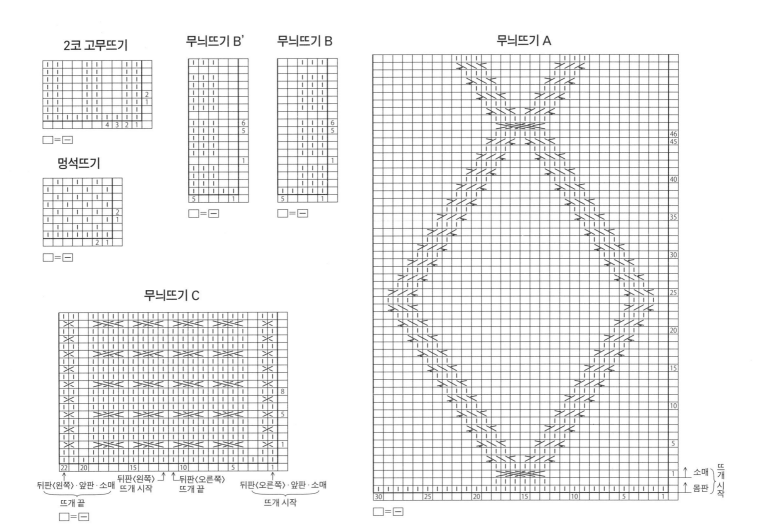

112페이지에서 이어집니다. ◀

무늬뜨기

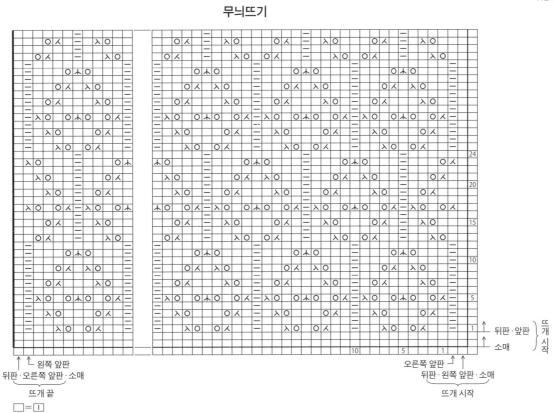

재료
고쇼산업 게이토피에로 WHIPS NEW(굵은 버전)
헤이즈 그레이(08) 445g 12볼

도구
대바늘 9호

완성 크기
가슴둘레 118cm, 어깨너비 53cm, 기장 63.5cm, 소매 길이 47cm

게이지(10×10cm)
무늬뜨기 17.5코×24.5단

POINT
●몸판·소매…몸판은 손가락에 실을 걸어서 기초코를 만들어 뜨기 시작하고, 1코 고무뜨기, 무늬뜨기로 뜹니다. 앞목둘레의 줄임코는 도안을 참고하면서 무늬 경계에서 코를 줄입니다. 앞판에서 이어서 뒤목둘레를 뜹니다. 뜨개 끝은 쉼코를 합니다. 어깨는 덮어씌워 잇기를 합니다. 소매는 지정 위치에서 코를 주워 무늬뜨기, 1코 고무뜨기로 뜹니다. 소매 밑선의 줄임코는 가장자리에서 1코째와 2코째를 한 번에 뜹니다. 뜨개 끝은 무늬를 이어서 뜨면서 덮어씌워 코막음합니다.
●마무리…거싯은 코와 단 잇기, 옆선·소매 밑선은 떠서 꿰매기를 합니다. 목둘레의 뜨개 끝부분끼리 덮어씌워 잇기로 합치고, 도안을 참고해서 마무리합니다. 벨트는 몸판과 같은 방법으로 뜨기 시작하고, 1코 고무뜨기로 뜹니다. 뜨개 끝은 소맷부리와 같은 방법으로 합니다.

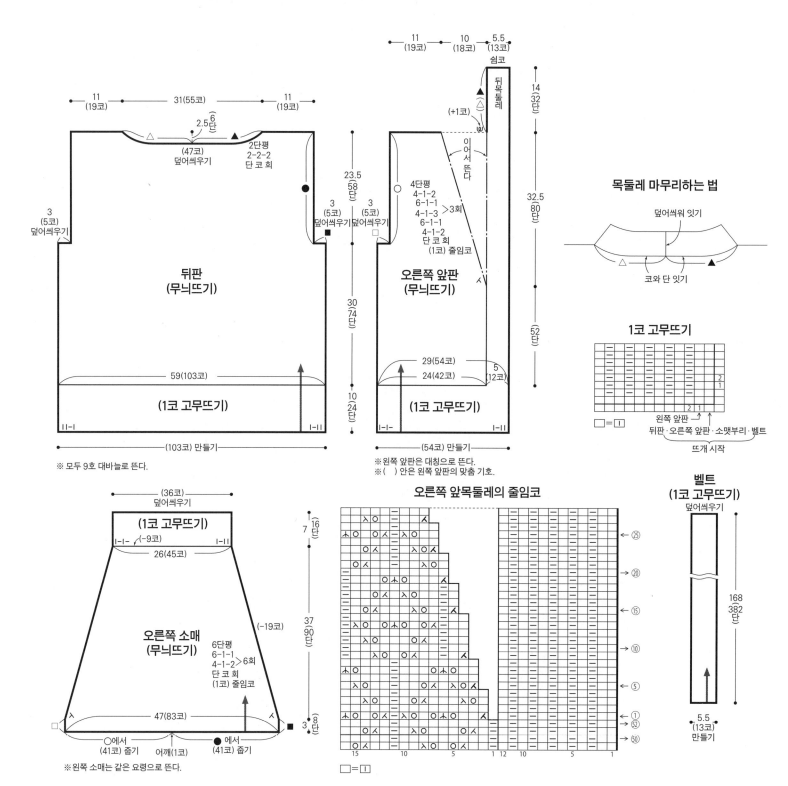

뒤판
(무늬뜨기)
11 (19코) 31(55코) 11 (19코)
2.5 (6단)
(47코) 덮어씌우기
2단평 2-2-2 단 코 회
3 (5코) 덮어씌우기
59(103코)
(1코 고무뜨기)
(103코) 만들기
※ 모두 9호 대바늘로 뜬다.

오른쪽 앞판
(무늬뜨기)
11 (19코) 10 (18코) 5.5 (13코) 쉼코
뒤목둘레
(+1코)
이어서 뜬다
4단평 4-1-2 6-1-1 4-1-3 >3회 6-1-1 4-1-2 단 코 회 (1코) 줄임코
3 (5코) 덮어씌우기 3 (5코) 덮어씌우기
29(54코)
24(42코)
5 (12코)
(1코 고무뜨기)
(54코) 만들기
※왼쪽 앞판은 대칭으로 뜬다.
※( ) 안은 왼쪽 앞판의 맞춤 기호.

14 (32단)
32.5 (80단)
(52단)
23.5 (58단)
30 (74단)
10 (24단)

오른쪽 소매
(무늬뜨기)
(36코) 덮어씌우기
(1코 고무뜨기)
(-9코)
26(45코)
6단평 6-1-1 4-1-2 >6회 단 코 회 (1코) 줄임코
47(83코)
(41코) 줄기 어깨(1코) (41코) 줄기
●에서 ●에서
7 (16단)
37 (90단)
3 (8단)
(-19코)
※왼쪽 소매는 같은 요령으로 뜬다.

목둘레 마무리하는 법
덮어씌워 잇기
코와 단 잇기

1코 고무뜨기
□ = 1
왼쪽 앞판
뒤판·오른쪽 앞판·소맷부리·벨트
뜨개 시작

오른쪽 앞목둘레의 줄임코
□ = 1

벨트
(1코 고무뜨기)
덮어씌우기
168 382 단
5.5 (13코) 만들기

◀ 111페이지로 이어집니다.

왼코 겹쳐 2코 모아뜨기에
걸뜨기 2코 늘림코

※ 일본어 사이트

재료
Silk HASEGAWA 긴가-3 레몬옐로(60 LEMON)
240g 6볼, 세이카12 잿빛 베이지(7 BOULDER)
115g 5볼

도구
대바늘 5호·3호

완성 크기
가슴둘레 116cm, 기장 57.5cm, 화장 72cm

게이지(10×10cm)
무늬뜨기 26.5코×32단

POINT
●몸판·소매…모두 긴가-3과 세이카12 각 1가닥
을 합사해서 뜹니다. 몸판은 손가락에 실을 걸어

서 기초코를 만들어 뜨기 시작하고, 2코 고무뜨기
와 무늬뜨기로 뜹니다. 목둘레의 줄임코는 가장자
리에서 4코째와 5코째를 한 번에 뜹니다. 어깨는
빼뜨기 잇기를 합니다. 소매는 지정 위치에서 코를
주워 무늬뜨기와 2코 고무뜨기로 뜹니다. 소매 밑
선의 줄임코는 가장자리에서 2코째와 3코째를 한
번에 뜹니다. 뜨개 끝은 무늬를 이어서 뜨면서 덮어
씌워 코막음합니다.
●마무리…옆선·소매 밑선은 떠서 꿰매기를 합니
다. 목둘레는 지정 콧수를 주워 2코 고무뜨기로 원
형뜨기합니다. 뜨개 끝은 소맷부리와 같은 방법으
로 합니다.

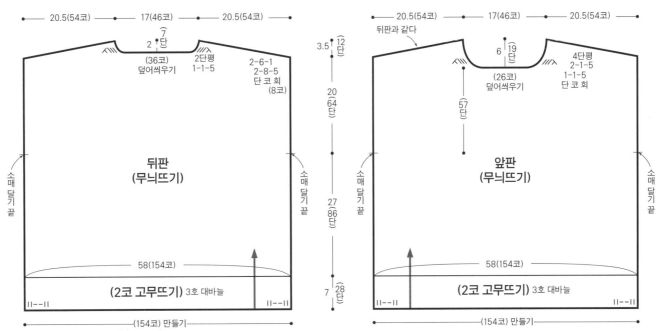

※ 지정하지 않은 것은 5호 대바늘로 뜬다.
※ 모두 긴가-3과 세이카12 각 1가닥을 합사해서 뜬다.

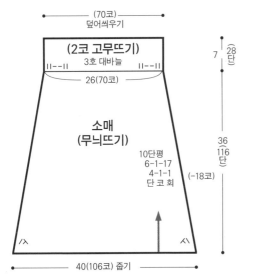

목둘레(2코 고무뜨기) 3호 대바늘

2코 고무뜨기

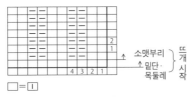

무늬뜨기

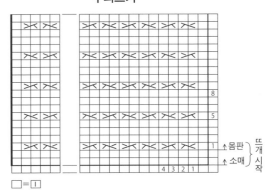

□ = ①
✕ = 하단 방법 참고
✕ = 왼코 겹쳐 2코 모아뜨기에 걸뜨기 2코 늘림코

✕ 뜨는 법

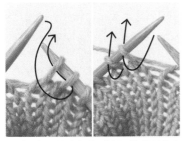

1 바늘의 2코를 각각 겉뜨기하듯 바늘을 넣어 오
른바늘에 옮기고, 화살표처럼 왼바늘을 넣어 2
코를 다시 왼바늘로 옮겨 코의 순서를 바꾼나.

2 왼바늘의 ●의 코에 오른바늘을 넣고 1코 뜬다.
●의 코는 바늘에서 빠지지 않는다.

3 화살표처럼 2코에 바늘을 넣고, 오른코 겹쳐 2
코 모아뜨기로 뜬다.

4 왼바늘의 2코를 바늘에서 빼면 완성.

113

재료
퍼피 룰렛 파란색 계열 그러데이션(148) 540g 6볼

도구
대바늘 8호·6호

완성 크기
가슴둘레 110cm, 기장 62.5cm, 화장 74.5cm

게이지(10×10cm)
무늬뜨기 22코×32단

POINT
●요크·몸판·소매…요크는 손가락에 실을 걸어서 기초코를 만들어 뜨기 시작하고, 메리야스뜨기와

무늬뜨기로 왕복해서 뜨는데, 목둘레까지 다 떴으면 원형뜨기합니다. 늘림코는 도안을 참고합니다. 앞뒤 몸판은 요크에서 코를 줍고, 거싯은 감아코로 코를 만들어 무늬뜨기와 2코 고무뜨기로 원형뜨기합니다. 뜨개 끝은 무늬를 이어서 뜨면서 덮어씌워 코막음합니다. 소매는 요크의 쉼코와 거싯에서 코를 주워 메리야스뜨기, 무늬뜨기, 2코 고무뜨기로 원형뜨기합니다. 소매 밑선의 줄임코는 도안을 참고합니다. 뜨개 끝은 밑단과 같은 방법으로 합니다.
●마무리…목둘레는 지정 콧수를 주워 2코 고무뜨기로 원형뜨기합니다. 뜨개 끝은 밑단과 같은 방법으로 합니다.

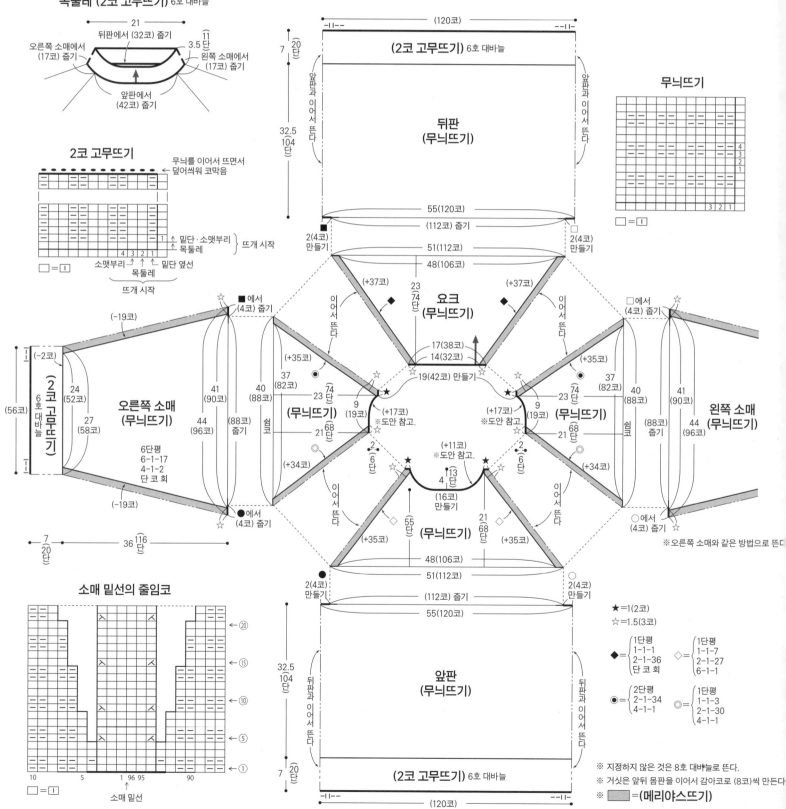

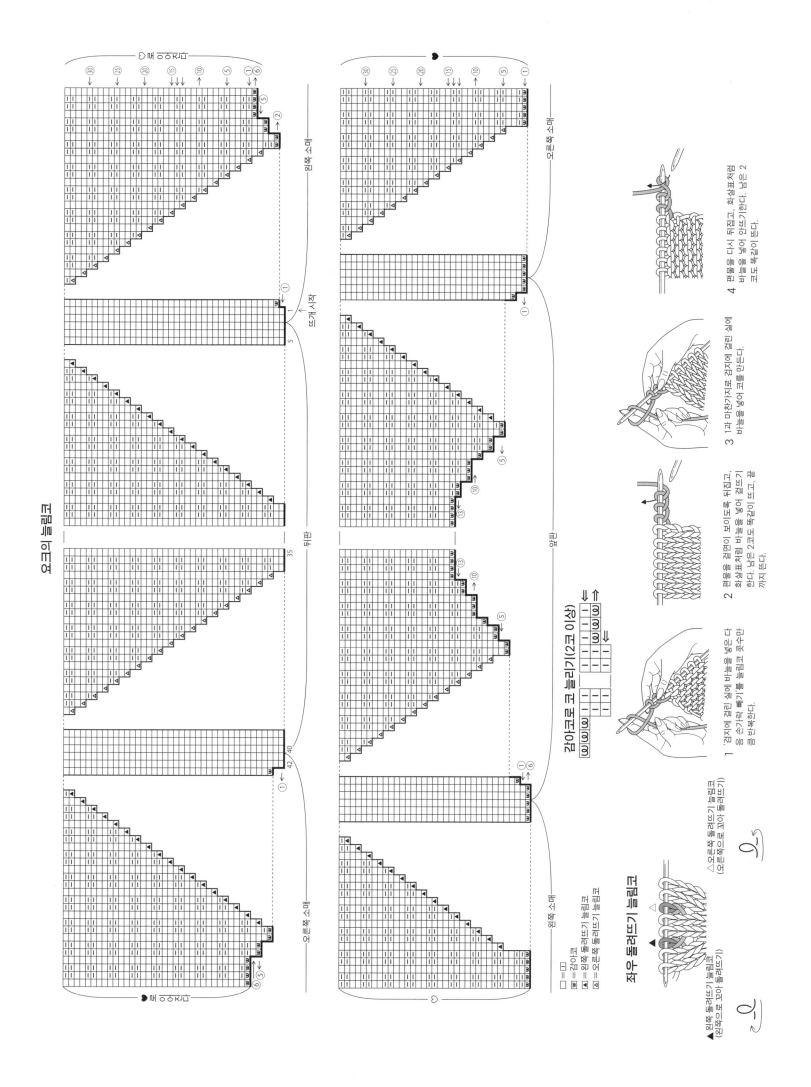

요크의 늘림코

□ = 코
⊞ = 감아코
◀ = 왼쪽 돌려뜨기 늘림코
△ = 오른쪽 돌려뜨기 늘림코

감아코로 코 늘리기(2코 이상)

좌우 돌려뜨기 늘림코

▲왼쪽 돌려뜨기 늘림코
(왼쪽으로 꼬아 돌려뜨기)

△오른쪽 돌려뜨기 늘림코
(오른쪽으로 꼬아 돌려뜨기)

1 검지에 걸린 실에 빼기를 늘림코 곳수만
음 손가락 바늘을 넣은 다
큼 반복한다.

2 편물을 겉면이 보이도록 두 뒤집은
화살표처럼 바늘을 넣어 겉뜨기
한다. 남은 2코도 똑같이 뜨고, 끝
까지 뜬다.

3 1과 마찬가지로 겉지에 걸린 실에
바늘을 넣어 고를 만든다.

4 편물을 다시 뒤집고, 화살표처럼
바늘을 넣어 안뜨기한다. 남은 코 2
코도 똑같이 뜬다.

오른쪽 소매
왼쪽 소매
뜨개 시작
뒤판
앞판
오른쪽 소매
왼쪽 소매

115

왼코 겹쳐 3코 모아뜨기에
겉뜨기 3코 늘림코

※ 일본어 사이트

재료
실…퍼피 토르멘타 회색(604) 275g 6볼
단추…지름 12㎜×3개

도구
대바늘 6호·4호

완성 크기
가슴둘레 100cm, 기장 57cm, 화장 74cm

게이지(10×10cm)
메리야스뜨기 21코×28단, 무늬뜨기 22.5코×28단

POINT
●몸판·소매…몸판은 손가락에 실을 걸어서 기초코를 만들어 뜨기 시작하고, 테두리뜨기, 메리야스뜨기, 무늬뜨기로 뜹니다. 늘림코는 2코 안쪽에

서 돌려뜨기 늘림코, 목둘레의 줄임코는 2코 이상은 덮어씌우기, 1코는 가장자리에서 2코째와 3코째를 한 번에 뜹니다. 어깨는 덮어씌워 잇기를 합니다. 소매는 몸판에서 코를 주워 메리야스뜨기, 테두리뜨기로 뜹니다. 소매 밑선의 줄임코는 도안을 참고합니다. 뜨개 끝은 무늬를 이어서 뜨면서 덮어씌워 코막음합니다.
●마무리…옆선·소매 밑선은 떠서 꿰매기를 합니다. 지정 콧수를 주워 앞여밈단·목둘레를 1코 고무뜨기로 뜹니다. 오른쪽 앞여밈단·목둘레에는 단춧구멍을 냅니다. 오른쪽 앞여밈단의 가장자리는 코와 단 잇기, 왼쪽 앞여밈단의 가장자리는 안쪽에 감침질로 답니다. 단추를 달아 완성합니다.

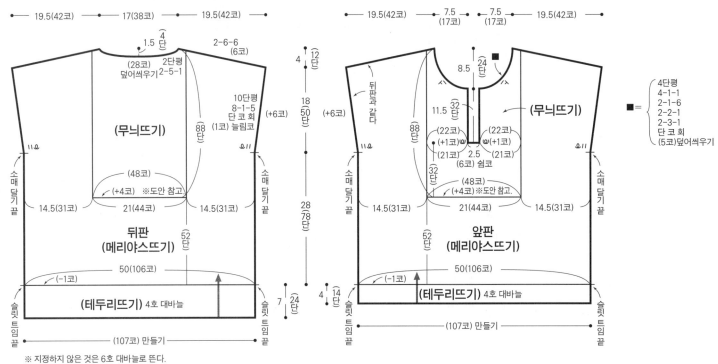

※ 지정하지 않은 것은 6호 대바늘로 뜬다.

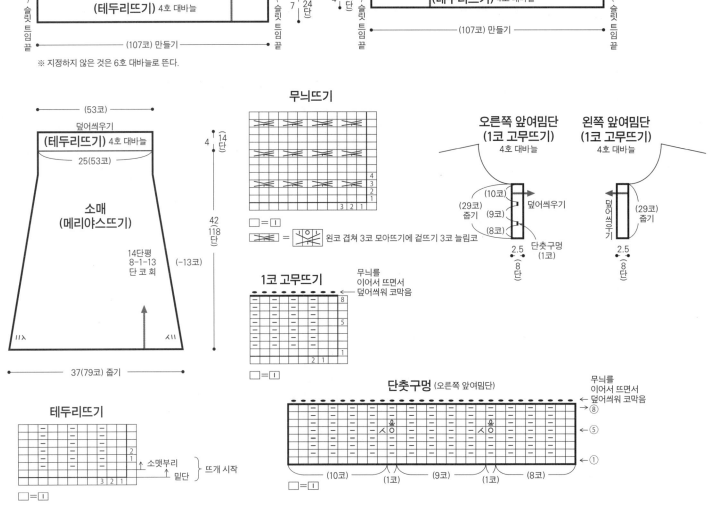

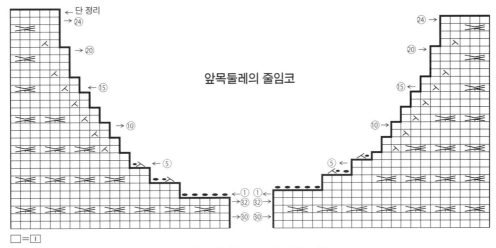

앞목둘레의 줄임코

← 단 정리

□ = □

무늬뜨기의 늘림코와 앞판 트임

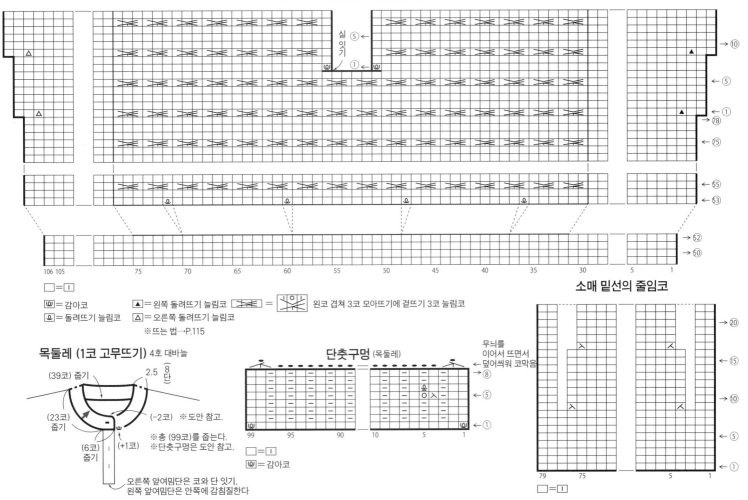

□ = □

□ = 감아코
□ = 돌려뜨기 늘림코
▲ = 왼쪽 돌려뜨기 늘림코
△ = 오른쪽 돌려뜨기 늘림코
※뜨는 법→P.115

= 왼코 겹쳐 3코 모아뜨기에 걸뜨기 3코 늘림코

소매 밑선의 줄임코

무늬를
이어서 뜨면서
← 덮어씌워 코막음

목둘레 (1코 고무뜨기) 4호 대바늘

(39코) 줍기
2.5 8단
(23코) 줍기
(-2코) ※도안 참고.
(6코) 줍기
(+1코)
※총 (99코)를 줍는다.
※단춧구멍은 도안 참고.
오른쪽 앞여밈단은 코와 단 잇기,
왼쪽 앞여밈단은 안쪽에 감침질한다

단춧구멍 (목둘레)

□ = □
□ = 감아코

★P.87 Pattern D 뜨는 법

〈무늬 D〉
피코뜨기의 덮어씌워 코막음

겉뜨기하면서 2코 덮어씌우고, 오른바늘에 걸린 코를 왼바늘로 되돌려 케이블 캐스트온하는 방법으로 2코 만든다. (새로 만든 코도 포함해) 겉뜨기하면서 5코 덮어씌운다. 오른바늘에 걸린 코를 왼바늘로 되돌리고 다음과 같은 순서를 반복한다:
【케이블 캐스트온하는 방법으로 2코 만든다. 겉뜨기하면서 5코 덮어씌운다. 오른바늘에 걸린 코를 왼바늘로 되돌린다】.【~】을 반복하고 남은 콧수가 1, 2코가 되면 모두 덮어씌운다.
※케이블 캐스트온:
슬립 노트를 만들고 왼바늘에 끼운다. 겉뜨기하듯이 오른바늘을 넣어 실을 빼내고, 빼낸 고리의 오른쪽에서 왼바늘을 넣어 옮긴다.
【1번째와 2번째 코 사이에 오른바늘을 넣어 실을 빼내고, 빼낸 고리의 오른쪽에서 왼바늘을 넣어 옮긴다】. 필요한 콧수가 될 때까지 【~】을 반복한다.

〈Pattern D〉
Picot Bind-off

BO 2 sts kwise, then transfer the st on RHN back to LHN, make 2 sts using the Cable Cast-on method then BO 5 sts. Transfer the st on RHN back to the LHN and cont to rep the foll steps:
Make 2 sts with Cable Cast-On method then BO 5 sts. Transfer st on RHN back to LHN.
Rep from * to * across the row. At the end of the row when there are less than 3 sts left, BO all remaining sts knit wise.

모크 울 B

왼코 늘려 안뜨기
※ 일본어 사이트

오른코 늘려 안뜨기
※ 일본어 사이트

재료
실…데오리야 모크 울 B 연지색(22) 685g
단추…지름 20mm×5개

도구
대바늘 6호·8호

완성 크기
가슴둘레 100.5cm, 어깨너비 45cm, 기장 62cm, 소매 길이 53cm

게이지(10×10cm)
무늬뜨기 22.5코×32단, 안메리야스뜨기 20코×32단

POINT
●몸판·소매…2코 고무뜨기 기초코로 뜨기 시작하고, 2코 고무뜨기를 뜹니다. 이어서 앞뒤 몸판은 무늬뜨기, 소매는 안메리야스뜨기와 무늬뜨기로 뜹니다. 2코 이상의 줄임코는 덮어씌우기, 앞목둘레의 줄임코와 소매 밑선의 늘림코는 도안을 참고합니다. 뜨개 끝은 덮어씌워 코막음을 합니다.
●마무리…어깨는 메리야스 잇기를 합니다. 앞여밈단·목둘레는 몸판에서 지정 콧수를 주워 메리야스뜨기를 1단 뜨고, 이어서 테두리뜨기의 기초코를 감아코로 만듭니다. 2단 이후에는 메리야스뜨기의 코와 연결하면서 뜹니다. 오른쪽 앞여밈단에는 단춧구멍을 내고, 뜨개 끝은 무늬를 이어서 뜨면서 덮어씌워 코막음합니다. 소매는 코와 단 잇기로 몸판과 합치는데, ▲·△끼리는 메리야스 잇기를 합니다. 옆선·소매 밑선을 떠서 꿰매기를 합니다. 단추를 달아 완성합니다.

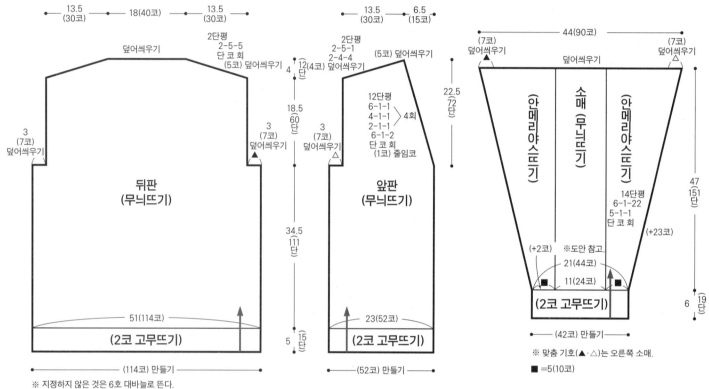

※ 지정하지 않은 것은 6호 대바늘로 뜬다.

※ 맞춤 기호(▲·△)는 오른쪽 소매.
■ =5(10코)

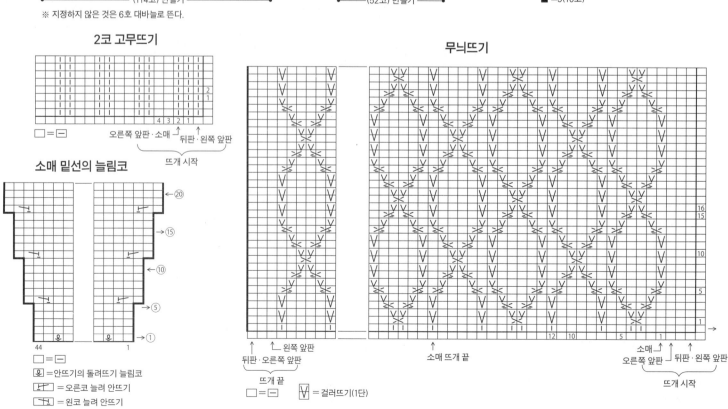

2코 고무뜨기
□ = ⊟
오른쪽 앞판·소매 → ← 뒤판·왼쪽 앞판
↳ 뜨개 시작

소매 밑선의 늘림코
□ = ⊟
⊠ = 안뜨기의 돌려뜨기 늘림코
⊢ = 오른코 늘려 안뜨기
⊣ = 왼코 늘려 안뜨기

무늬뜨기
□ = ⊟
V = 걸러뜨기(1단)

118

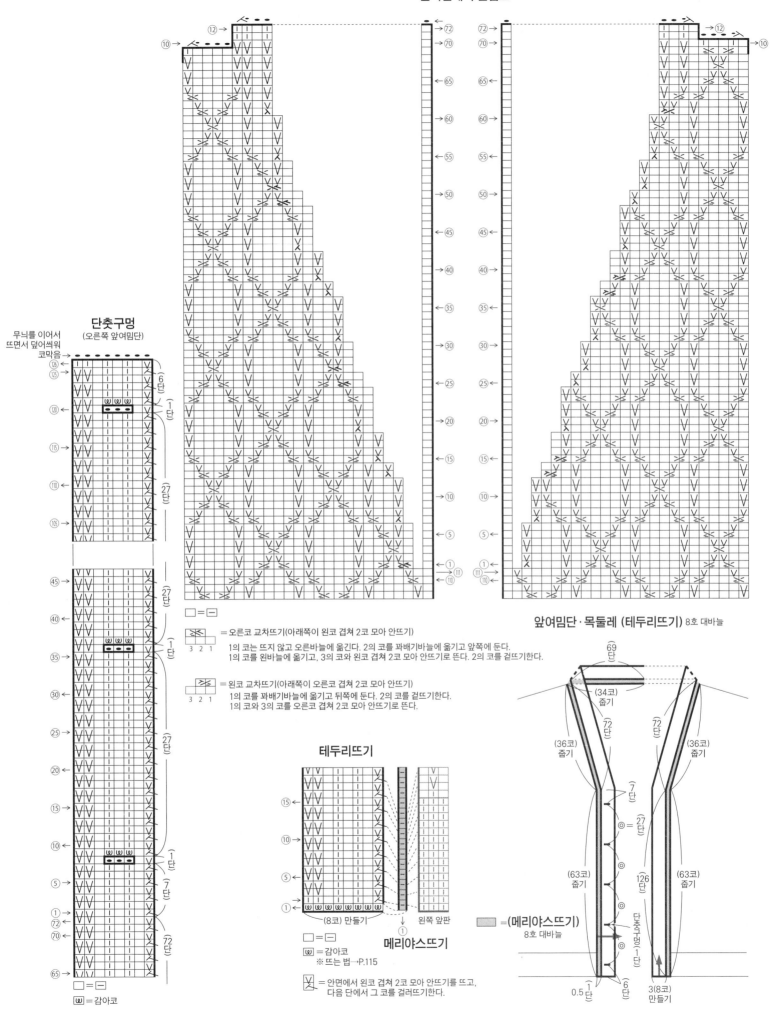

앞목둘레의 줄임코

단춧구멍
무늬를 이어서
뜨면서 덮어씌워
코막음→

(오른쪽 앞여밈단)

앞여밈단·목둘레 (테두리뜨기) 8호 대바늘

□ = □

= 오른코 교차뜨기(아래쪽이 왼코 겹쳐 2코 모아 안뜨기)

1의 코는 뜨지 않고 오른바늘에 옮긴다. 2의 코를 꽈배기바늘에 옮기고 앞쪽에 둔다.
1의 코를 왼바늘에 옮기고, 3의 코와 왼코 겹쳐 2코 모아 안뜨기로 뜬다. 2의 코를 겉뜨기한다.

= 왼코 교차뜨기(아래쪽이 오른코 겹쳐 2코 모아 안뜨기)

1의 코를 꽈배기바늘에 옮기고 뒤쪽에 둔다. 2의 코를 겉뜨기한다.
1의 코와 3의 코를 오른코 겹쳐 2코 모아 안뜨기로 뜬다.

테두리뜨기

메리야스뜨기

□ = □
ⓦ = 감아코
※ 뜨는 법→P.115

= 안면에서 왼코 겹쳐 2코 모아 안뜨기를 뜨고,
다음 단에서 그 코를 걸러뜨기한다.

□ = □
ⓦ = 감아코

= (메리야스뜨기)
8호 대바늘

119

코하루 식스

긴가-3

끌어올려뜨기
(2단)

※일본어 사이트

재료
Silk HASEGAWA 코하루 식스 회색(NEZUMI M08) 390g 16볼, 긴가-3 회색 계열 믹스(M-800 ASH-2) 235g 6볼
도구
대바늘 6호
완성 크기
가슴둘레 124cm, 기장 65.5cm, 화장 83cm
게이지(10×10cm)
무늬뜨기 15코×30.5단
POINT
●몸판·소매…모두 코하루 식스와 긴가-3 각 1가닥을 합사해서 뜹니다. 손가락에 실을 걸어서 기초

코를 만들어 뜨기 시작하고, 몸판은 1코 고무뜨기와 무늬뜨기, 소매는 무늬뜨기로 뜹니다. 래글런선의 줄임코는 가장자리 2코를 세우는 줄임코, 목둘레의 줄임코는 2코 이상은 덮어씌우기, 1코는 가장자리 1코를 세우는 줄임코를 합니다. 소매 밑선의 늘림코는 1코 안쪽에서 돌려뜨기 늘림코를 합니다. 소맷부리는 기초코에서 코를 주워 1코 고무뜨기로 뜹니다. 뜨개 끝은 무늬를 이어서 뜨면서 덮어씌워 코막음합니다.
●마무리…래글런선·옆선·소매 밑선은 떠서 꿰매기, 거싯의 코는 메리야스 잇기를 합니다. 목둘레는 지정 콧수를 주워 1코 고무뜨기로 원형뜨기합니다. 뜨개 끝은 소맷부리와 같은 방법으로 합니다.

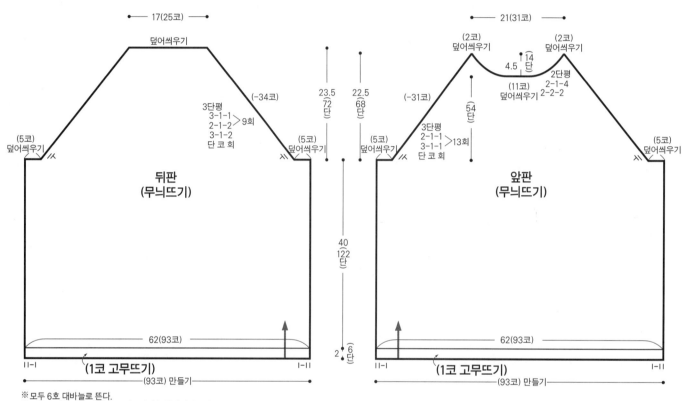

※모두 6호 대바늘로 뜬다.
※모두 코하루 식스와 긴가-3 각 1가닥을 합사해서 뜬다.

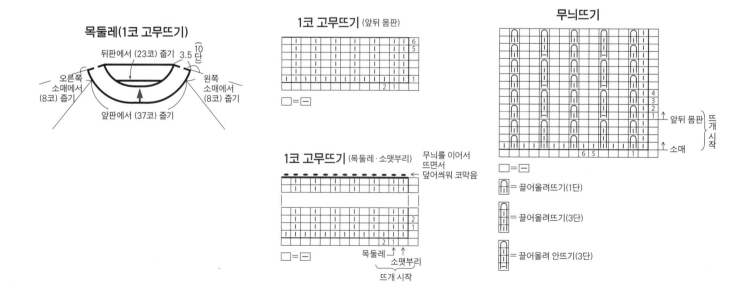

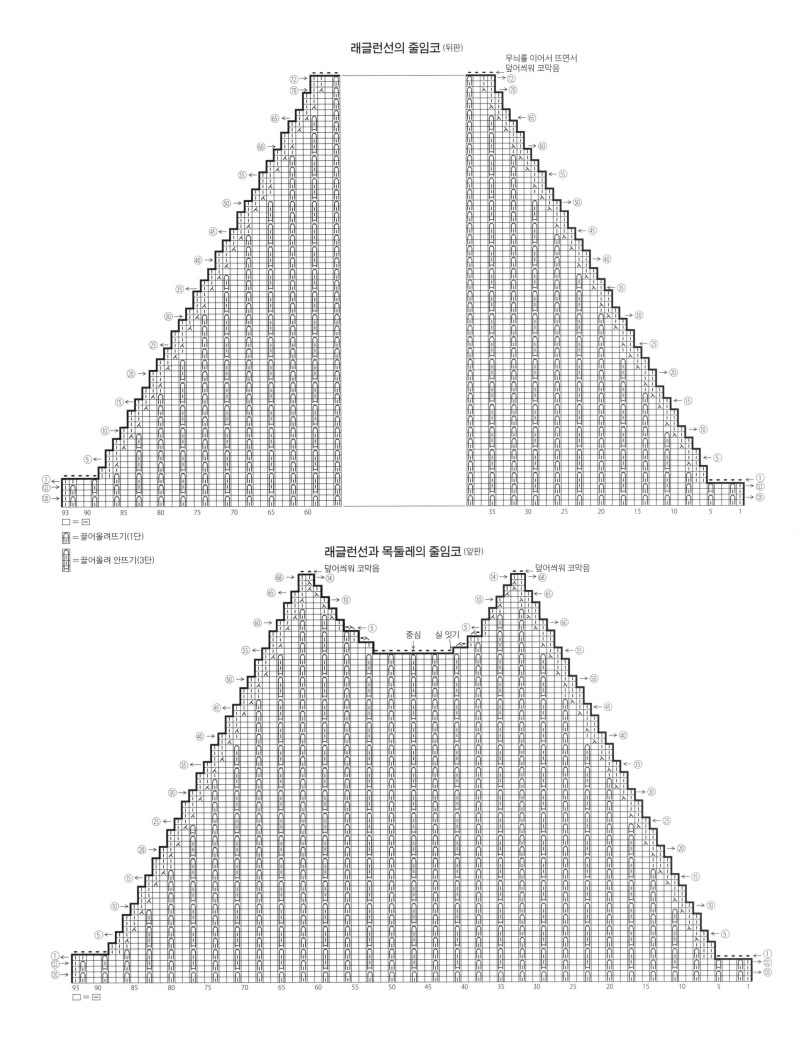

래글런선의 줄임코 (뒤판)

무늬를 이어서 뜨면서
덮어씌워 코막음

래글런선과 목둘레의 줄임코 (앞판)

덮어씌워 코막음

중심   실 잇기

□ = ⊟

⋔ = 끌어올려뜨기(1단)

⋔ = 끌어올려 안뜨기(3단)

122페이지로 이어집니다. ▶

121

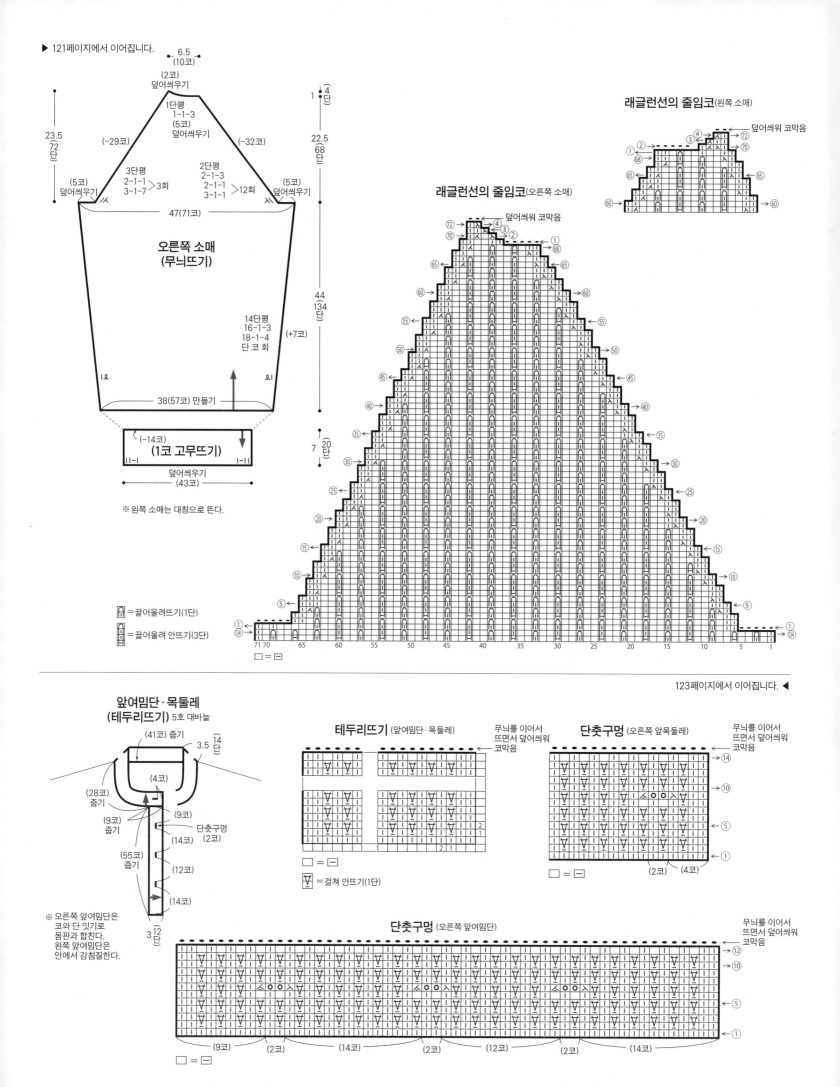

▶ 121페이지에서 이어집니다.

123페이지에서 이어집니다. ◀

★ 개수는 작품을 선택하는 기준으로 참고해주세요. ★…초심자도 안심, ★★…자신이 조금 생겼다면, ★★★…끈기도 겸비한 중·상급자, ★★★★…솜씨에 자신 있음. 실은 실물 크기입니다.

끌어올려뜨기
(2단)

※ 일본어 사이트

재료
실…스키 얀 스키 믹스 파란색(4105) 410g 14볼
단추…지름 23mm×4개

도구
대바늘 7호·5호

완성 크기
가슴둘레 108cm, 어깨너비 47cm, 기장 59cm, 소매
길이 54cm

게이지(10×10cm)
무늬뜨기 16코×33단

POINT
●몸판·소매…몸판은 손가락에 실을 걸어서 기초
코를 만들어 뜨기 시작하고, 1코 고무뜨기, 무늬뜨
기로 뜹니다. 앞판은 68단을 떴으면 중심을 쉼코

로 하고, 좌우를 나눠서 뜹니다. 거짓의 코는 쉼코
를 합니다. 줄임코는 2코 이상은 덮어씌우기, 1코
는 가장자리 1코를 세우는 줄임코를 합니다. 어깨
는 덮어씌워 잇기를 합니다. 소매는 몸판에서 코를
주워 무늬뜨기와 1코 고무뜨기로 뜹니다. 뜨개 끝
은 무늬를 이어서 뜨면서 덮어씌워 코막음합니다.
●마무리…앞여밈단은 지정 콧수를 주워 테두리뜨
기로 뜹니다. 오른쪽 앞여밈단에는 단춧구멍을 냅
니다. 뜨개 끝은 앞 단과 같은 코를 뜨면서 덮어씌
워 코막음합니다. 목둘레는 앞여밈단과 목둘레에
서 코를 주워 테두리뜨기로 뜨고, 오른쪽 앞목둘레
에는 단춧구멍을 냅니다. 뜨개 끝은 앞여밈단과 같
은 방법으로 합니다. 옆선·소매 밑선은 떠서 꿰매
기를 합니다. 단추를 달아 완성합니다.

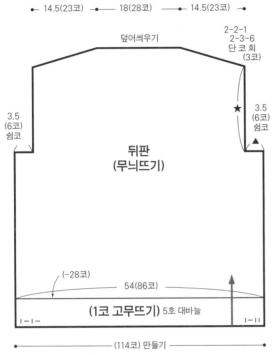

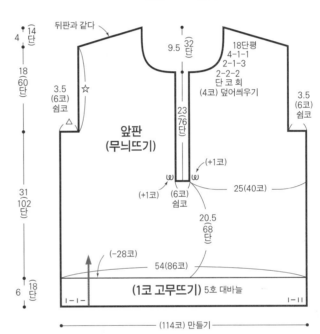

※ 지정하지 않은 것은 7호 대바늘로 뜬다.

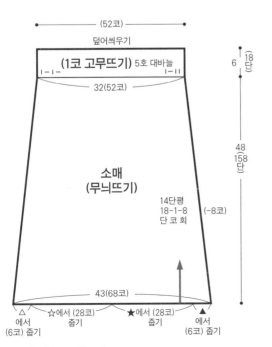

무늬뜨기

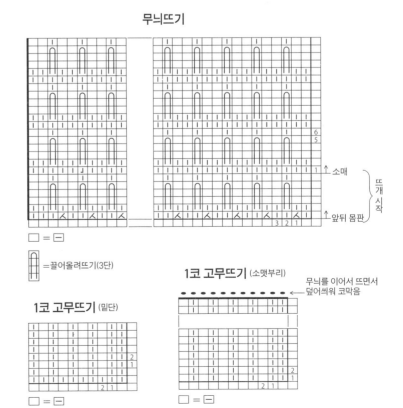

※ 맞춤 기호는 오른쪽 소매.

◀ 122페이지로 이어집니다.

스키 클레어

실을 가로로 걸치는
배색무늬뜨기

※ 일본어 사이트

재료
실…스키 얀 스키 클레어 남색(6410) 210g 6볼, 갈색(6409) 150g 4볼, 에크뤼(6401) 40g 1볼, 노란색(6403) 30g 1볼, 하늘색(6405) 15g 1볼
단추…지름 20mm×8개

도구
대바늘 10호·8호

완성 크기
가슴둘레 119cm, 기장 57cm, 화장 53.5cm

게이지(10×10cm)
배색무늬뜨기 A 19코×20단, 배색무늬뜨기 B 19코×19단, 메리야스뜨기 17코×25단

POINT
●몸판·소매…몸판은 손가락에 실을 걸어서 기초코를 만들어 뜨기 시작하고, 1코 고무뜨기로 뜹니다. 이어서 뒤판은 배색무늬뜨기 A, 앞판은 배색무늬뜨기 B로 뜹니다. 배색무늬뜨기는 실을 가로로 걸치는 방법으로 뜹니다. 목둘레의 줄임코는 도안을 참고합니다. 거싯은 옆선에서 코를 주워 1코 고무뜨기로 뜹니다. 뜨개 끝은 무늬를 이어서 뜨면서 덮어씌워 코막음합니다. 앞판의 거싯에는 단춧구멍을 냅니다. 어깨는 빼뜨기 잇기를 합니다. 소매는 몸판과 거싯에서 코를 주워 메리야스뜨기와 1코 고무뜨기로 원형뜨기합니다. 뜨개 끝은 1코 고무뜨기 코막음을 합니다.
●마무리…목둘레는 지정 콧수를 주워 1코 고무뜨기로 원형뜨기합니다. 브이넥 끝부분의 줄임코는 도안을 참고합니다. 뜨개 끝은 소맷부리와 같은 방법으로 합니다. 뒤판의 거싯에 단추를 달아 완성합니다.

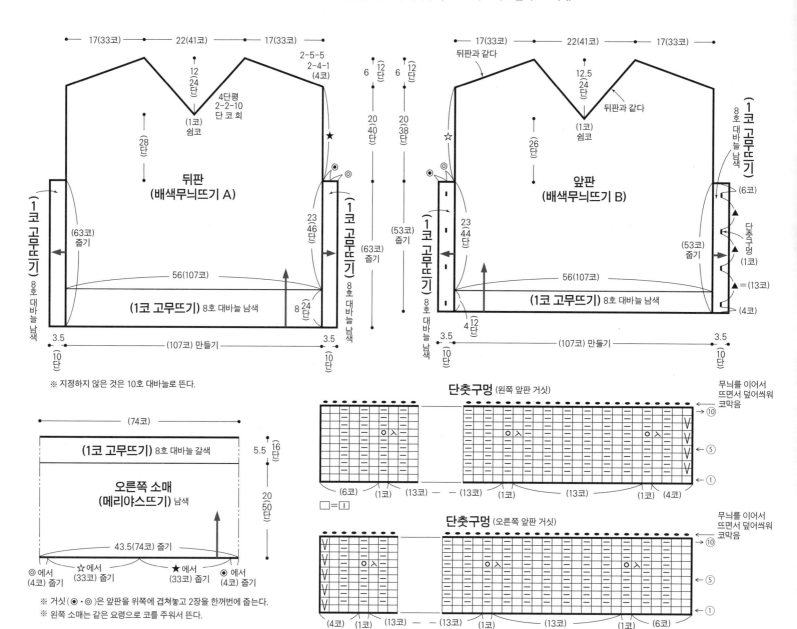

※ 지정하지 않은 것은 10호 대바늘로 뜬다.

※ 거싯(◎·◉)은 앞판을 위쪽에 겹쳐놓고 2장을 한꺼번에 줍는다.
※ 왼쪽 소매는 같은 요령으로 코를 주워서 뜬다.

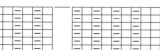

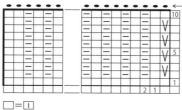

배색무늬뜨기 A

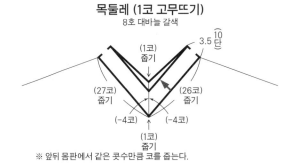

목둘레 (1코 고무뜨기)
8호 대바늘 갈색

(1코) 줄기

3.5 {10단}

(27코) 줄기   (26코) 줄기

(-4코)   (-4코)

(1코) 줄기

※ 앞뒤 몸판에서 같은 콧수만큼 코를 줄인다.

브이넥 끝부분의 줄임코

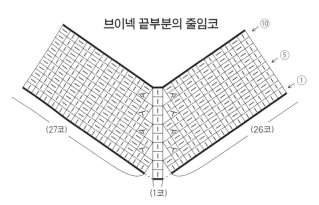

⑩

⑤

①

(27코)   (26코)

(1코)

□=Ⅰ

배색
- □ =갈색
- ▨ =남색
- ⊙ =하늘색
- ☒ =에크뤼

※ 뜨개 끝의 26단은 무늬가 불규칙해지므로 도안을 참고한다.

1코 고무뜨기 (목둘레·소맷부리)

□=Ⅰ

배색무늬뜨기 B

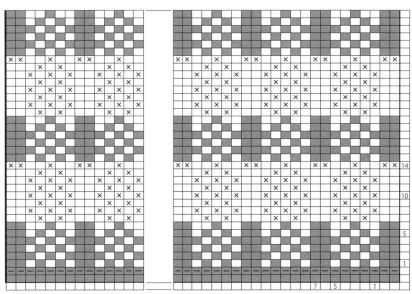

□=Ⅰ

배색
- ▨ = 노란색
- □ = 갈색
- ☒ = 에크뤼

※ 뜨개 끝의 22단은 무늬가 불규칙해지므로 도안을 참고한다.

126페이지로 이어집니다. ▶

▶ 125페이지에서 이어집니다.

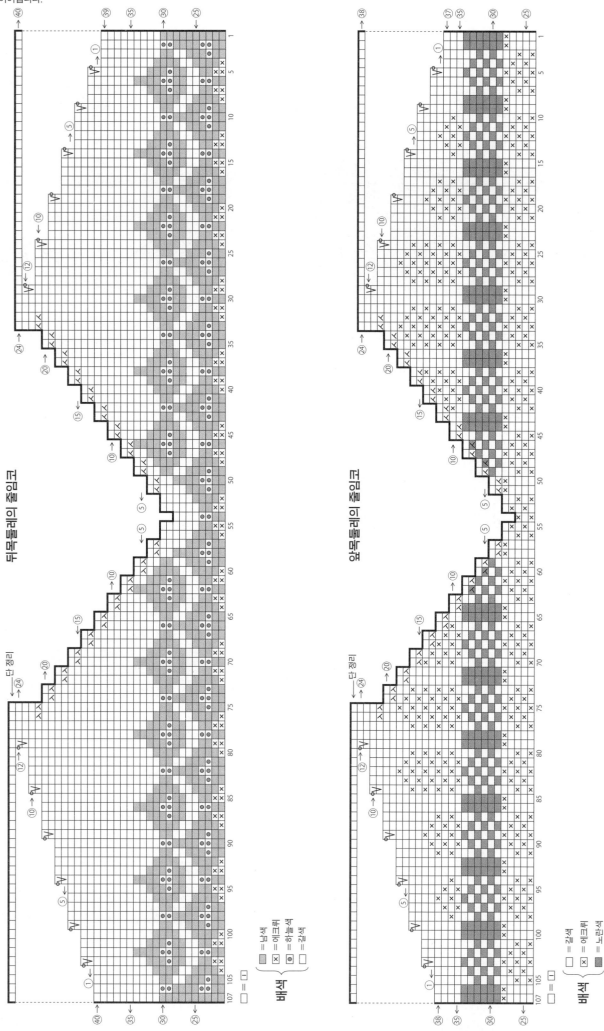

뒤목둘레의 줄임코

앞목둘레의 줄임코

배색

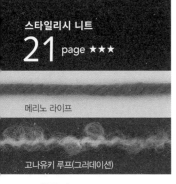

메리노 라이프

고나유키 루프(그러데이션)

**한길 긴
뒤걸어뜨기**

※ 일본어 사이트

재료

고쇼산업 게이토피에로
[베스트] 메리노 라이프 섀도 블루(08) 245g 7볼,
고나유키 루프(그러데이션) 스노 크리스털(101)
95g 3볼
[모자] 메리노 라이프 섀도 블루(08) 50g 2볼, 고
나유키 루프(그러데이션) 스노 크리스털(101) 30g
1볼

도구

코바늘 10/0호

완성 크기

[베스트] 가슴둘레 106cm, 어깨너비 33cm, 기장
53.5cm
[모자] 머리둘레 54cm, 깊이 20.5cm

게이지(10×10cm)

무늬뜨기 16코×10단, 줄무늬 무늬뜨기 14코×8단

POINT

●베스트…사슬뜨기로 기초코를 만들어 뜨기 시
작하고, 밑단을 무늬뜨기로 뜹니다. 밑단에서 코를
주워 줄무늬 무늬뜨기로 몸판을 뜹니다. 줄임코는
도안을 참고합니다. 어깨는 빼뜨기 잇기, 옆선은 밑
단의 3코는 빼뜨기 잇기, 그 외에는 사슬뜨기와 빼
뜨기로 꿰매기를 합니다. 목둘레·진동둘레는 한길
긴뜨기로 뜹니다.
●모자…사슬뜨기로 기초코를 만들어 뜨기 시작
하고, 모자 입구를 무늬뜨기로 뜹니다. 다 떴으면
겉면끼리 맞대고, 마지막 단의 코와 기초코의 사슬
을 빼뜨기 잇기를 합니다. 모자 본체는 모자 입구
에서 코를 주워 줄무늬 무늬뜨기, 짧은뜨기로 원형
으로 왕복뜨기합니다. 분산 줄임코는 도안을 참고
합니다. 마지막 단의 코에 실을 통과시켜 조입니다.

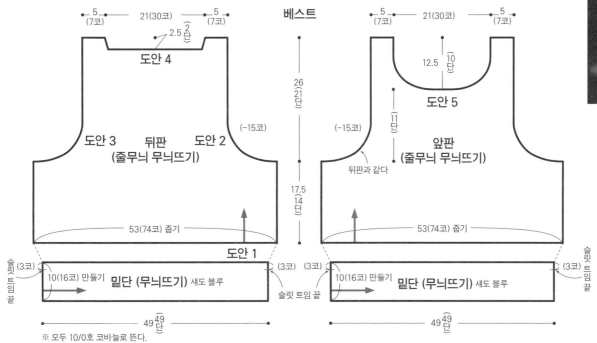

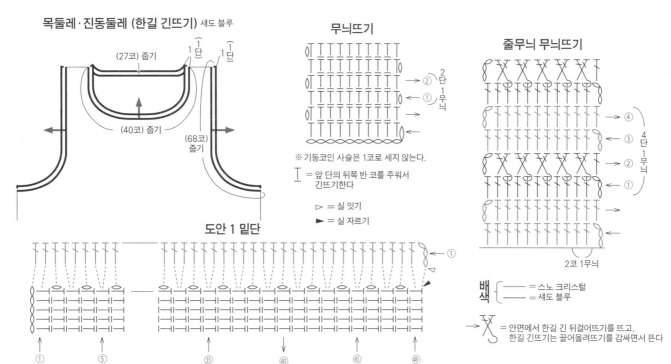

128페이지로 이어집니다. ▶

▶ 127페이지에서 이어집니다.

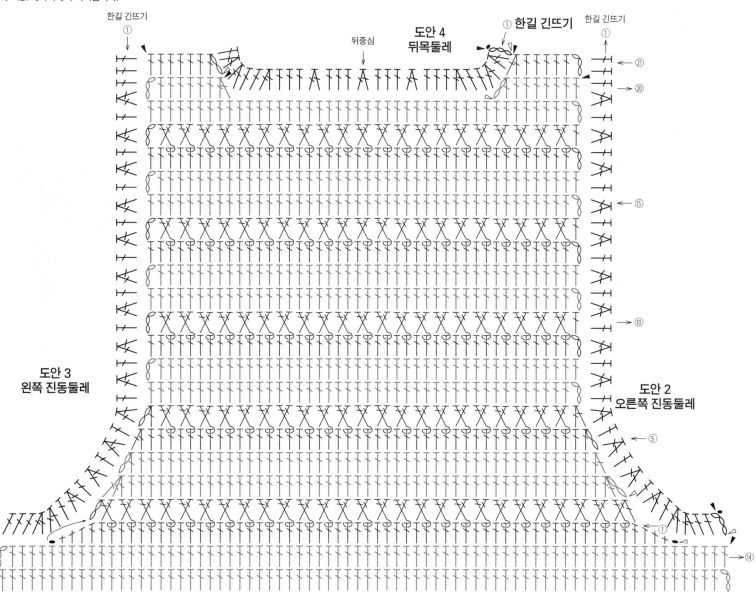

도안 4
뒤목둘레

한길 긴뜨기

도안 3
왼쪽 진동둘레

도안 2
오른쪽 진동둘레

뒤중심

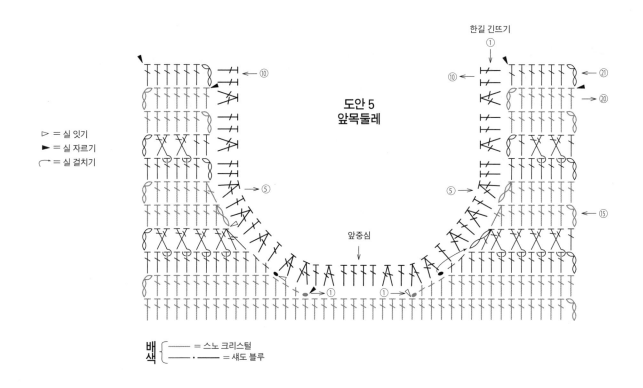

도안 5
앞목둘레

앞중심

▷ = 실 잇기
▶ = 실 자르기
⌒ = 실 걸치기

배색 { ── = 스노 크리스털
── · ── = 섀도 블루 }

모자

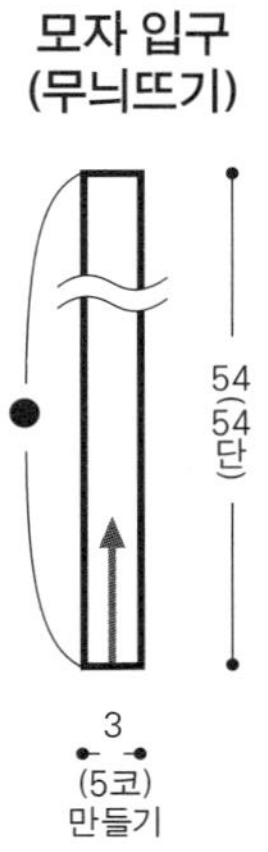

모자 입구
(무늬뜨기)
54
(54단)
3
(5코)
만들기

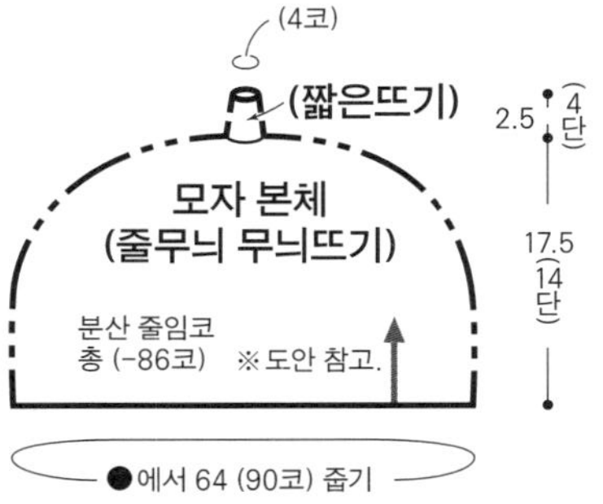

(4코)
(짧은뜨기)
모자 본체
(줄무늬 무늬뜨기)
분산 줄임코
총 (-86코)
※도안 참고.
에서 64 (90코) 줍기
2.5
(4단)
17.5
(14단)

※ 모두 10/0호 코바늘로 뜬다.
※ 지정하지 않은 것은 섀도 블루로 뜬다.

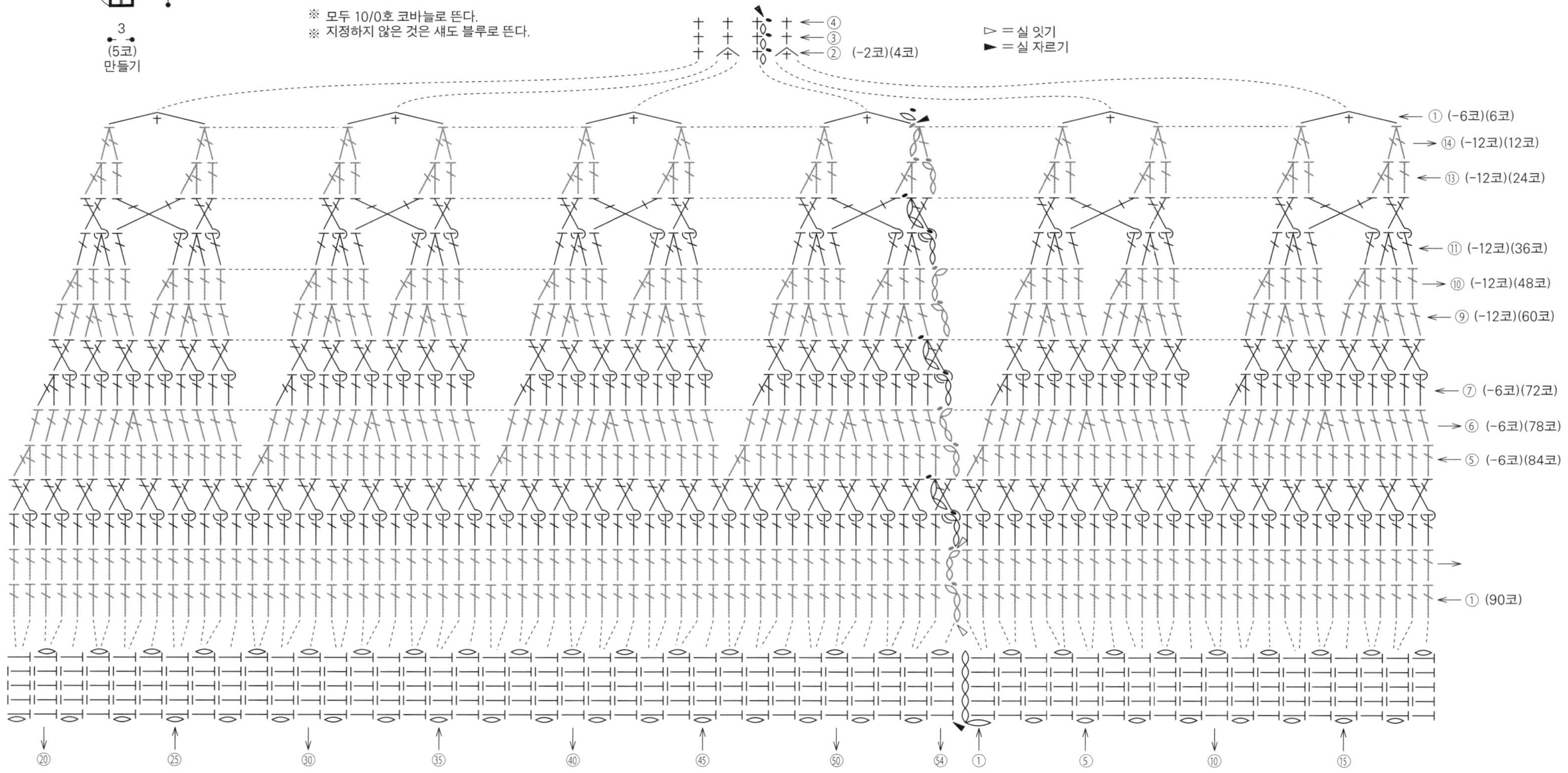

④
③
② (-2코)(4코)
▷ = 실 잇기
► = 실 자르기
① (-6코)(6코)
⑭ (-12코)(12코)
⑬ (-12코)(24코)
⑪ (-12코)(36코)
⑩ (-12코)(48코)
⑨ (-12코)(60코)
⑦ (-6코)(72코)
⑥ (-6코)(78코)
⑤ (-6코)(84코)
① (90코)
⑳
㉕
㉚
㉟
㊵
㊺
㊿
54
①
⑤
⑩
⑮

배색
= 스노 크리스털
= 섀도 블루

실을 가로로 걸치는
배색무늬뜨기

※ 일본어 사이트

재료
실…Keito 컴백 색이름·색번호·사용량은 도안의 표를 참고하세요.
단추…[S·M] 지름 20mm×5개, [L·XL] 지름 20mm×6개

도구
대바늘 7호·5호, 코바늘 6/0호

완성 크기
S…가슴둘레 107.5cm, 어깨너비 46cm, 기장 54cm
M…가슴둘레 123cm, 어깨너비 50cm, 기장 54cm
L…가슴둘레 138.5cm, 어깨너비 54cm, 기장 57.5cm
XL…가슴둘레 153.5cm, 어깨너비 58cm, 기장 57.5cm

게이지(10×10cm)
배색무늬뜨기 A·C 21코×22단, 배색무늬뜨기 B 21코×24단

POINT
●몸판…연결 사슬코산을 줍는 기초코를 만들어 뜨기 시작하고, 앞뒤 몸판을 이어서 가터뜨기로 뜹니다. 이어서 배색무늬뜨기 A·B·C로 뜹니다. 배색무늬뜨기는 실을 가로로 걸치는 방법으로 뜹니다. 진동둘레부터는 앞뒤 몸판을 따로 뜹니다. 줄임코는 도안을 참고합니다.
●마무리…어깨는 빼뜨기 잇기를 합니다. 목둘레는 지정 콧수를 주워 배색무늬뜨기 C와 1코 고무뜨기로 뜹니다. 뜨개 끝은 덮어씌워 코막음을 하고, 안쪽으로 접어서 목둘레에 감침질합니다. 앞여밈단·진동둘레는 지정 콧수를 주워 2코 고무뜨기로 뜨는데, 목둘레부터는 2장 겹쳐서 줍습니다. 뜨개 끝은 무늬를 이어서 뜨면서 덮어씌워 코막음합니다. 도안을 참고해 오른쪽 앞여밈단에는 단춧고리를 떠서 붙입니다. 단추를 달아 완성합니다.

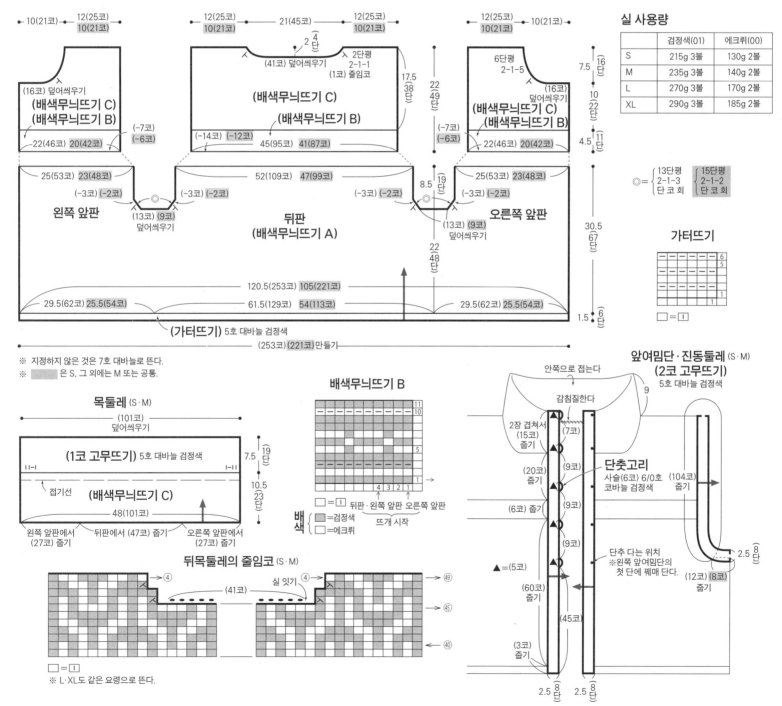

실 사용량

	검정색(01)	에크뤼(00)
S	215g 3볼	130g 2볼
M	235g 3볼	140g 2볼
L	270g 3볼	170g 2볼
XL	290g 3볼	185g 2볼

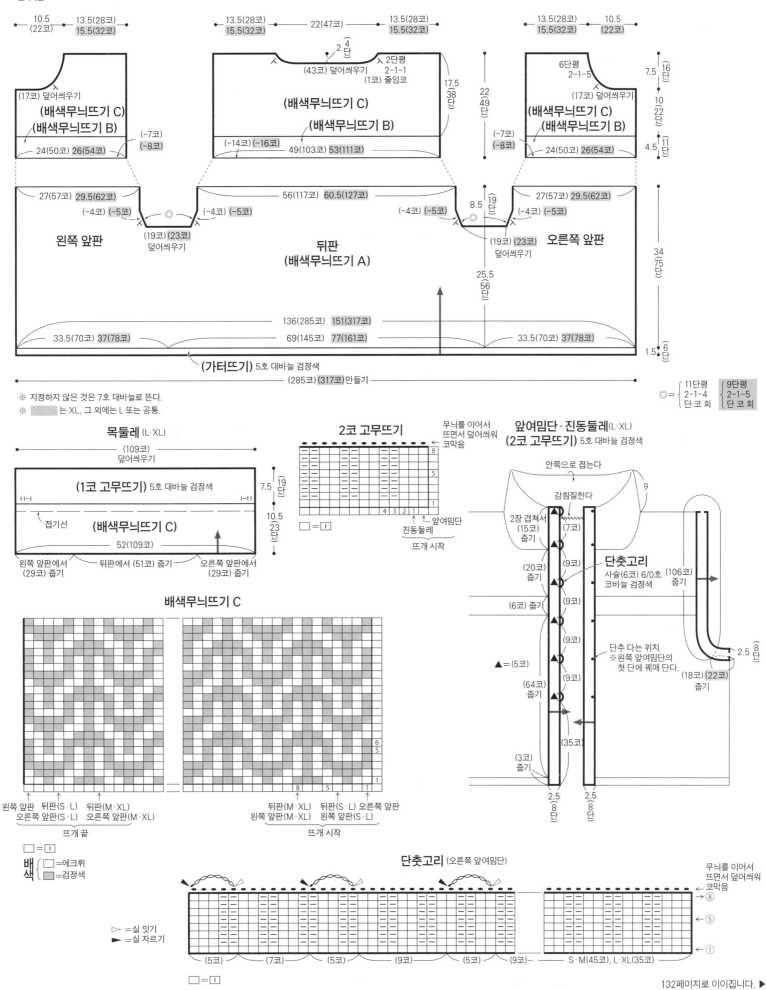

132페이지로 이이집니다. ▶

▶ 131페이지에서 이어집니다.

배색무늬뜨기 A

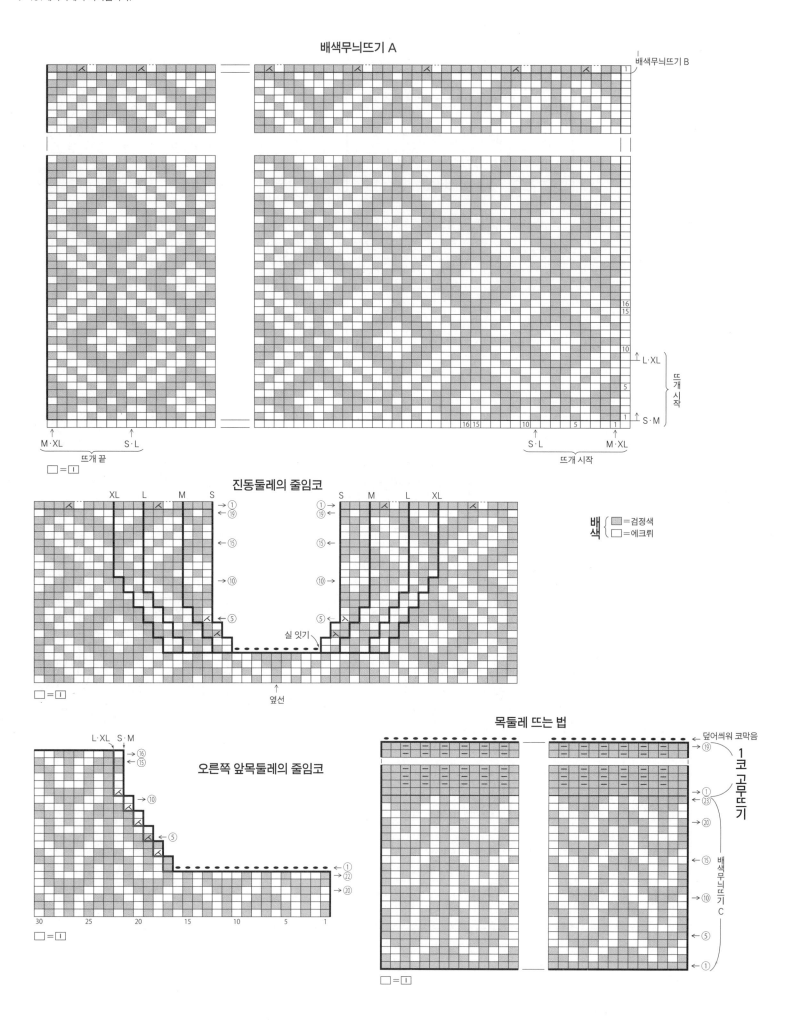

배색무늬뜨기 B

16
15
10
↑ L·XL 뜨개시작
5
1 S·M
16 15   10   5   1
뜨개시작
M·XL   S·L   뜨개시작
S·L   M·XL

M·XL   S·L
뜨개 끝

□ = I

진동둘레의 줄임코

XL L M S   S M L XL
① →
← ⑲
← ⑮
→ ⑩
← ⑤   ⑤ →
실 잇기

배 { = 검정색
색 { = 에크뤼

↑
옆선

□ = I

오른쪽 앞목둘레의 줄임코

L·XL S·M
→ ⑯
← ⑮
→ ⑩
← ⑤
→ ①
← ㉒
→ ⑳

30   25   20   15   10   5   1

□ = I

목둘레 뜨는 법

덮어씌워 코막음
← ⑲
1코 고무뜨기
→ ①
← ㉓
→ ⑳
← ⑮ 배색무늬뜨기 C
→ ⑩
← ⑤
← ①

□ = I

에브리데이 솔리드

가터 잇기

※ 일본어 사이트

재료
나이토상사 에브리데이 솔리드 초록색(107) 320g
4볼
도구
대바늘 7호
완성 크기
가슴둘레 102cm, 기장 64cm, 회장 25.5cm
게이지(10×10cm)
안메리야스뜨기 17.5코×26단, 무늬뜨기 25.5코
×26단, 가터뜨기 19코×26단

POINT
●몸판…손가락에 걸어서 만드는 기초코를 뜨개를
시작해서 가터뜨기, 2코 고무뜨기, 안메리야스뜨
기, 무늬뜨기를 배치한 다음에 뜨개를 진행합니다.
목둘레 트임은 마지막 단에서 덮어씌워 코막음, 어
깨는 쉼코합니다.
●마무리…어깨는 가터 잇기를 합니다. 옆선은 가
장자리 1코와 1단을 감침질로 꿰매기합니다.

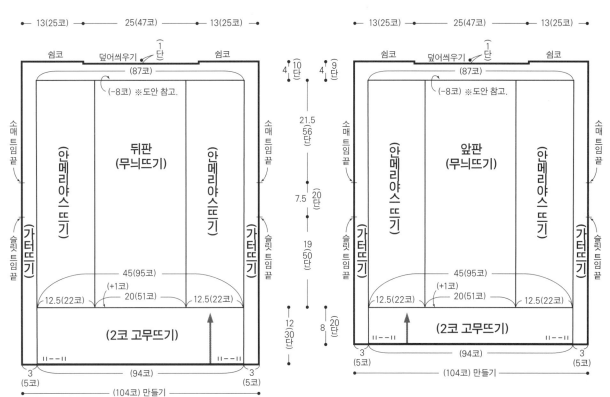

※ 모두 7호 대바늘로 뜬다.

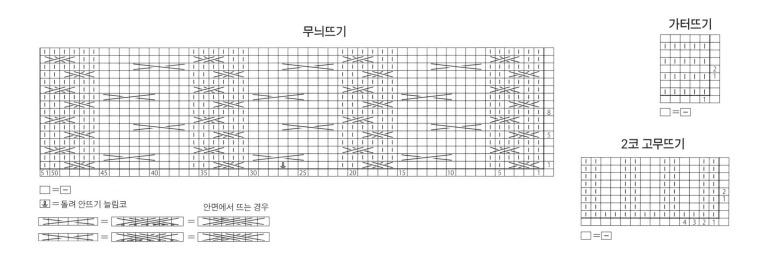

무늬뜨기

□ = −
⊕ = 돌려 안뜨기 늘림코

안면에서 뜨는 경우

가터뜨기

□ = −

2코 고무뜨기

□ = −

가터뜨기 줄임코

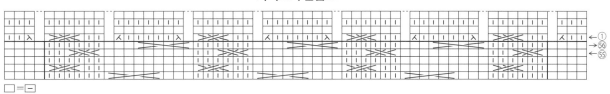

□ = −

인디시타 DK

**실을 가로로 걸치는
배색무늬뜨기**

※ 일본어 사이트

재료
나이토상사 인디시타 DK 청록색(M1979) 350g
7볼, 연회색(401) 280g 6볼
도구
대바늘 5호, 코바늘 4/0호
완성 크기
가슴둘레 96㎝, 기장 58㎝, 회장 68㎝
게이지(10×10㎝)
배색무늬뜨기 25코×25단
POINT
●몸판, 소매…몸판은 손가락에 걸어서 만드는 기
초코로 뜨개를 시작해서 앞뒤판을 이어서 배색무

늬뜨기를 합니다. 배색무늬뜨기는 실을 가로로 걸
치는 방법으로 뜹니다. 진동에서 위쪽은 앞판 오른
쪽, 뒤판, 왼쪽 앞판으로 나눠서 뜹니다. 뜨개 끝은
쉼코를 합니다. 어깨는 청록색으로 빼뜨기 잇기를
합니다. 소매는 진동둘레에서 코를 주워서 배색무
늬뜨기를 원형으로 뜹니다. 소매 밑선의 줄임코는
도안을 참고하세요. 뜨개 끝은 덮어씌워 코막음합
니다.
●마무리…목둘레는 메리야스뜨기를 1단 뜬 다음
덮어씌워 코막음합니다. 밑단·앞판 가장자리·목둘
레 가장자리와 소맷부리는 짧은뜨기로 원형뜨기
를 합니다.

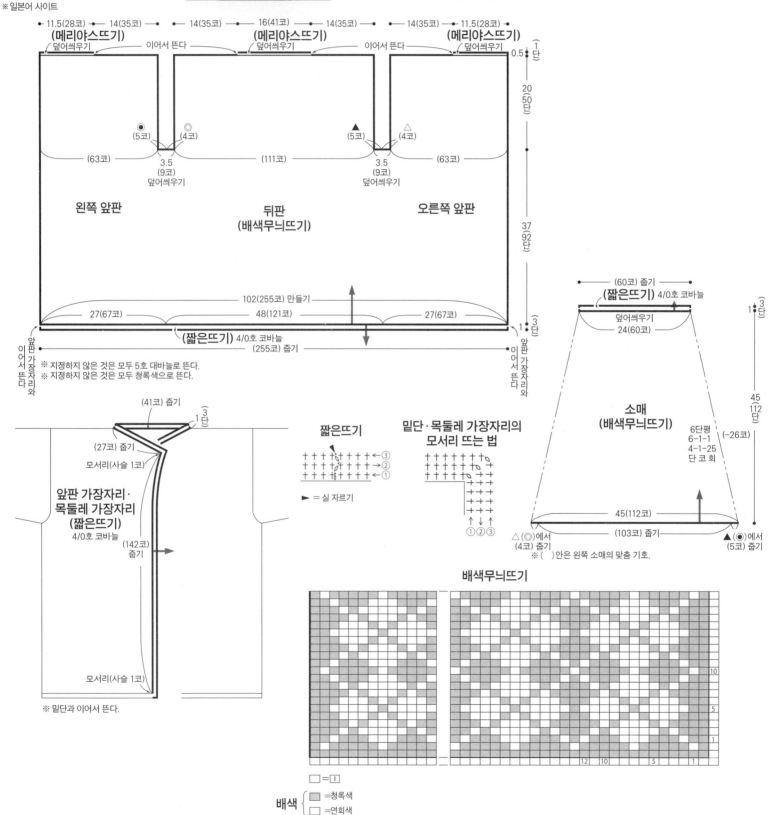

소매 밑선 줄임코

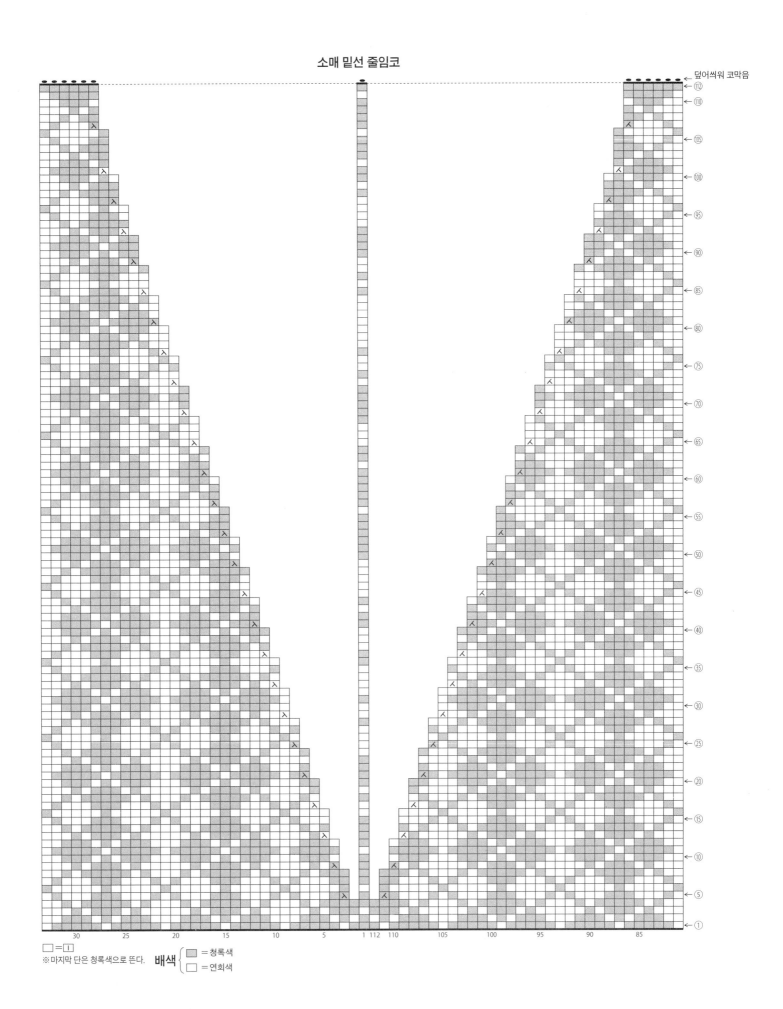

덮어씌워 코막음

※마지막 단은 청록색으로 뜬다. □=□

배색 { ■=청록색
         □=연회색 }

영국 고무뜨기
(양면 끌어올리기)

※ 일본어 사이트

재료
올림포스 KUKAT 애시 그레이(3) 205g 5볼, 아이보리 화이트(1) 170g 4볼.
도구
대바늘 6호·5호·8호, 코바늘 6/0호
완성 크기
가슴둘레 104cm, 기장 49cm, 회장 29.5cm
게이지(10×10cm)
줄무늬 무늬뜨기 A 16코×45단, 줄무늬 무늬뜨기 B 17코×45단
POINT
●몸판…별도 사슬 기초코로 뜨개를 시작해서 34

페이지를 참고하면서 줄무늬 무늬뜨기 A, B를 합니다. 뜨개 끝은 쉼코를 합니다.
●마무리…도안을 참고해서 어깨는 메리야스 잇기, 옆선은 빼뜨기 꿰매기로 연결합니다. 밑단은 기초코의 사슬을 풀어서 코를 줍고, 1코 고무뜨기를 원형으로 뜹니다. 뜨개 끝은 1코 고무뜨기 코막음을 합니다. 목둘레, 소맷부리는 지정된 콧수만큼 줍고, 줄무늬 1코 고무뜨기를 원형으로 뜹니다. 뜨개 끝은 쉼코를 하고 안쪽으로 접어서 메리야스 잇기를 해서 두 겹으로 만듭니다.

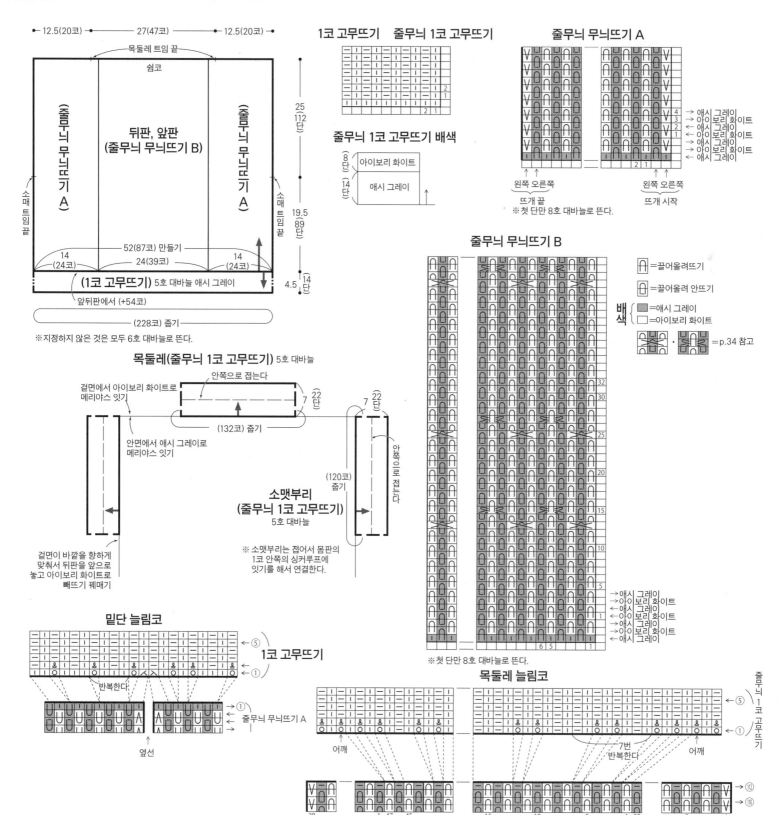

어깨 잇는 법

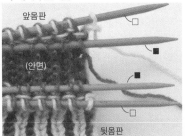

1 앞뒤판 모두 뜨개 끝의 코를, 겉뜨기 코와 걸린 고리의 바늘(□), 안뜨기 코의 바늘(■)로 나눈다.

(겉면)

2 편물의 겉면을 보면서 □바늘에 걸린 코를 서로 맞춰 놓고, 아이보리 화이트로 가장자리 코에 맞춤 기호처럼 돗바늘을 찔러 넣는다.

3 다음 코부터는 걸린 고리와 겉뜨기 코에 한 번에 돗바늘을 넣어서 메리야스 잇기를 한다.

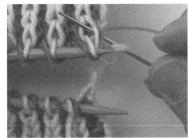

4 반대쪽도 걸린 고리와 겉뜨기 코에 돗바늘을 찔러 넣는다. 안뜨기를 건너뛰었기 때문에 잇기 실을 너무 당기지 않도록 주의하면서 메리야스 잇기를 한다.

5 마지막 코는 화살표처럼 바늘을 찔러 넣는다. 잇기 실은 목둘레 트임 마무리에 사용하므로 남겨 둔다.

(안면)

6 편물의 안쪽을 보면서 ■바늘에 걸린 코끼리 애시 그레이로 메리야스 잇기를 한다.

7 잇기를 끝낸 모습.

(안면) (겉면)

목둘레 트임 끝의 마무리(겉면)

1 목둘레 트임의 끝부분은 편물에 구멍이 생기므로, 어깨를 잇고 남은 실로 막으면서 마무리한다.

2 걸린 고리의 실과 겉뜨기 코에 화살표처럼 돗바늘을 찔러 넣는다(목둘레의 앞뒤 반 코끼리).

3 계속해서 어깨를 이은 마지막 코에도 같은 방법으로 돗바늘을 넣어서

4 처음에 바늘을 넣은 코로 다시 돌아와서 실을 당긴다. 실꼬리는 눈에 띄지 않도록 정리한다.

(안면)

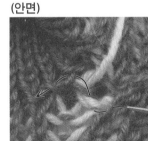

5 어깨 가장자리 코와 목둘레 가장자리 코에 화살표처럼 돗바늘을 찔러 넣는다.

6 바늘을 넣은 모습(겉면에서 잇기에 사용한 실을 함께 줍는다).

7 실을 당긴 모습. 구멍이 메워지면 눈에 띄지 않도록 실정리를 한다.

목둘레 잇는 법

뜨개 끝 코와 목둘레 첫 단의 코를 아이보리 화이트로 메리야스 잇기와 같은 요령으로 잇는데 목둘레 첫 단은 화살표처럼 코를 줍는다.

옆선 꿰매는 법

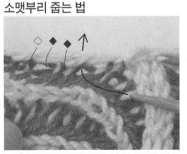

1 겉면이 바깥을 향하도록 맞춰 놓고

2 뒤판이 앞쪽에 오도록 들고, 앞뒤판 가장자리의 걸러뜨기 코에 6/0호 코바늘을 넣은 다음

3 편물이 울지 않도록 빼뜨기 꿰매기를 한다.

소맷부리 줍는 법

1 편물의 가장자리에서 2째코의 니들 루프(◆)에 바늘을 넣어서 코를 줍는다. 늘림 코일 때는 걸린 고리와 니들 루프의 사이(◇)에서도 코를 줍는다.

2 코를 주운 모습.

137

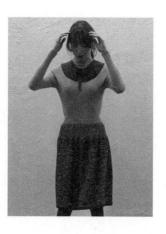

재료
실…올림포스 플로레스
[탈부착 칼라] 진초록(6) 30g 1볼, 갈색(3) 25g 1볼
[치마] 진초록(6) 310g 8볼, 갈색(3) 230g 6볼
고무벨트…폭 30mm×길이 70cm

도구
대바늘 5호·9호·7호·6호, 코바늘 5/0호·6/0호

완성 크기
[탈부착 칼라] 목둘레 46cm(끈 길이 미포함), 길이 10cm
[치마] 허리둘레 70cm, 치마 기장 58.5cm

게이지(10×10cm)
메리야스뜨기 23.5코×33단(5호 대바늘), 줄무늬 무늬뜨기 17.5코×25단

POINT
●탈부착 칼라…겉면은 별도 사슬 기초코로 뜨개를 시작해서 테두리 뜨기, 메리야스뜨기를 합니다. 분산 줄임코는 도안을 참고하세요. 뜨개 끝은 쉼코를 합니다. 기초코 사슬을 풀어서 코를 줍고, 안면

은 배색무늬뜨기와 메리야스뜨기를 합니다. 배색무늬뜨기는 실을 가로로 걸치는 방법으로 뜹니다. 분산 줄임코는 도안을 참고하세요. 뜨개 끝은 쉼코를 합니다. 편물의 겉면이 바깥을 향하도록 맞춰서 양쪽 가장자리를 떠서 꿰매기, 쉼코끼리 겉면에서 빼뜨기 잇기를 합니다. 끈을 떠서 지정된 위치에 꿰매서 답니다.
●치마…모두 지정된 색실을 2가닥 합사해서 뜹니다. 별도 사슬 기초코로 뜨개를 시작해서 메리야스뜨기로 왕복뜨기합니다. 10단을 뜨면 실을 바꿔서 메리야스뜨기를 원형뜨기합니다. 계속해서 앞단의 코와 기초코의 사슬을 풀어서 주운 코를 번갈아 주워서 1코 고무뜨기, 줄무늬 무늬뜨기, 메리야스뜨기를 합니다. 뜨개 끝은 쉼코를 하고 줄무늬 무늬뜨기의 지정된 위치에 빼뜨기합니다. 계속해서 밑단 안면은 편물의 안면을 보면서 줄무늬 무늬뜨기 마지막 단의 니들 루프를 주워서 메리야스뜨기를 합니다. 뜨개 끝의 코와 쉼코를 겹쳐서 안면에서 빼뜨기 잇기를 합니다. 도안을 참고해서 고무벨트를 끼워서 마무리합니다.

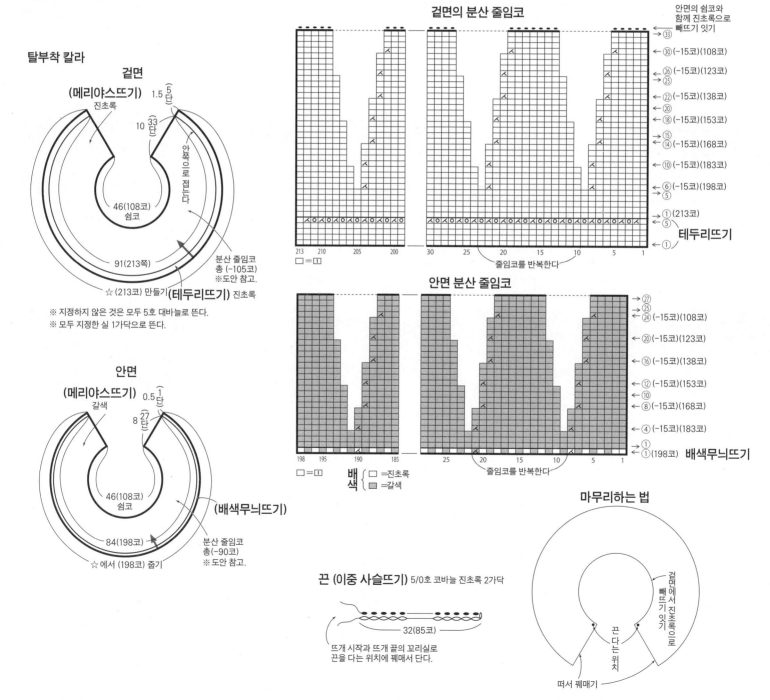

탈부착 칼라

겉면
(메리야스뜨기)
진초록
1.5(5단)
10(33단)
46(108코) 쉼코
안쪽으로 접는다
91(213쪽)
분산 줄임코 총 (-105코) ※도안 참고.
☆(213코) 만들기 (테두리뜨기) 진초록

※ 지정하지 않은 것은 모두 5호 대바늘로 뜬다.
※ 모두 지정한 실 1가닥으로 뜬다.

안면
(메리야스뜨기)
갈색
0.5(1단)
8(27단)
46(108코) 쉼코
(배색무늬뜨기)
84(198코)
분산 줄임코 총 (-90코) ※도안 참고.
☆ 에서 (198코) 줍기

겉면의 분산 줄임코

안면의 쉼코와 함께 진초록으로 빼뜨기 잇기
→33
←30 (-15코)(108코)
←26 (-15코)(123코)
→25
←22 (-15코)(138코)
←20
←18 (-15코)(153코)
←15
←14 (-15코)(168코)
←10 (-15코)(183코)
←6 (-15코)(198코)
←5
←1 (213코)
←5
테두리뜨기
←1
줄임코를 반복한다
□=□ 1

안면 분산 줄임코
→27
→25
←24 (-15코)(108코)
←20 (-15코)(123코)
←16 (-15코)(138코)
←12 (-15코)(153코)
←10
←8 (-15코)(168코)
←4 (-15코)(183코)
→1
←1 (198코)
배색무늬뜨기
줄임코를 반복한다
□=□ 1
배색 { □=진초록 □=갈색 }

마무리하는 법
겉면에서 진초록으로 빼뜨기 잇기
끈 다는 위치
떠서 꿰매기

끈 (이중 사슬뜨기) 5/0호 코바늘 진초록 2가닥
32(85코)
뜨개 시작과 뜨개 끝의 꼬리실로 끈을 다는 위치에 꿰매서 단다.

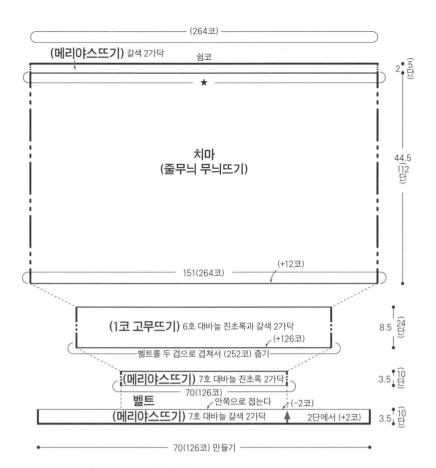

(264코)

(메리야스뜨기) 갈색 2가닥
쉼코
★

치마
(줄무늬 무늬뜨기)

2 5단

44.5
112단

151(264코) (+12코)

(1코 고무뜨기) 6호 대바늘 진초록과 갈색 2가닥

8.5 24단

(+126코)

벨트를 두 겹으로 겹쳐서 (252코) 줍기

(메리야스뜨기) 7호 대바늘 진초록 2가닥

3.5 10단

70(126코)

벨트
안쪽으로 접는다 (-2코)

(메리야스뜨기) 7호 대바늘 갈색 2가닥   2단에서 (+2코)

3.5 10단

70(126코) 만들기

※ 지정하지 않은 것은 모두 9호 대바늘로 뜬다.
※ 모두 지정한 실을 2가닥으로 합사한다.

마무리하는 법

고무벨트를 끼운 다음 2cm 겹쳐 꿰매서 원형으로 만들고
통과시킨 입구를 떠서 꿰매기를 해서 마무리한다

(안면)

밑단 안면(메리야스뜨기) 진초록 2가닥

2 5단

★에서 (264코) 줍기

※ 밑단 안면은 안면에서 줄무늬 무늬뜨기 마지막 단(★)의 코를 주워서 뜬다.
뜨개 끝은 겉면의 쉼코와 2장을 겹쳐서 진초록 2가닥으로 빼뜨기 잇기를 한다.

1코 고무뜨기

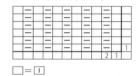

□ = ①

※ 첫 단은 앞단의 코를 겉뜨기, 기초코 사슬을 풀어서
주운 코를 안뜨기로 번갈아 주워서 뜬다.

줄무늬 무늬뜨기

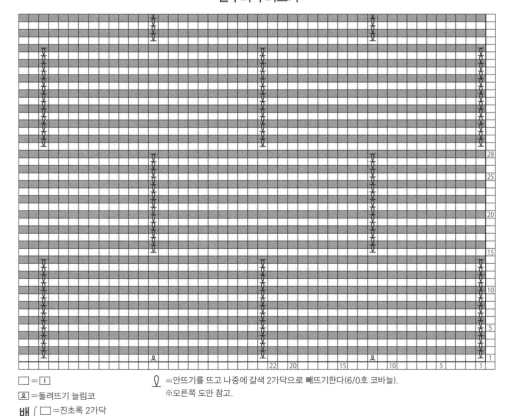

□ = ①
호 =돌려뜨기 늘림코

배색 { □ =진초록 2가닥
       ▨ =진초록과 갈색 2가닥

요 =안뜨기를 뜨고 나중에 갈색 2가닥으로 빼뜨기한다(6/0호 코바늘).
※오른쪽 도안 참고.

벨트

□ = ①

배색 { □ =갈색 2가닥
       ▨ =진초록 2가닥

빼뜨기하는 법

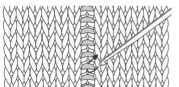

화살표처럼 니들 루프 1가닥을 주워서 빼뜨기한다

139

안뜨기 걸러뜨기
(2단)

※ 일본어 사이트

재료

실…Silk HASEGAWA 고하루 시스 하늘색(1121 WAN) 290g 12볼, 기교 갈색(3 BURRO) 230g 10볼, 세이카 12 갈색(5 CARAMEL) 50g 2볼
단추…길이 40mm 토글단추×2개

도구

대바늘 9호·7호, 코바늘 7/0호

완성 크기

가슴둘레 111cm, 기장 55cm, 회장 68cm

게이지(10×10cm)

줄무늬 무늬뜨기 A 16.5코×36단, 줄무늬 무늬뜨기 B 16.5코×40단

POINT

●몸판, 소매…몸판은 손가락에 걸어서 만드는 기초코로 뜨개를 시작해서 줄무늬 가터뜨기 A, 줄무늬 무늬뜨기 A, 가터뜨기, 줄무늬 무늬뜨기 B를 합니다. 2코 이상의 줄임코는 덮어씌우기, 1코 늘림

코는 1코 안쪽에서 돌려뜨기 늘림코를 합니다. 앞판은 계속해서 뒤판 목둘레를 뜨고, 뜨개 끝은 덮어씌워 코막음합니다. 어깨는 메리야스 잇기를 합니다. 소매는 몸판에서 코를 주워서 가터뜨기와 줄무늬 무늬뜨기 B, A를 합니다. 소매 밑선의 줄임코는 가장자리 1코를 세워서 줄임코를 합니다. 소맷부리는 줄무늬 가터뜨기 B를 하고, 뜨개 끝은 덮어씌워 코막음합니다.

●마무리…겨드랑이는 코와 단 잇기, 옆선, 소매 밑선은 떠서 꿰매기를 합니다. 뒤판 목둘레의 뜨개 끝끼리는 편물의 안면을 맞대서 메리야스 잇기, ★, ☆끼리는 코와 단 잇기로 연결합니다. 앞단·목둘레 주변은 지정된 콧수만큼 주워서 가터뜨기를 하는데, 목둘레 부분은 접히기 때문에 안면에서 바늘을 넣어서 코를 주우니 주의하세요. 뜨개 끝은 안면에서 덮어씌워 코막음합니다. 오른쪽 앞단에 단춧고리를 뜹니다. 단추를 달아서 마무리합니다.

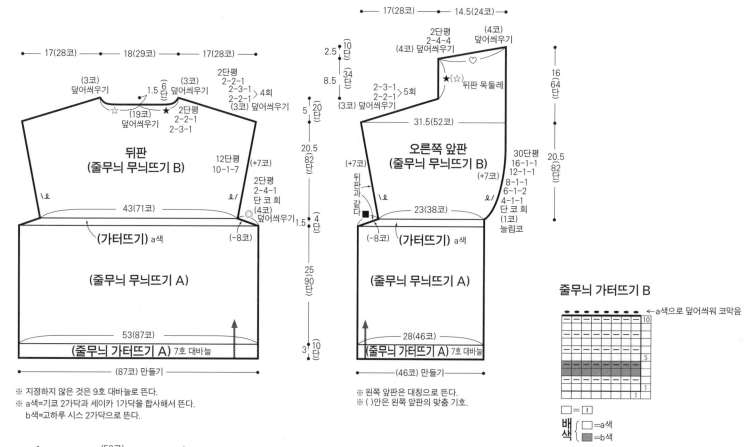

※ 지정하지 않은 것은 9호 대바늘로 뜬다.
※ a색=기교 2가닥과 세이카 1가닥을 합사해서 뜬다.
　 b색=고하루 시스 2가닥으로 뜬다.

※ 왼쪽 앞판은 대칭으로 뜬다.
※ ( )안은 왼쪽 앞판의 맞춤 기호.

줄무늬 가터뜨기 B

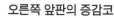

←a색으로 덮어씌워 코막음

배색
□ =a색
■ =b색

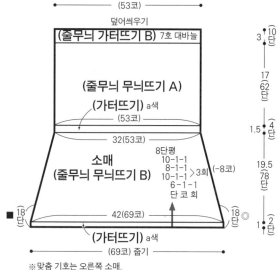

※맞춤 기호는 오른쪽 소매.

오른쪽 앞판의 증감코

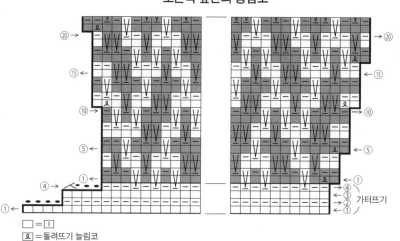

□ =□
ⵕ =돌려뜨기 늘림코

줄무늬 무늬뜨기 A

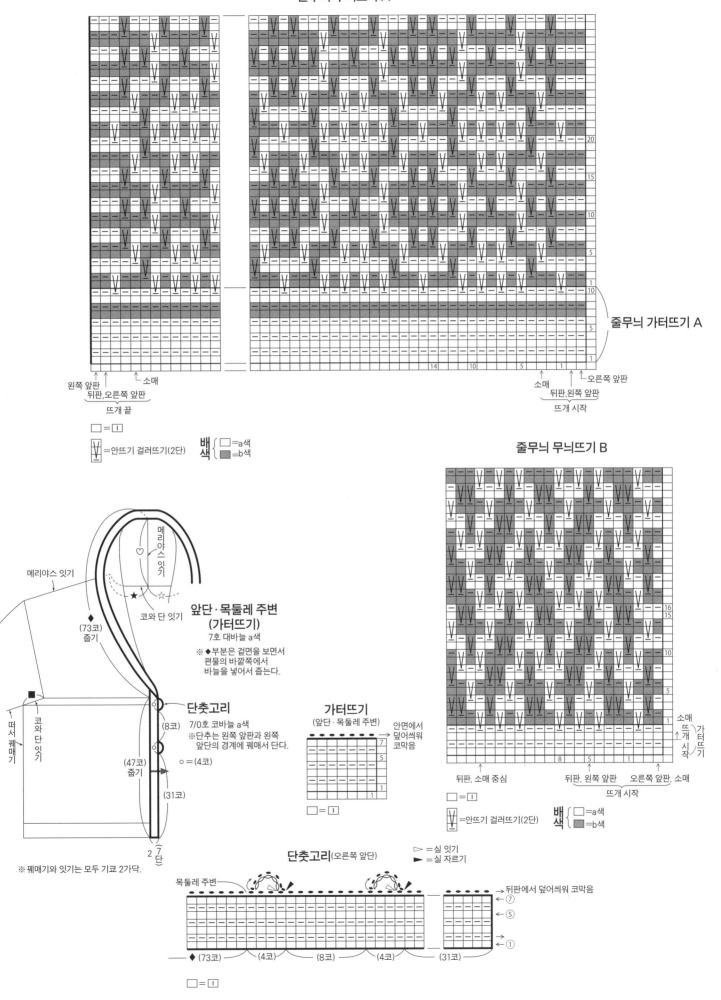

줄무늬 가터뜨기 A

왼쪽 앞판
뒤판,오른쪽 앞판 ← 소매
뜨개 끝

소매
뒤판,왼쪽 앞판
뜨개 시작
오른쪽 앞판

□ = ▣

▼ = 안뜨기 걸러뜨기(2단)

배색 { □=a색
       ▨=b색 }

줄무늬 무늬뜨기 B

앞단·목둘레 주변
(가터뜨기)
7호 대바늘 a색

※◆부분은 겉면을 보면서
편물의 바깥쪽에서
바늘을 넣어서 줍는다.

메리야스 잇기
메리야스 잇기
코와 단 잇기
(73코) 줍기
코와 단 잇기
떠서 꿰매기

단춧고리
7/0호 코바늘 a색
※단추는 왼쪽 앞판과 왼쪽
앞단의 경계에 꿰매서 단다.
○ = (4코)

(8코)
(47코) 줍기
(31코)
2 (7단)

※꿰매기와 잇기는 모두 기교 2가닥.

가터뜨기
(앞단·목둘레 주변)

안면에서
덮어씌워
코막음

□ = ▣

뒤판, 소매 중심
뒤판, 왼쪽 앞판
오른쪽 앞판, 소매
뜨개 시작

소매
뜨개시작
가터뜨기 시작

□ = ▣

▼ = 안뜨기 걸러뜨기(2단)

배색 { □=a색
       ▨=b색 }

단춧고리(오른쪽 앞단)

▷ = 실 잇기
▶ = 실 자르기

목둘레 주변
→ 뒤판에서 덮어씌워 코막음

— ◆(73코) — (4코) — (8코) — (4코) — (31코) —

□ = ▣

리버서블 니트
33 page 작품 ★★★

고하루 시스

긴가-3

**3코·3단 걸쳐뜨기의
중심 끌어올려뜨기**

※ 일본어 사이트

재료
실···Silk HASEGAWA 고하루 시스 겨자색(K11 SUNSET) 170g 7볼, 긴가-3 연한 연두색(117 PALM) 25g 1볼
단추···지름 17mm×3개
도구
대바늘 5호, 코바늘 5/0호
완성 크기
폭 51cm, 길이 97cm
게이지(10×10cm)
줄무늬 무늬뜨기 21코×41단

POINT
●겨자색으로 사슬뜨기 기초코로 뜨개를 시작해서 줄무늬 무늬뜨기를 합니다. 193단까지 뜬 다음 오른쪽의 38코는 쉼코를 하고 다음 단에서 별도 사슬 기초코에서 코를 주운 다음 계속해서 뜹니다. 뜨개 끝은 덮어씌워 코막음합니다. 가장자리는 테두리뜨기로 원형뜨기를 하는데 쉼코와 별도 사슬 기초코 부분이 변형되므로 주의하세요. 지정된 위치에 단춧구멍을 냅니다. 단추를 달아서 마무리합니다.

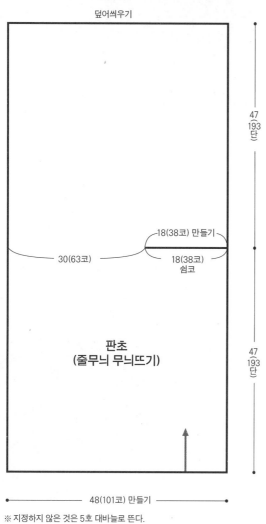

48(101코)
덮어씌우기

47(193단)

18(38코) 만들기
30(63코)
18(38코) 쉼코

47(193단)

판초
(줄무늬 무늬뜨기)

48(101코) 만들기

※ 지정하지 않은 것은 5호 대바늘로 뜬다.

► = 실 자르기

테두리뜨기

④
③
②
①
2코 1무늬

※목둘레 트임 첫 단은 변형된 모양이므로 143페이지를 참고하세요.

단추 다는 법

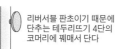

리버서블 판초이기 때문에 단추는 테두리뜨기 4단의 코머리에 꿰매서 단다

줄무늬 무늬뜨기

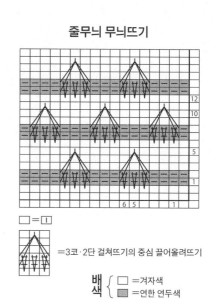

□ = ☐

⌁ =3코·2단 걸쳐뜨기의 중심 끌어올려뜨기

배색 { □ =겨자색
⬚ =연한 연두색

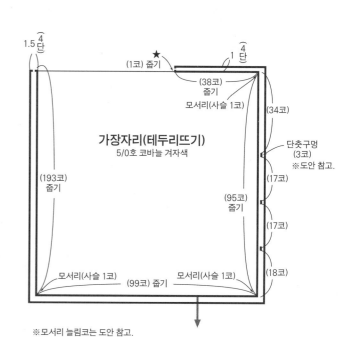

1.5(4단)
(1코) 줍기 ★
(38코) 줍기
모서리(사슬 1코)
1(4단)
(34코)
단춧구멍 (3코)
※도안 참고.
(193코) 줍기
(17코)
(95코) 줍기
가장자리(테두리뜨기)
5/0호 코바늘 겨자색
(17코)
(18코)
모서리(사슬 1코)
(99코) 줍기
모서리(사슬 1코)

※ 모서리 늘림코는 도안 참고.

142

144페이지에서 이어집니다. ◀

단춧구멍과 모서리 뜨는 법

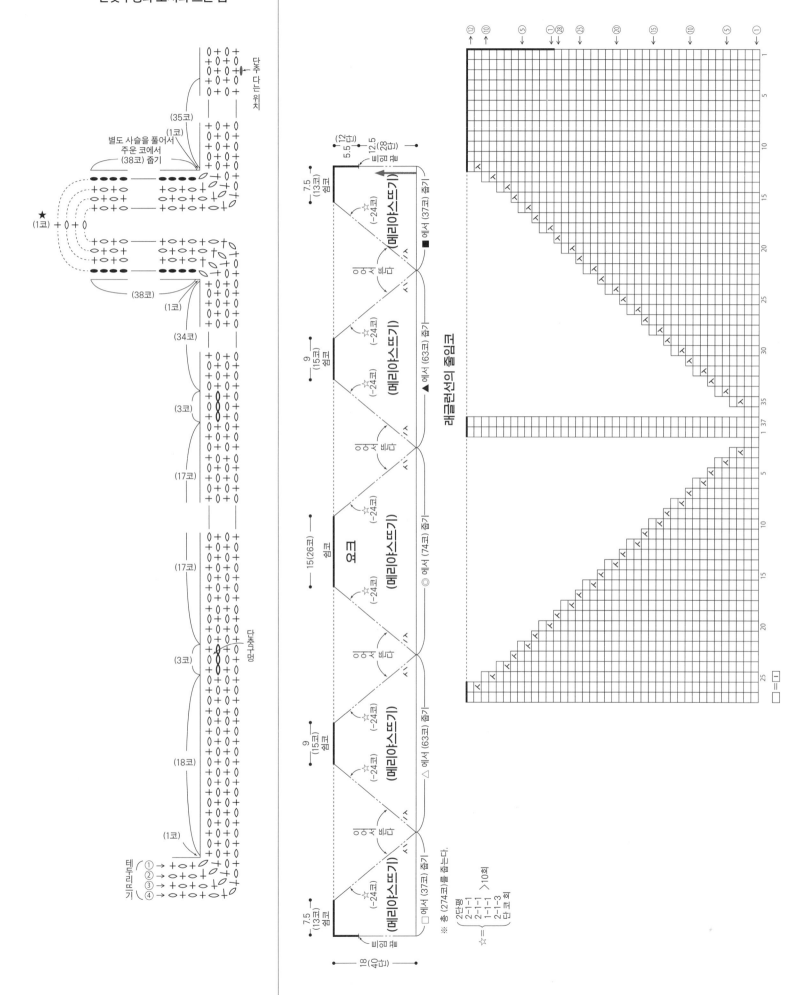

레글런선의 줄임코

143

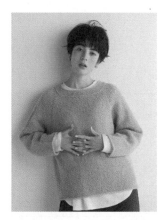

재료
실…Keito 카라모프 핑크(06) 300g 3타래
단추…지름 12mm×1개
도구
대바늘 10호
완성 크기
가슴둘레 102cm, 기장 53cm, 화장 68cm
게이지(10×10cm)
메리야스뜨기 17코×22.5단
POINT
●손가락에 실을 걸어서 기초코를 만들어 뜨기 시

작하고, 메리야스뜨기로 원형뜨기합니다. 뒤판은 앞뒤 단차로 7단 왕복으로 뜹니다. 소매 밑선의 늘림코는 도안을 참고합니다. 뜨개 끝은 쉼코를 합니다. 거싯과 앞뒤 단차의 맞춤 기호는 메리야스 잇기와 코와 단 잇기로 합칩니다. 요크는 뒤중심에 실을 잇고, 몸판과 소매에서 코를 주워 도안을 참고해 줄임코를 하면서 메리야스뜨기로 28단 원형 뜨기합니다. 29단부터는 왕복으로 뜹니다. 이어서 목둘레를 테두리뜨기로 뜹니다. 뜨개 끝은 안면에서 덮어씌워 코막음합니다. 단춧고리를 만들고 단추를 달아 완성합니다.

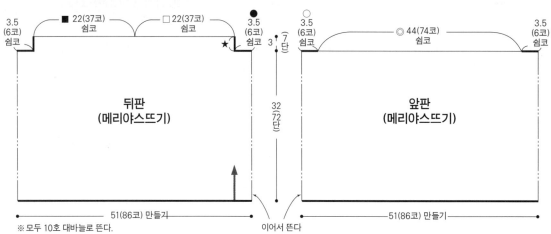

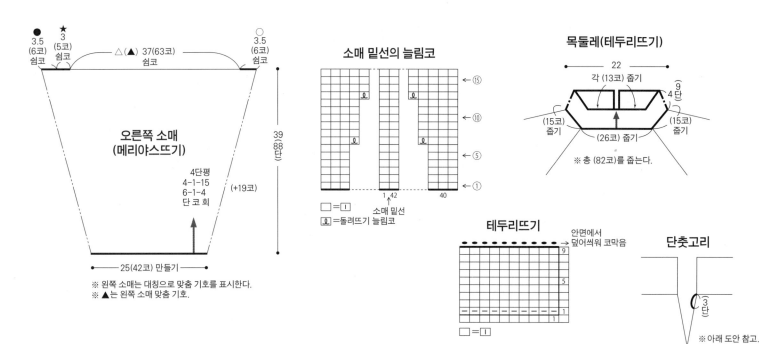

단춧고리

1
돗바늘에 실을 꿰고, 편물에 실을 걸쳐서 심지실로 사용한다.

2
고리 크기를 조절하고, 심지실에 버튼홀스티치를 한다.

3
심지실이 보이지 않도록 메우면서 스티치한다.

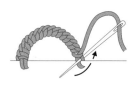

4
마지막은 화살표처럼 바늘을 통과시켜 조이고, 안면에서 실 정리를 한다.

◀ 143페이지로 이어집니다.

다이아 캐롤리나

다이아 타탄

테디

안뜨기 걸쳐뜨기
(2단)

실을 가로로 걸치는
배색무늬뜨기

※ 일본어 사이트 　　※ 일본어 사이트

뜨면서 되돌아뜨기　**되돌아 짧은뜨기**

※ 일본어 사이트 　　※ 일본어 사이트

재료
실…다이아몬드케이토 다이아 캐롤리나 연회색·
보라색 계열 믹스(4601) 185g 7볼. 노란색·하늘
색·초록색 계열 믹스(4602) 70g 3볼. 다이아 타
탄 남색(3409) 90g 3볼, 청록색(3405) 30g 1볼.
테디 회색(9) 70g 1볼.
단추…지름 21mm×4개

도구
대바늘 6호·10호·12호·15호·7mm·8mm, 코바늘
7/0호

완성 크기
가슴둘레 99.5cm, 기장 41cm, 회장 67.5cm

게이지(10×10cm)
줄무늬 무늬뜨기 A · A' · B 21.5코×40단

POINT
●몸판, 소매…오른쪽 뒤판. 앞판은 별도 사슬 기
초코로 뜨개를 시작해서 줄무늬 무늬뜨기 A를 합
니다. 목둘레의 늘림코는 첫 코는 1코 안쪽에서 돌
려뜨기 늘림코, 2코부터는 감아뜨기를 합니다. 어
깨 줄임코는 가장자리 1코를 세워서 줄임코합니
다. 뜨개 끝은 옆선은 덮어씌우기, 그밖에는 쉼코

를 합니다. 왼쪽 뒤판은 기코초 사슬을 풀어서 코
를 줍고 줄무늬 무늬뜨기 A를 같은 방법으로 뜹니
다. 앞단은 기초코 사슬을 풀어서 테두리뜨기 A를
하고 오른쪽 앞단에는 단춧구멍을 냅니다. 어깨는
떠서 꿰매기합니다. 소매는 몸판의 쉼코에서 코를
줍고 도안을 참고하면서 가터뜨기로 되돌아뜨기합
니다. 계속해서 줄무늬 무늬뜨기 B를 뜹니다. 소매
밑선의 줄임코는 어깨와 같은 방법으로 뜹니다. 소
맷부리는 도안을 참고해 줄임코를 하면서 줄무늬
무늬뜨기 A', 1코 고무뜨기를 합니다. 뜨개 끝은 무
늬뜨기를 계속하면서 덮어씌워 코막음합니다.
●마무리…옆선은 메리야스잇기, 소매 밑선은 떠서
꿰매기합니다. 몸판의 지정된 위치에 회색을 통과
시킵니다. 밑단은 앞뒤판을 이어서 코를 줍고, 테두
리뜨기 B를 합니다. 뜨개 끝은 소맷부리와 같은 방
법으로 뜹니다. 밑단, 소맷부리은 안쪽으로 접어서
휘감아 꿰맵니다. 목둘레는 지정된 콧수만큼 줍고
게이지를 조정하면서 안메리야스뜨기를 합니다.
뜨개 끝은 안면에서 느슨하게 덮어씌어 코막음합니
다. 단추를 달아서 마무리합니다.

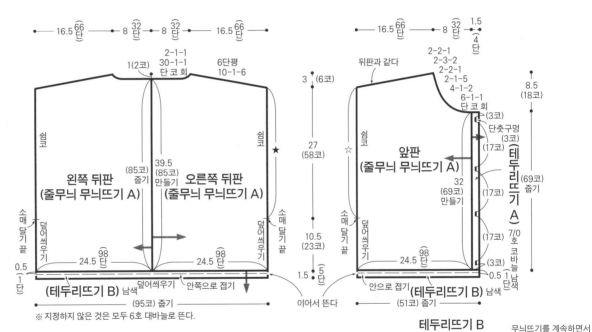

※ 지정하지 않은 것은 모두 6호 대바늘로 뜬다.

목둘레(안메리야스 뜨기) 회색
게이지 조정 ※도안 참고.

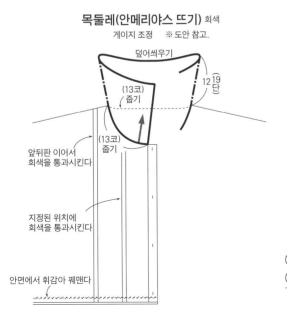

앞뒤판 이어서
회색을 통과시킨다

지정된 위치에
회색을 통과시킨다

안면에서 휘감아 꿰맨다

안메리야스 뜨기

안면에서 느슨하게
덮어씌어 코막음

8mm 대바늘
7mm 대바늘
15호 대바늘
12호 대바늘
10호 대바늘

테두리뜨기 B
무늬뜨기를 계속하면서
덮어씌워 코막음

접는 선

□ = ①

테두리뜨기 A

~ =되돌아 짧은뜨기
+ =되돌아 짧은뜨기
► = 실 자르기

2코 1무늬

단춧구멍(오른쪽 앞판)

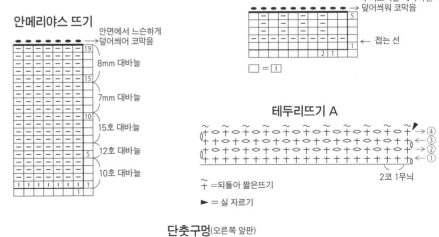

(3코) (3코) (17코) (17코) (3코) (17코) (3코) (3코)

146페이지로 이어집니다. ▶

▶ 145페이지에서 이어집니다.

줄무늬 무늬뜨기 B

줄무늬 무늬뜨기 A

오른쪽 앞판 목둘레 늘림코

왼쪽 앞판 목둘레 늘림코

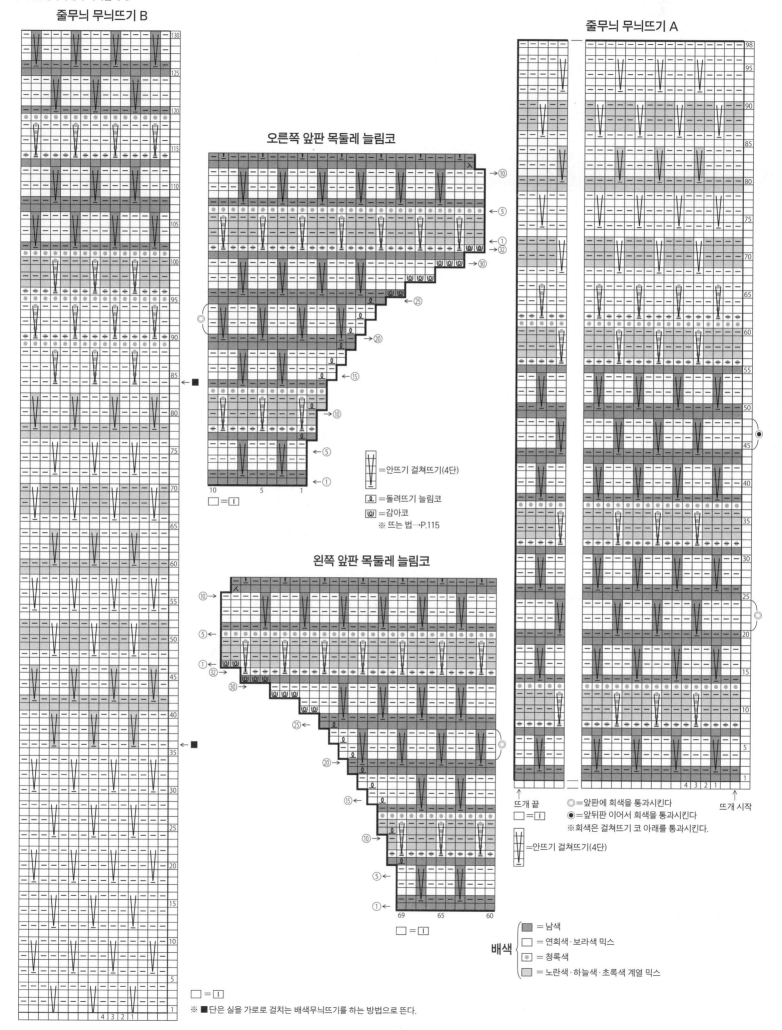

=안뜨기 걸쳐뜨기(4단)

□=|

Ⅰ=돌려뜨기 늘림코

ꪛ=감아코

※ 뜨는 법→P.115

□=|

□=|

뜨개 끝
□=|

◎=앞판에 회색을 통과시킨다
●=앞뒤판 이어서 회색을 통과시킨다
※회색은 걸쳐뜨기 코 아래를 통과시킨다.

뜨개 시작

=안뜨기 걸쳐뜨기(4단)

배색 {
■ = 남색
□ = 연회색·보라색 믹스
◦ = 청록색
▨ = 노란색·하늘색·초록색 계열 믹스
}

※ ■단은 실을 가로로 걸치는 배색무늬뜨기를 하는 방법으로 뜬다.

146

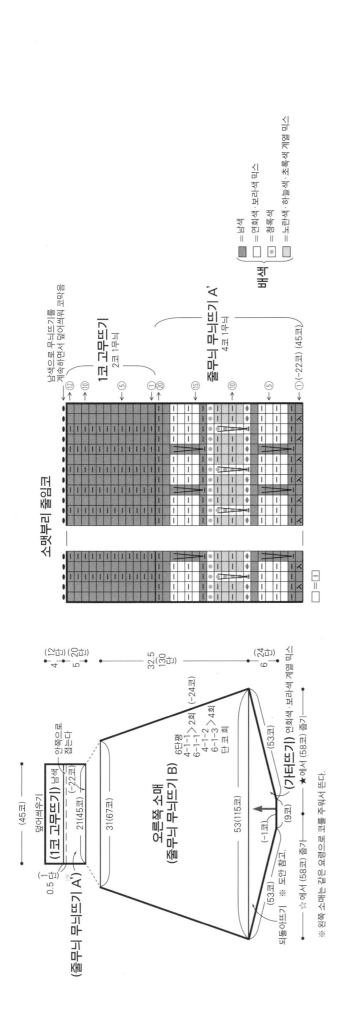

소맷부리 줄임코

(줄무늬 무늬뜨기 A')

1코 고무뜨기
2코 1무늬

줄무늬 무늬뜨기 A'
4코 1무늬

배색
= 남색
= 연회색·보라색 믹스
= 청록색
= 노란색·하늘색·초록색 계열 믹스

□ = □

오른쪽 소매
(줄무늬 무늬뜨기 B)

6단평
4-1-1 〉 2회
6-1-1 〉
4-1-2 〉 4회
6-1-3 〉
단 코 회

(가터뜨기) 연회색·보라색 계열 믹스

★ 에서 소매는 같은 요령으로 코를 주워서 뜬다.
※ 왼쪽 소매는 오른쪽 소매와 좌우 대칭으로 뜬다.

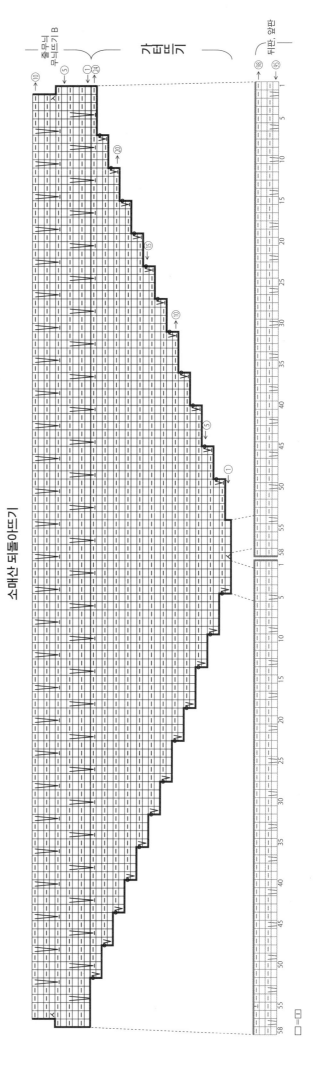

소매산 되돌아뜨기

□ = □

다이아 타탄

다이아 오브

한길 긴 5코
팝콘뜨기

※ 일본어 사이트

재료

다이아몬드케이토
[재킷] 실… 다이아 타탄 검정색(3411) 275g 8볼,
다이아 오프 베이지(4402) 245g 9볼
단추…지름 20mm×5개
[치마] 실… 다이아 타탄 검정색(3411) 550g 16
볼, 다이아 오브 베이지(4402) 30g 1볼.
고무벨트…폭 30mm×길이 66cm

도구

코바늘 6/0호

완성 크기

[재킷] 가슴둘레 100cm, 어깨너비 43cm, 기장 43
cm, 소매길이 52.5cm
[치마] 허리둘레 64cm, 치마 길이 78.5cm

게이지(10×10cm)

줄무늬 무늬뜨기 25.5코×21단, 무늬뜨기 25.5코
×20단

POINT

●재킷…몸판, 소매는 검정색으로 사슬뜨기 기초
코로 뜨개를 시작해서 줄무늬 무늬뜨기를 합니다.
증감코는 도안을 참고하세요. 어깨는 빼뜨기잇기,
옆선과 소매 밑선은 떠서 꿰매기합니다. 밑단·앞
단·목둘레는 테두리뜨기 A, B를 계속해서 뜹니다.
소맷부리는 테두리뜨기 B를 원형뜨기합니다. 소매
는 빼뜨기잇기로 몸판과 연결합니다. 단추를 달아
서 마무리합니다.
●스커트…검정색으로 사슬뜨기 기초코로 뜨개를
시작해서 줄무늬 무늬뜨기와 무늬뜨기를 합니다.
줄임코는 도안을 참고하세요. 옆선은 떠서 꿰매기
를 합니다. 밑단은 줄무늬 테두리뜨기를 원형뜨기
합니다. 벨트는 지정된 콧수만큼 주워서 테두리뜨
기 C를 원형뜨기합니다. 고무벨트는 2cm 겹쳐 꿰
매서 원형으로 만듭니다. 벨트는 고무벨트를 끼워
서 안면으로 접은 다음 느슨하게 휘감아 꿰매기를
합니다.

재킷

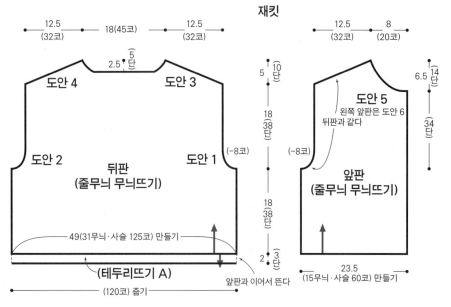

※ 모두 6/0호 코바늘로 뜬다.
※ 지정하지 않은 것은 모두 검정색으로 뜬다.

줄무늬 무늬뜨기

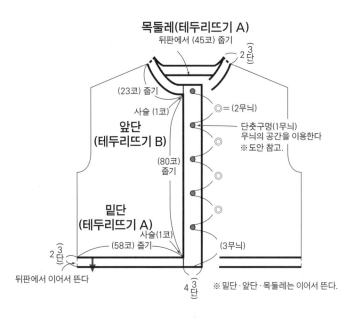

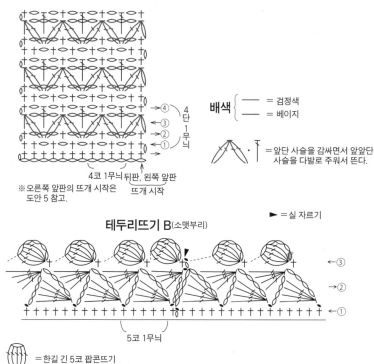

배색 {
— = 검정색
— = 베이지

►=실 자르기

= 한길 긴 5코 팝콘뜨기
※짧은뜨기의 코머리에 뜬다.

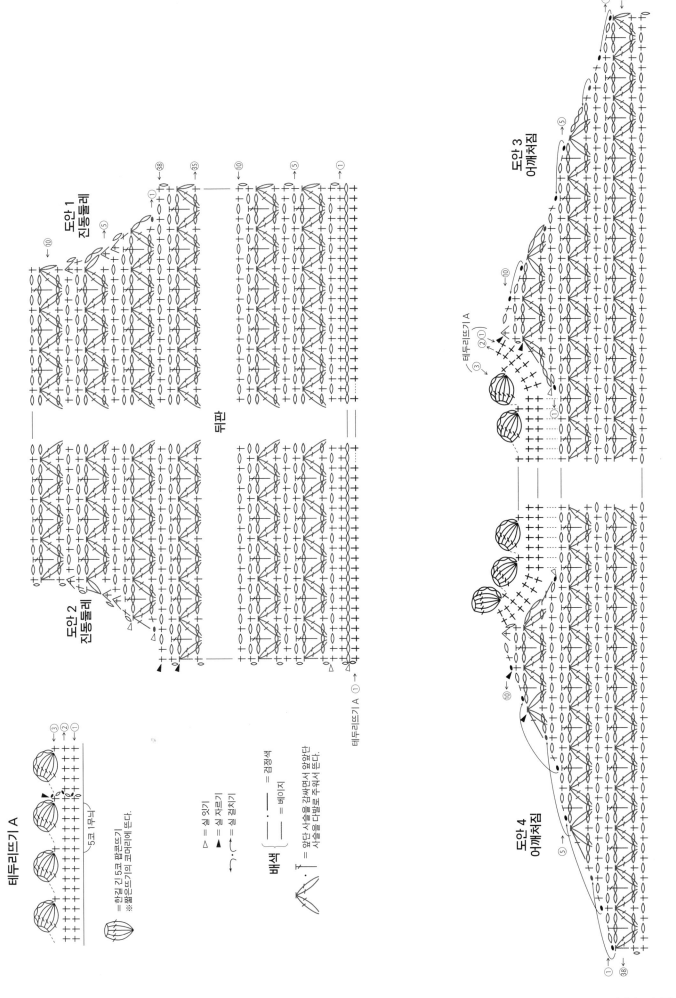

도안 1
진동둘레

도안 2
진동둘레

뒤판

테두리뜨기 A ①→

도안 3
어깨처짐

테두리뜨기 A

도안 4
어깨처짐

테두리뜨기 A

5코 1무늬

= 한길 긴 5코 팝콘뜨기
※짧은뜨기 5코머리의 코머리에 뜬다.

△ = 실 잇기
▲ = 실 자르기
⌒. = 실 걸치기

배색
— · — = 검정색
——— = 베이지

= 앞단 사슬을 감싸면서 앞앞단
사슬을 다발로 주워서 뜬다.

150페이지로 이어집니다. ▶

▶ 149페이지에서 이어집니다.

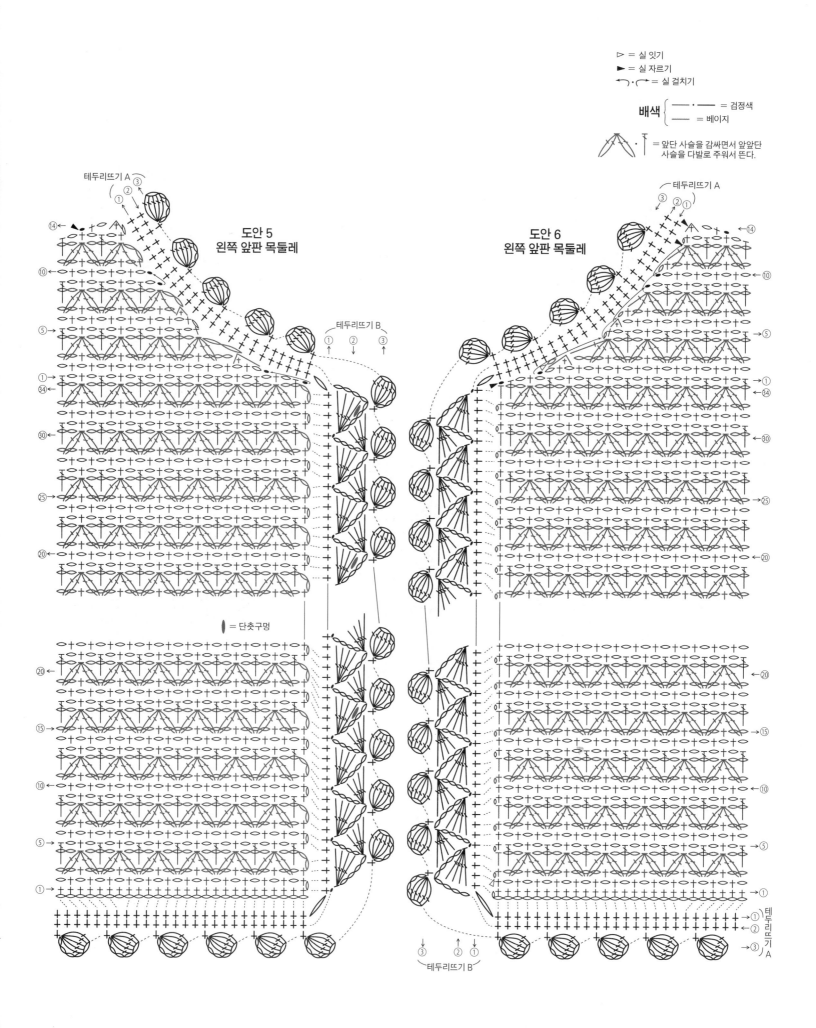

▷ = 실 잇기
► = 실 자르기
↶·↷ = 실 걸치기

배색 { —·— = 검정색
— = 베이지

= 앞단 사슬을 감싸면서 앞앞단
사슬을 다발로 주워서 뜬다.

테두리뜨기 A

도안 5
왼쪽 앞판 목둘레

도안 6
왼쪽 앞판 목둘레

테두리뜨기 B

= 단춧구멍

테두리뜨기 B

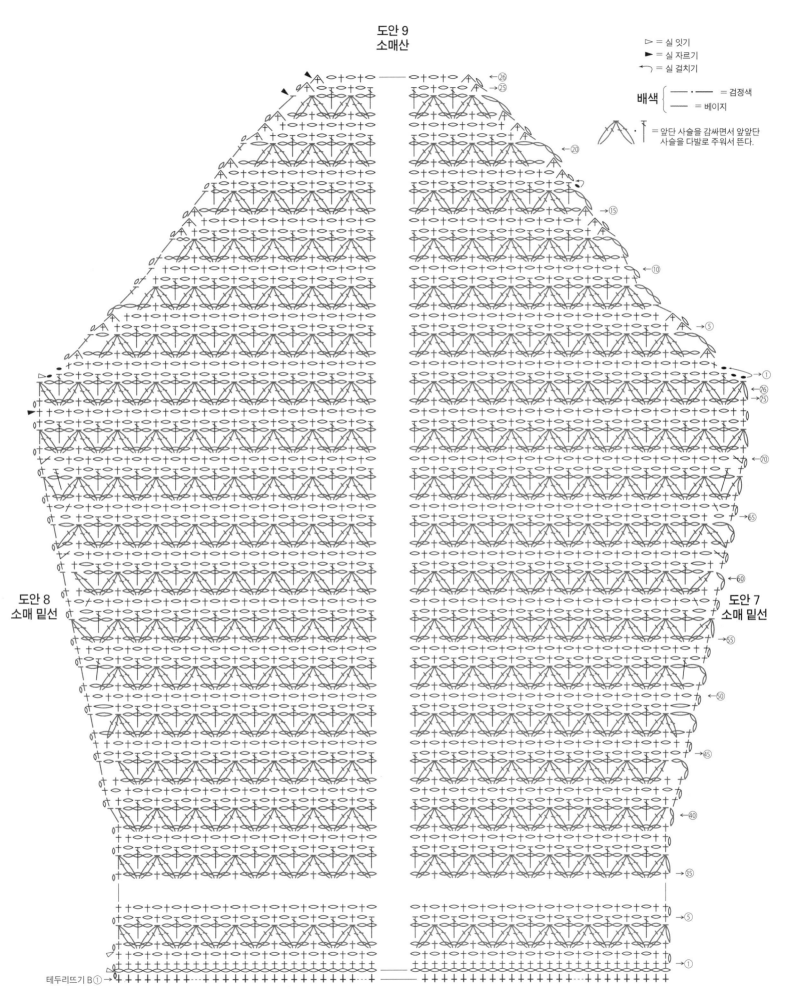

도안 9
소매산

▷ = 실 잇기
► = 실 자르기
↰ = 실 걸기

배색 { —·—·— = 검정색
         ——— = 베이지

= 앞단 사슬을 감싸면서 앞앞단
사슬을 다발로 주워서 뜬다.

도안 8
소매 밑선

도안 7
소매 밑선

테두리뜨기 B①→

152페이지로 이어집니다. ►

▶ 151페이지에서 이어집니다.

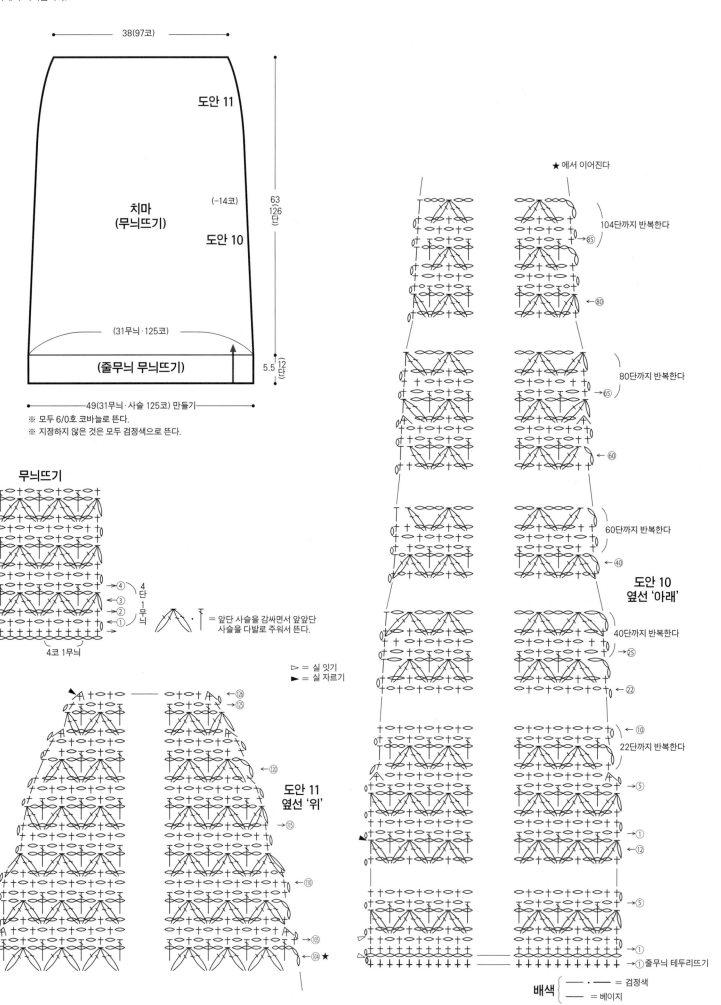

38(97코)

도안 11

치마
(무늬뜨기)

(-14코)

63
126
단

도안 10

(31무늬·125코)

(줄무늬 무늬뜨기)

5.5 12
단

49(31무늬·사슬 125코) 만들기

※ 모두 6/0호 코바늘로 뜬다.
※ 지정하지 않은 것은 모두 검정색으로 뜬다.

무늬뜨기

④
단
③
1
②
무
①
늬

4코 1무늬

✦ = 앞단 사슬을 감싸면서 앞앞단
사슬을 다발로 주워서 뜬다.

▷ = 실 잇기
► = 실 자르기

★ 에서 이어진다

104단까지 반복한다
85
80

80단까지 반복한다
65
60

60단까지 반복한다
40

도안 10
옆선 '아래'

40단까지 반복한다
25
22

10
22단까지 반복한다
5
1
12
5
1

①줄무늬 테두리뜨기

도안 11
옆선 '위'

126
125
120
115
110
105
104 ★

배색 { —·— = 검정색
— = 베이지 }

152

벨트(테두리뜨기 C)

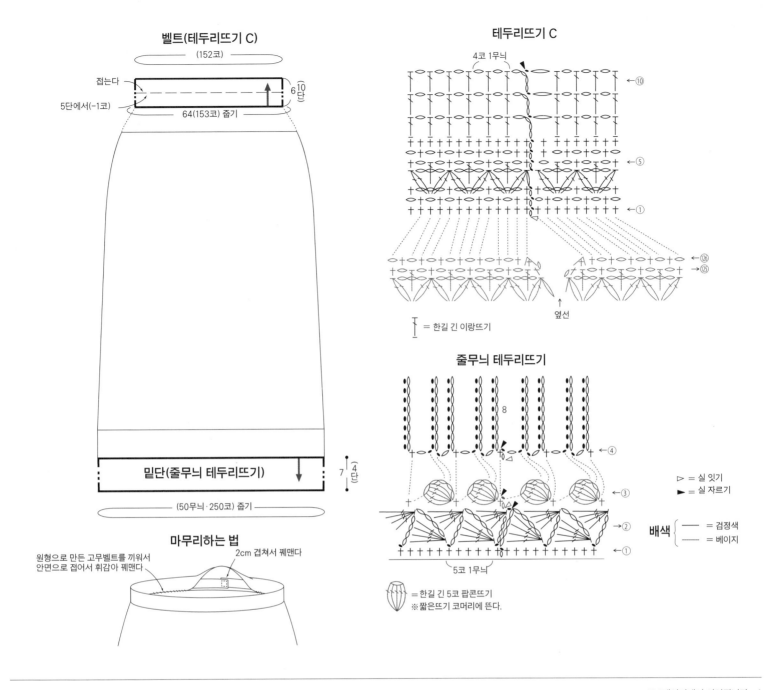

(152코)

접는다
5단에서(-1코)
64(153코) 줍기
6(10)단

밑단(줄무늬 테두리뜨기)

7(4)단
(50무늬·250코) 줍기

마무리하는 법

원형으로 만든 고무벨트를 끼워서
안면으로 접어서 휘감아 꿰맨다
2cm 겹쳐서 꿰맨다

테두리뜨기 C

←⑩
4코 1무늬
←⑤
←①
←⑫⑥
←⑫⑤
옆선

┃ = 한길 긴 이랑뜨기

줄무늬 테두리뜨기

8
←④
←③
→②
→①
5코 1무늬

▷ = 실 잇기
▶ = 실 자르기

배색 {
— = 검정색
— = 베이지
}

= 한길 긴 5코 팝콘뜨기
※ 짧은뜨기 코머리에 뜬다.

154페이지에서 이어집니다. ◀

복고양이 마무리하는 법

※소나무, 대나무, 매화, 얼룩무늬는 각각의 색 실을 가른 것으로 꿰매 붙인다.

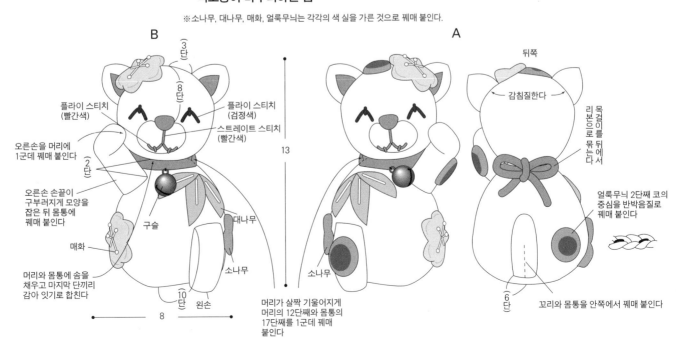

B

(3)단
(8)단

플라이 스티치
(빨간색)

오른손을 머리에
1군데 꿰매 붙인다

(2)단

오른손 손끝이
구부러지게 모양을
잡은 뒤 몸통에
꿰매 붙인다

매화

구슬

대나무

소나무

머리와 몸통에 솜을
채우고 마지막 단끼리
감아 잇기로 합친다

(10)단
왼손

8

플라이 스티치
(검정색)

스트레이트 스티치
(빨간색)

13

A

뒤쪽

감침질한다

리본으로 목걸이를 묶는다

소나무

얼룩무늬 2단째 코의
중심을 반박음질로
꿰매 붙인다

꼬리와 몸통을 안쪽에서 꿰매 붙인다

(6)단

머리가 살짝 기울어지게
머리의 12단째와 몸통의
17단째를 1군데 꿰매
붙인다

153

재료

DARUMA 둘시안 모혼병태, 라메 레이스실# 30, 실의 색이름·색번호·사용량은 도안의 표를 참고 하세요.

도구

코바늘 6/0호, 레이스바늘 2호

완성 크기

도안 참고

POINT

●도안을 참고해 각 파트를 뜹니다. 마무리하는 법 을 참고해 완성합니다.

복고양이 ※모두 6/0호 코바늘로 뜬다.

실 사용량과 부자재

	실이름	색이름(색번호)	사용량	부자재
A	둘시안 모혼병태	에크뤼(42)	28g	수예 솜 적당히 지름 13mm 방울(금색) 1개
		핑크(55)	각 3g	
		빨간색(5)		
		검정색(20)		
		초록색(11)	각 2g	
		황록색(51)		
		갈색(47)		
	라메 레이스실#30	금색(1)	조금	
B	둘시안 모혼병태	에크뤼(42)	28g	수예 솜 적당히 지름 13mm 방울(금색) 1개
		핑크(55)	각 3g	
		빨간색(5)		
		초록색(11)	각 2g	
		황록색(51)		
		검정색(20)	조금	
	라메 레이스실#30	금색(1)	조금	

귀 안 빨간색 각 2개

귀 에크뤼 각 2개

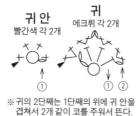

머즐 에크뤼 각 1개

※귀의 2단째는 1단째의 위에 귀 안을 겹쳐서 2개 같이 코를 주워서 뜬다.

코 빨간색 각 1개

얼룩무늬 A:4개

※1단째는 검정색, 2단째는 갈색으로 뜬다.
※2단째의 빼뜨기는 전단의 뒤쪽 반 코를 주워서 뜬다.

머리 에크뤼 각 1개
목 쪽

▷ = 실 잇기
► = 실 자르기

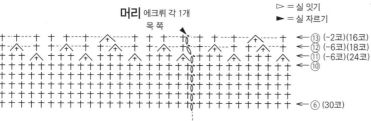

←⑬ (-2코)(16코)
←⑫ (-6코)(18코)
←⑪ (-6코)(24코)
←⑩
←⑥ (30코)

목걸이 빨간색 각 1개

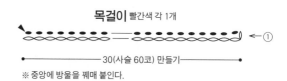

←①

30(사슬 60코) 만들기

※중앙에 방울을 꿰매 붙인다.

머리의 늘림코

단	콧수	
5단	30코	(+6코)
4단	24코	(+6코)
3단	18코	(+6코)
2단	12코	(+6코)
1단	6코	

몸통 에크뤼 각 1개
목 쪽

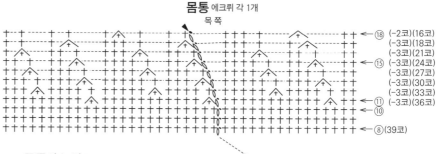

←⑱ (-2코)(16코)
(-3코)(18코)
(-3코)(21코)
←⑮ (-3코)(24코)
(-3코)(27코)
(-3코)(30코)
(-3코)(33코)
←⑪ (-3코)(36코)
←⑩
←⑧ (39코)

꼬리 에크뤼 각 1개

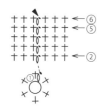

←⑥
←⑤
←②

손 에크뤼 각 2개

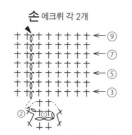

←⑨
←⑦
←⑤
←③

②

※A의 오른손과 B의 왼손은 7단째까지 뜨고 실을 자른다.

몸통의 늘림코

단	콧수	
7단	39코	(+3코)
6단	36코	(+4코)
5단	32코	(+4코)
4단	28코	(+7코)
3단	21코	(+7코)
2단	14코	(+7코)
1단	7코	

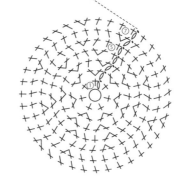

매화 핑크 각 2개

※안면을 겉으로 사용.

프렌치 노트 스티치 2회 감기 (금색 2겹)

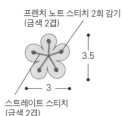

3.5

3

스트레이트 스티치 (금색 2겹)

대나무 황록색 각 1개

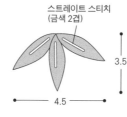

①
②
③

스트레이트 스티치 (금색 2겹)

4.5

소나무 초록색 각 1개

②
①

3.5

스트레이트 스티치 (금색 2겹)

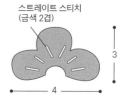

3

4

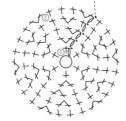

◀ 153페이지로 이어집니다.

오뚝이 ※지정하지 않은 것은 6/0호 코바늘로 뜬다.

실 사용량과 부자재

	실이름	색이름(색번호)	사용량	부자재
C	둘시안 모혼병태	빨간색(5)	27g	수예 솜 적당히
		베이지(7)	4g	
		검정색(20)	2g	
		하얀색(1)	1g	
	라메 레이스실#30	금색(1)	2g	
D	둘시안 모혼병태	하얀색(1)	28g	수예 솜 적당히
		베이지(7)	4g	
		검정색(20)	2g	
	라메 레이스실#30	금색(1)	2g	

▷ = 실 잇기
► = 실 자르기

얼굴 베이지 각 1개

오른쪽 눈과 눈썹 각 1개 왼쪽 눈과 눈썹 각 1개

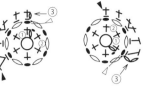

※ 1, 3단째는 검정색, 2단째는 하얀색으로 뜬다.
※ 2단째의 빼뜨기와 3단째는 전단의 뒤쪽 반 코를 주워서 뜬다.

본체 C:빨간색 1개, D:하얀색 1개

솜을 채우고, 마지막 단 코에 실을 통과시켜 오므린다

수염 검정색 각 2개

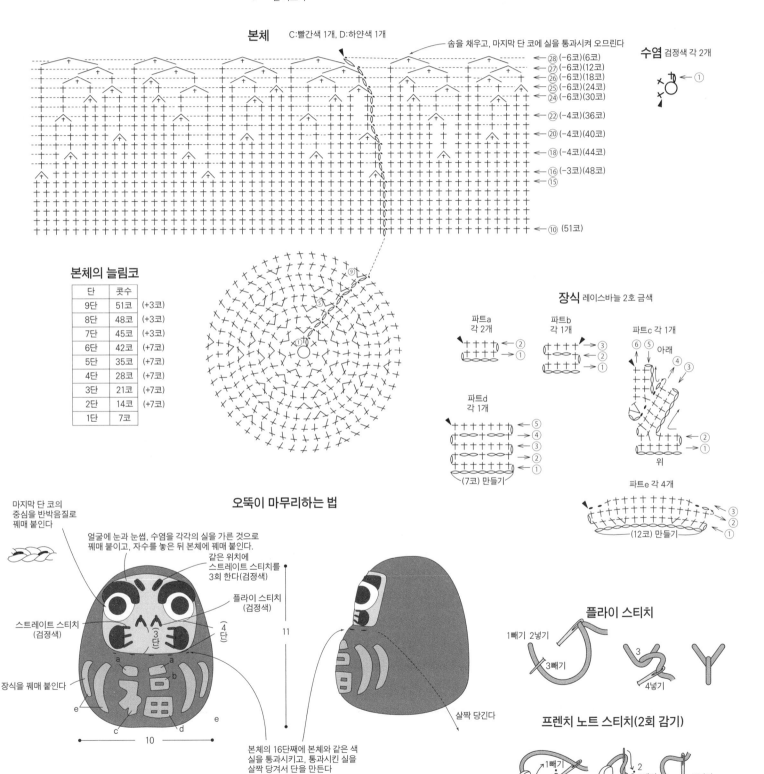

28 (-6코)(6코)
27 (-6코)(12코)
26 (-6코)(18코)
25 (-6코)(24코)
24 (-6코)(30코)
22 (-4코)(36코)
20 (-4코)(40코)
18 (-4코)(44코)
16 (-3코)(48코)
15
10 (51코)

본체의 늘림코

단	콧수	
9단	51코	(+3코)
8단	48코	(+3코)
7단	45코	(+3코)
6단	42코	(+7코)
5단	35코	(+7코)
4단	28코	(+7코)
3단	21코	(+7코)
2단	14코	(+7코)
1단	7코	

장식 레이스바늘 2호 금색

파트a 각 2개

파트b 각 1개

파트c 각 1개 아래

파트d 각 1개

(7코) 만들기

위

파트e 각 4개

(12코) 만들기

오뚝이 마무리하는 법

마지막 단 코의 중심을 반박음질로 꿰매 붙인다

얼굴에 눈과 눈썹, 수염을 각각의 실을 가른 것으로 꿰매 붙이고, 자수를 놓은 뒤 본체에 꿰매 붙인다.

같은 위치에 스트레이트 스티치를 3회 한다(검정색)

플라이 스티치 (검정색)

스트레이트 스티치 (검정색)

(3단)
(4단)

장식을 꿰매 붙인다

11

10

살짝 당긴다

본체의 16단째에 본체와 같은 색 실을 통과시키고, 통과시킨 실을 살짝 당겨서 단을 만든다

플라이 스티치

1빼기 2넣기
3빼기

3
4넣기

프렌치 노트 스티치(2회 감기)

1빼기
실을 2번 감으면서 바늘 끝을 위로 한다

2
1빼기

2넣기
실을 당긴다

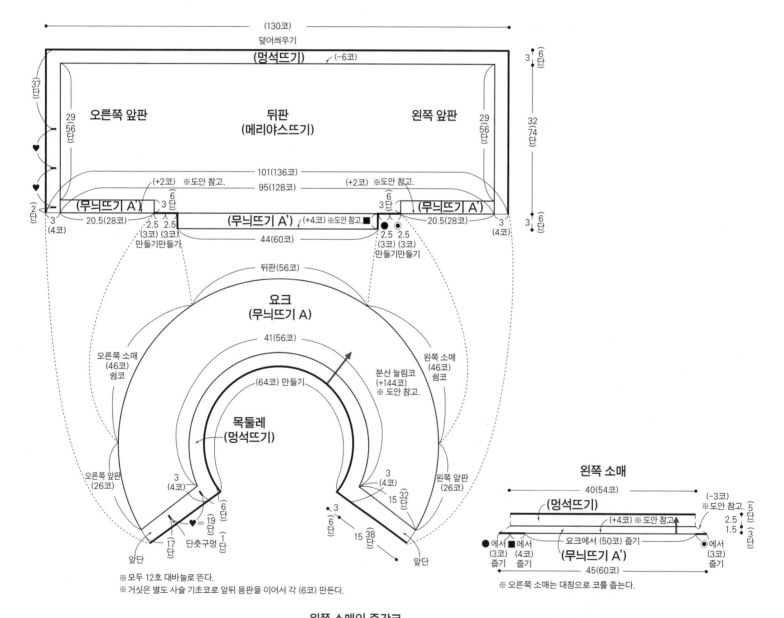

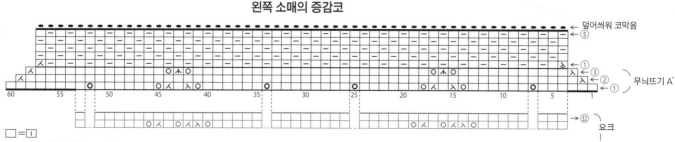

재료
실…DMC 옴브레 파란색·그레이 계열 그러데이션 (1002) 230g 2볼
단추…지름 18mm 5개

도구
대바늘 12호

완성 크기
가슴둘레 98cm, 착장 53cm, 화장 30cm(실측)

게이지(10×10cm)
무늬뜨기 A 13.5코×21.5단, 메리야스뜨기·무늬뜨기 A' 13.5코×19.5단

POINT
●손가락에 실을 걸어서 기초코를 만들어 뜨기 시작해 목둘레를 멍석뜨기로 뜹니다. 이어서 요크·앞단은 무늬뜨기 A, 멍석뜨기로 뜹니다. 앞단의 되돌아뜨기와 분산 늘림코는 도안을 참고하세요. 오른쪽 앞단에는 단춧구멍을 냅니다. 뒤판은 무늬뜨기 A'으로 6단을 떠서 앞뒤 차이를 둡니다. 앞뒤 몸판은 요크에서 지정 콧수를 줍고 거싯은 별도 사슬에서 코를 주워 멍석뜨기, 무늬뜨기 A', 메리야스뜨기로 뜹니다. 뜨개 끝은 덮어씌워 코막음합니다. 소매는 요크의 쉼코와 거싯의 별도 사슬을 풀어 코를 주워 무늬뜨기 A', 멍석뜨기로 원형으로 뜹니다. 뜨개 끝은 밑단처럼 정리합니다. 단추를 달아 마무리합니다.

※모두 12호 대바늘로 뜬다.
※거싯은 별도 사슬 기초코로 앞뒤 몸판을 이어서 각 (6코) 만든다.

왼쪽 소매의 증감코

※오른쪽 소매는 대칭으로 뜬다.

□=│

앞단의 되돌아뜨기와 요크의 분산 늘림코

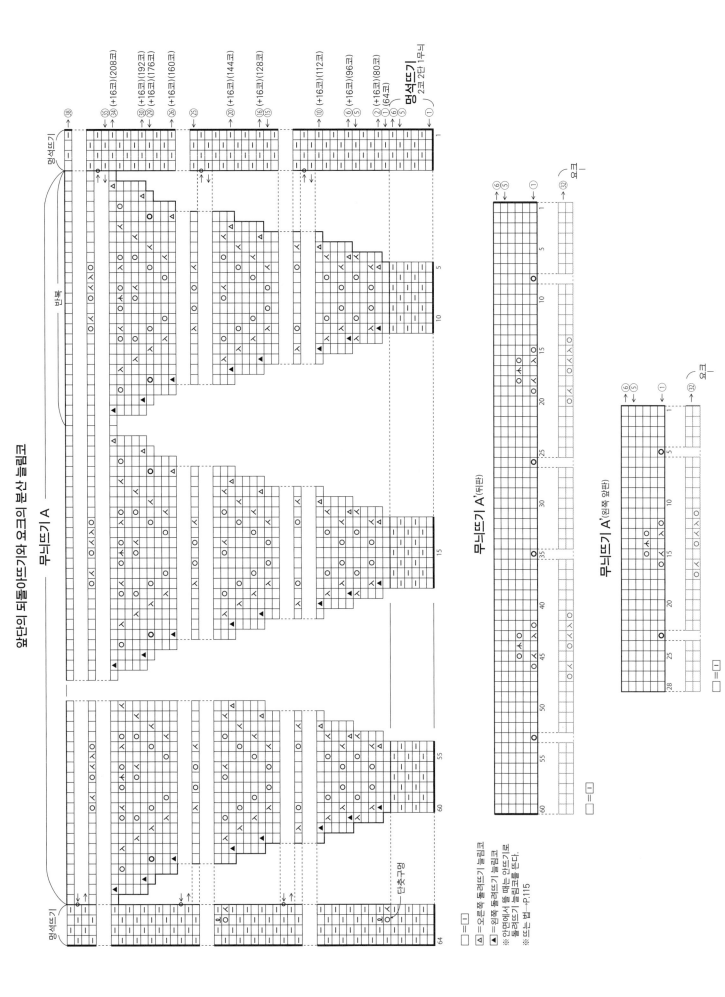

무늬뜨기 A

무늬뜨기 A'(뒤판)

무늬뜨기 A'(왼쪽 앞판)

□ = ㅣ

□ = ㅣ

□ = ㅣ

□ = 오른쪽 돌려뜨기 늘림코
△ = 오른쪽 돌려뜨기 늘림코
▲ = 왼쪽 돌려뜨기 늘림코
※ 안면에서 뜰 때는 안뜨기로
  돌려뜨기 늘림코를 뜬다.
※ 뜨는 법 → P.115

※ 오른쪽 앞판은 대칭으로 뜬다.

158페이지로 이어집니다. ▶

▶ 157페이지에서 이어집니다.

무늬뜨기의 분산 증감코

159페이지에서 이어집니다. ◀

앞단의 되돌아뜨기와 단춧구멍

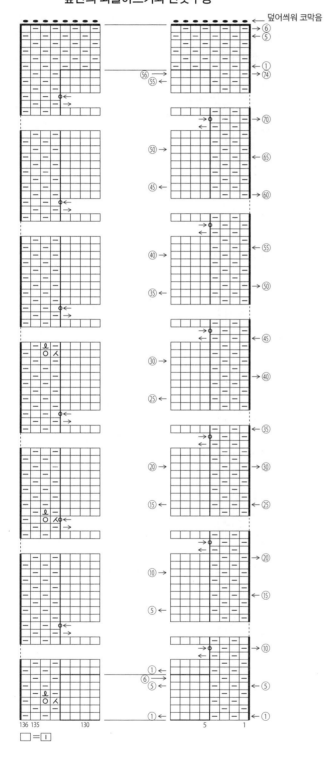

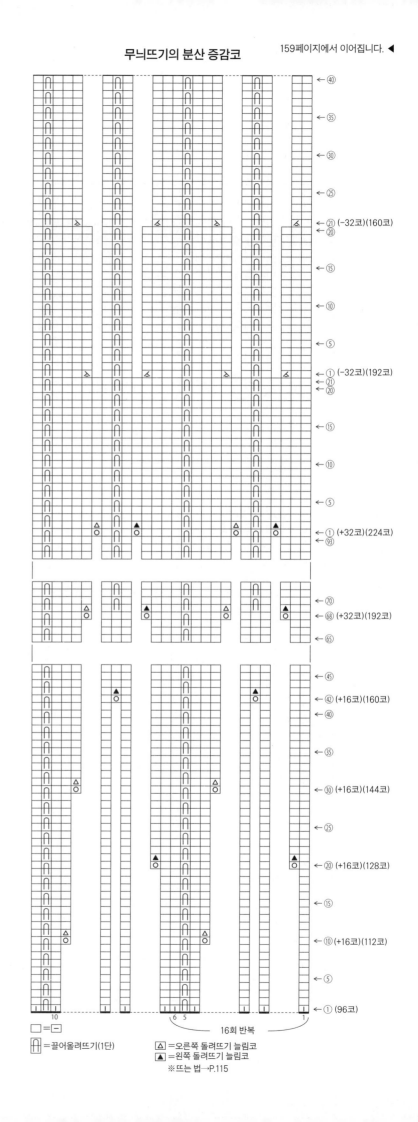

□ = −

⊓ = 끌어올려뜨기(1단)

△ = 오른쪽 돌려뜨기 늘림코
▲ = 왼쪽 돌려뜨기 늘림코
※ 뜨는 법 → P.115

16회 반복

끌어올려뜨기
(2단)

※ 일본어 사이트

재료
실…얀아트 레인드롭스 검정색·하얀색 계열 그러
데이션(2913) 370g 8볼
고무 밴드…폭 30mm×길이 71cm

도구
대바늘 8호·10호·12호

완성 크기
허리둘레 69cm, 스커트 기장 69cm

게이지(10×10cm)
무늬뜨기 13.5코×24.5단(12호 대바늘)

POINT
●별도 사슬로 기초코를 만들어 뜨기 시작해 도안
을 참고해 게이지 조정과 분산 증감코를 하면서 무
늬뜨기로 원형으로 뜹니다. 이어서 밑단을 1코 고
무뜨기로 뜹니다. 뜨개 끝은 무늬를 이어서 뜨면서
덮어씌워 코막음합니다. 기초코 사슬을 풀어 코를
주워 벨트를 안메리야스뜨기로 원형으로 뜹니다.
뜨개 끝은 쉼코를 합니다. 고무 밴드는 2cm 겹쳐서
꿰매 둥글게 만듭니다. 벨트는 고무 밴드를 끼워서
안으로 접고 메리야스 잇기를 합니다.

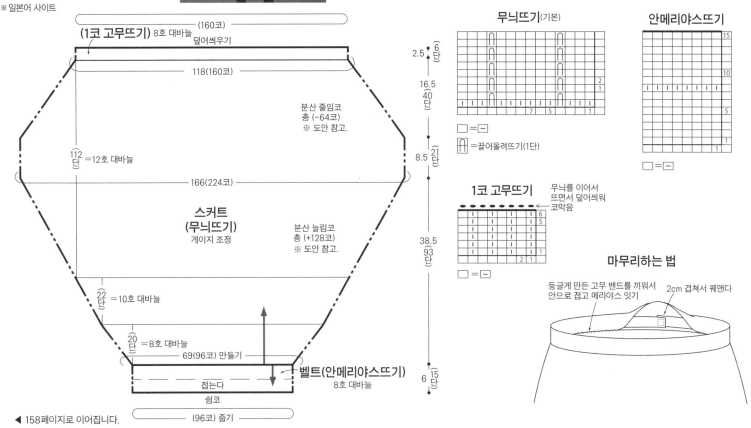

무늬뜨기(기본)

2.5 { 6단
16.5 (40단)
8.5 (21단)
38.5 (93단)
6 (15단)

□ = □
⋂ = 끌어올려뜨기(1단)

1코 고무뜨기
무늬를 이어서 뜨면서 덮어씌워 코막음
□ = □

안메리야스뜨기
□ = □

마무리하는 법
둥글게 만든 고무 밴드를 끼워서
안으로 접고 메리야스 잇기
2cm 겹쳐서 꿰맨다

(1코 고무뜨기) 8호 대바늘
덮어씌우기
(160코)
118(160코)
분산 줄임코
총 (-64코)
※ 도안 참고.
112단 =12호 대바늘
166(224코)
스커트
(무늬뜨기)
게이지 조정
분산 늘림코
총 (+128코)
※ 도안 참고.
22단 =10호 대바늘
20단 =8호 대바늘
69(96코) 만들기
벨트(안메리야스뜨기)
8호 대바늘
접는다
쉼코
(96코) 줍기

◀ 158페이지로 이어집니다.

160페이지에서 이어집니다. ◀

소맷부리 뜨는 법

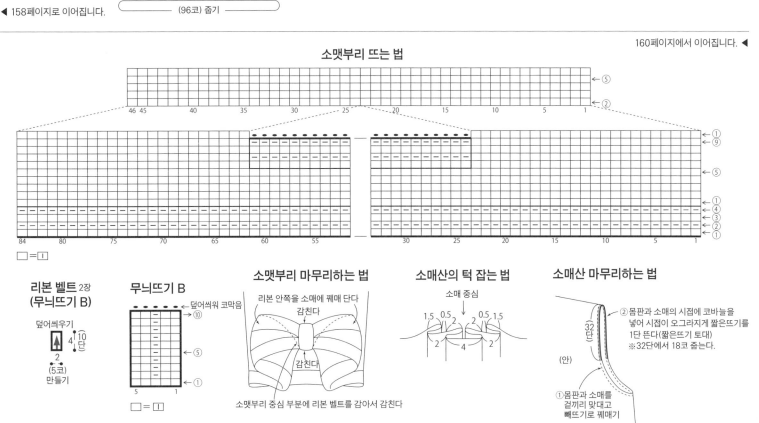

□ = □

리본 벨트 2장
(무늬뜨기 B)
덮어씌우기
4 { 10단
2
(5코)
만들기

무늬뜨기 B
덮어씌워 코막음
□ = □

소맷부리 마무리하는 법
리본 안쪽을 소매에 꿰매 단다
감친다
감친다
소맷부리 중심 부분에 리본 벨트를 감아서 감친다

소매산의 턱 잡는 법
소매 중심
1.5 0.5 0.5 1.5
2 4 2

소매산 마무리하는 법
②몸판과 소매의 시점에 코바늘을
넣어 시점이 오그라지게 짧은뜨기를
1단 뜬다(짧은뜨기 토대)
※32단에서 18코 줍는다
32단
(안)
①몸판과 소매를
걸끼리 맞대고
빼뜨기로 꿰매기

재료
실…나이토상사 슈퍼 소프트 DK 도트 핑크·초록
색·오렌지 계열 그러데이션(3) 300g 3볼
단추…지름 13mm 1개

도구
대바늘 6호·5호

완성 크기
가슴둘레 100cm, 어깨너비 36cm, 기장 52cm, 소매
길이 55cm

게이지(10×10cm)
메리야스뜨기 18.5코×26.5단

POINT
●몸판·소매…몸판은 손가락에 실을 걸어서 기초
코를 만들어 뜨기 시작해 앞뒤 몸판을 이어서 가
터뜨기, 메리야스뜨기, 무늬뜨기 A·A'으로 원형
으로 뜹니다. 옆선의 줄임코는 도안을 참고하세요.
진동둘레부터 위쪽은 앞뒤 몸판을 나눠 왕복해 뜨

고, 뒤판 트임 끝과 앞목둘레부터 위쪽은 좌우를
나눠 뜹니다. 진동둘레·목둘레의 줄임코는 2코 이
상은 덮어씌우기, 1코는 가장자리 1코 세워 줄이
기를 합니다. 소매는 몸판처럼 뜨기 시작해 가터뜨
기와 메리야스뜨기로 원형으로 뜹니다. 소맷부리
뜨는 법과 소매 밑선의 늘림코는 도안을 참고해 뜹
니다.
●마무리…어깨는 덮어씌워 잇기를 합니다. 목둘레
는 공사슬로 만드는 기초코와 목둘레에서 지정 콧
수를 주워 가터뜨기로 뜹니다. 지정 위치에 단춧구
멍을 내고 뜨개 끝은 덮어씌워 코막음합니다. 리본
벨트는 몸판처럼 뜨기 시작해 무늬뜨기 B로 뜹니
다. 뜨개 끝은 덮어씌워 코막음합니다. 소맷부리는
마무리하는 법을 참고해 리본 모양으로 다듬고 소
매에 꿰매 답니다. 소매산은 턱을 잡고 마무리하는
법을 참고해 마무리합니다. 뒤목둘레에 단추를 달
아 마무리합니다.

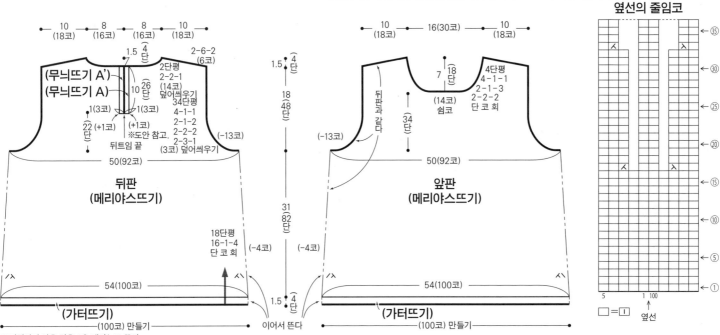

※지정하지 않은 것은 6호 대바늘로 뜬다.

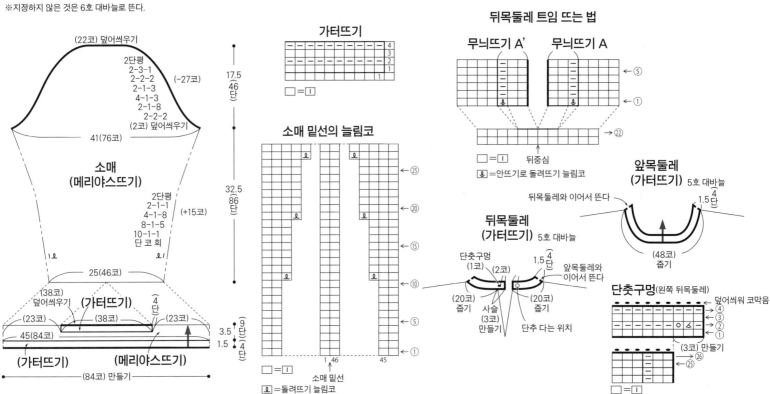

◀ 159페이지로 이어집니다.

피루엣 XL

재료
DMC 피루엣 XL 청록색 계열 그러데이션(1102)
520g 3볼

도구
대바늘 15호

완성 크기
가슴둘레 132cm, 착장 57.5cm, 화장 75.5cm

게이지(10×10cm)
메리야스뜨기 12.5코×18단

POINT
●몸판·소매…몸판은 손가락에 실을 걸어서 기초
코를 만들어 뜨기 시작해 2코 고무뜨기와 메리야
스뜨기로 뜹니다. 목둘레의 줄임코는 가장자리 3
코 세워 줄이기를 합니다. 소매는 몸판처럼 뜨기
시작해 1코 고무뜨기로 뜨고 쉼코를 한 뒤 △, ▲
끼리 코와 단 잇기로 연결합니다. 이어서 ★, ☆, 1
코 고무뜨기의 쉼코에서 지정 콧수를 주워 메리야
스뜨기, 2코 고무뜨기로 뜹니다. 소매 밑선의 줄임
코는 가장자리 2코 세워 줄이기를 합니다. 뜨개 끝
은 무늬를 이어서 뜨면서 덮어씌워 코막음합니다.
●마무리…옆선·소매 밑선은 떠서 꿰매기를 합니
다. 목둘레는 지정 콧수를 주워 2코 고무뜨기로 원
형으로 뜹니다. 뜨개 끝은 소맷부리처럼 정리합니
다.

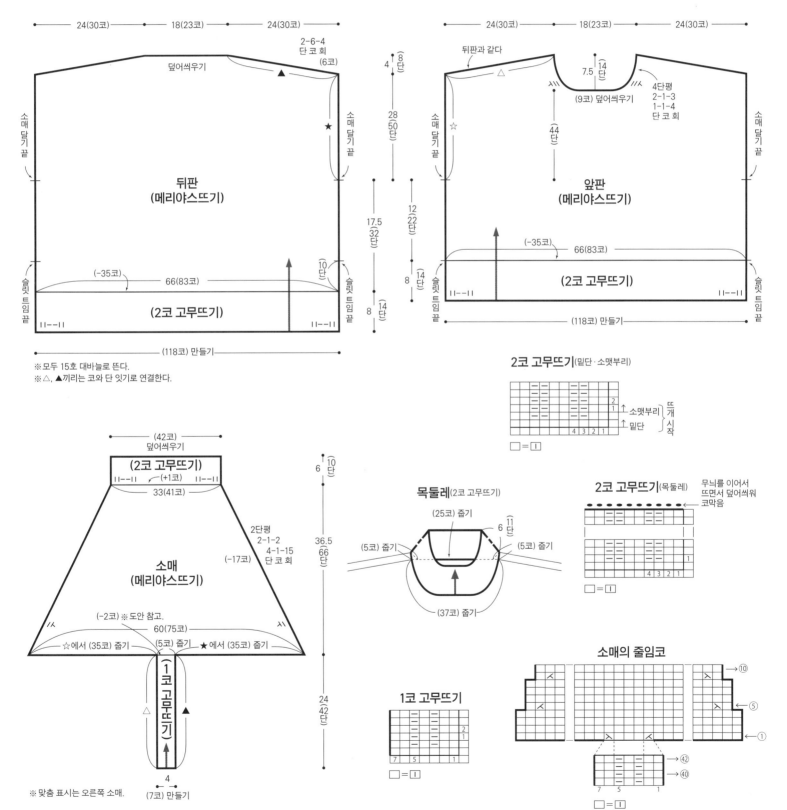

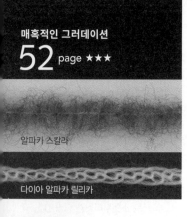

알파카 스칼라

다이아 알파카 릴리카

걸러뜨기(2단)

※ 일본어 사이트

재료
실…다이아몬드 모사 알파카 스칼라 검정색·그레이 계열 그러데이션(4706) 175g 2볼, 다이아 알파카 릴리카 차콜그레이(2306) 30g 1볼
단추…지름 20mm 3개
도구
대바늘 7mm·13호
완성 크기
가슴둘레 103cm, 기장 53cm, 화장 66.5cm
게이지(10×10cm)
무늬뜨기 11.5코×21단
POINT
●몸판·소매…왼쪽 뒤판은 별도 사슬로 기초코를 만들고 왼쪽 앞판은 손가락에 실을 걸어서 기초코를 만들어 각각 뜨기 시작해 무늬뜨기로 뜹니

다. 목둘레의 늘림코는 도안을 참고하고 늘림코를 마치면 앞뒤 몸판을 이어서 뜹니다. 옆선은 쉼코를 하고 이어서 왼쪽 소매를 뜹니다. 소매 밑선의 줄임코는 가장자리 2코 세워 줄이기를 합니다. 소맷부리는 가터뜨기로 뜹니다. 뜨개 끝은 안면에서 덮어씌워 코막음합니다. 오른쪽 뒤판은 왼쪽 뒤판의 기초코 사슬을 풀어 코를 줍고 왼쪽 앞판·왼쪽 뒤판·왼쪽 소매와 같은 요령으로 오른쪽 뒤판·오른쪽 앞판·오른쪽 소매를 뜹니다.
●마무리…옆선은 덮어씌워 잇기, 소매 밑선은 떠서 꿰매기를 합니다. 밑단은 앞뒤 몸판을 이어서 줄무늬 2코 고무뜨기와 메리야스뜨기로 뜨고 뜨개 끝은 느슨하게 덮어씌워 코막음합니다. 앞단·목둘레는 가터뜨기로 뜨고 오른쪽 앞단에는 단춧구멍을 냅니다. 뜨개 끝은 소맷부리처럼 정리합니다. 단추를 달아 마무리합니다.

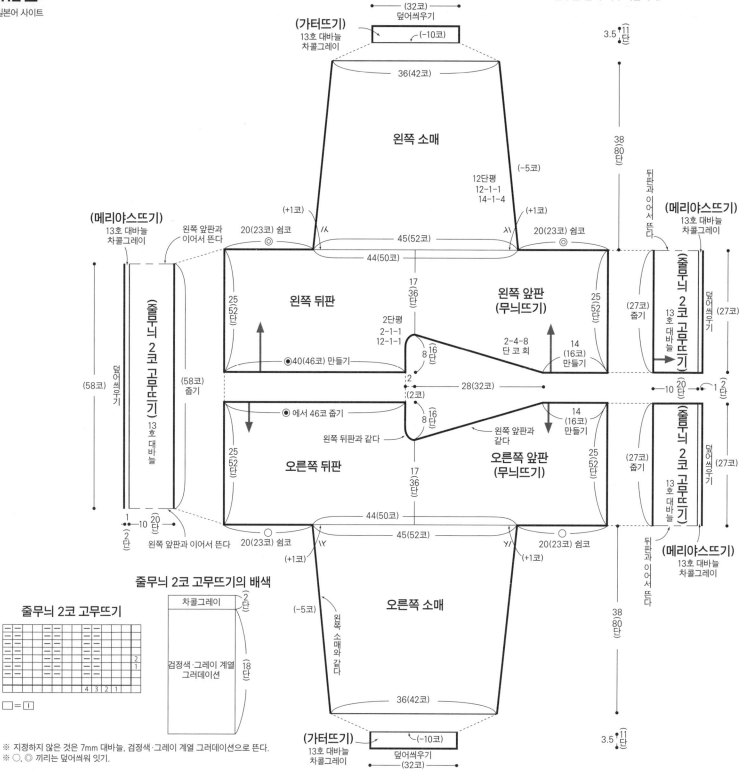

줄무늬 2코 고무뜨기의 배색

줄무늬 2코 고무뜨기

□ = ①

※ 지정하지 않은 것은 7mm 대바늘, 검정색·그레이 계열 그러데이션으로 뜬다.
※ ○, ◎ 끼리는 덮어씌워 잇기.

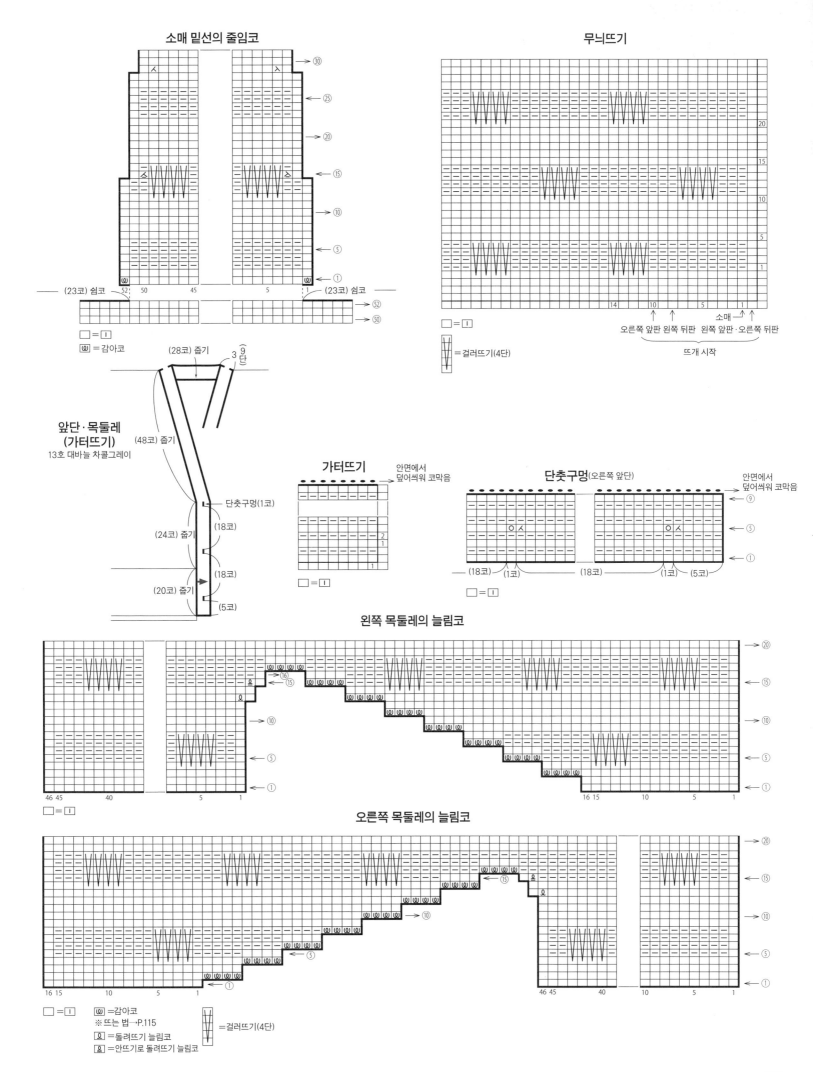

소매 밑선의 줄임코

무늬뜨기

(23코) 쉼코   (23코) 쉼코

□=①
回=감아코

앞단·목둘레
(가터뜨기)
13호 대바늘 차콜그레이

(28코) 줍기
(48코) 줍기
단춧구멍(1코)
(24코) 줍기
(18코)
(18코)
(20코) 줍기
(5코)

가터뜨기
안면에서 덮어씌워 코막음

□=①

=걸러뜨기(4단)

오른쪽 앞판 왼쪽 뒤판 왼쪽 앞판·오른쪽 뒤판
뜨개 시작
소매→

단춧구멍(오른쪽 앞단)
안면에서 덮어씌워 코막음

(18코) (1코) (18코) (1코) (5코)
□=①

왼쪽 목둘레의 늘림코

□=①

오른쪽 목둘레의 늘림코

□=① 回=감아코
※뜨는 법→P.115
꾱=돌려뜨기 늘림코
꾱=안뜨기로 돌려뜨기 늘림코
=걸러뜨기(4단)

163

다이아 카리용

다이아 태즈메이니안 메리노 '파인'

재료
다이아몬드 모사 다이아 카리용 노란색·초록색·그레이·베이지 계열 믹스(2503) 100g 4볼, 다이아 태즈메이니안 메리노 '파인' 그레이(116) 55g 2볼, 초록색(106) 20g 1볼

도구
코바늘 4/0호

완성 크기
가슴둘레 104cm, 기장 53.5cm, 화장 27cm

게이지
모티브 크기는 도안 참고

POINT
●모티브 잇기로 뜹니다. 2번째 장부터는 마지막 단에서 옆 모티브와 연결하며 뜹니다. 밑단은 테두리뜨기로 원형으로 뜹니다. 목둘레·소맷부리는 도안을 참고해 가장자리를 정돈한 다음 줄무늬 테두리뜨기로 원형으로 뜹니다.

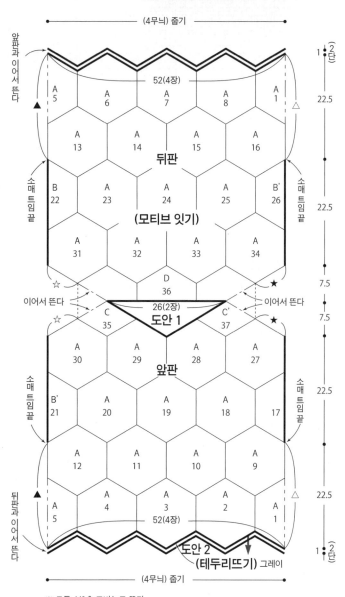

※ 모두 4/0호 코바늘로 뜬다.
※ 모티브 안의 숫자는 연결하는 순서다.
※ 맞춤 표시끼리는 뜨면서 연결한다.

줄무늬 테두리뜨기

2코 1무늬

배색
= 믹스
= 초록색
= 그레이
▷ = 잇기
► = 실 자르기

모티브 A 15 13
모티브 B 15 6.5
모티브 B' 15 6.5
모티브 C 15 13
모티브 C' 15 13
모티브 D 7.5 13

목둘레(줄무늬 테두리뜨기)

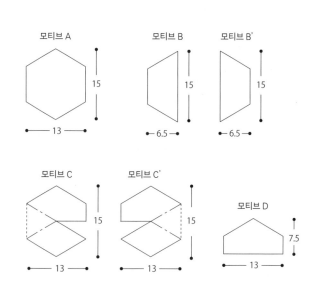

소맷부리(줄무늬 테두리뜨기) 도안 3

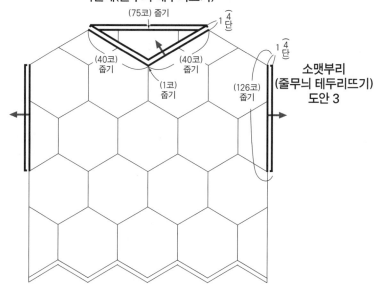

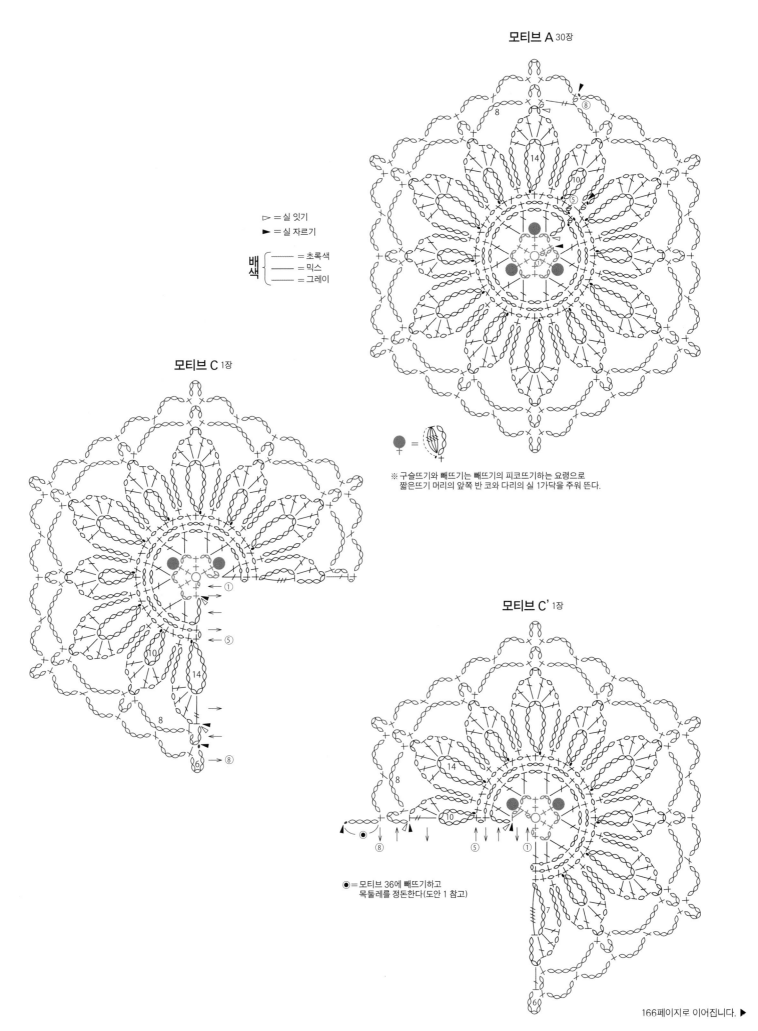

모티브 A 30장

▷ =실 잇기
► =실 자르기

배
색 {
—— =초록색
—— =믹스
—— =그레이
}

● = 구슬뜨기와 빼뜨기는 빼뜨기의 피코뜨기하는 요령으로
짧은뜨기 머리의 앞쪽 반 코와 다리의 실 1가닥을 주워 뜬다.

모티브 C 1장

모티브 C' 1장

●=모티브 36에 빼뜨기하고
목둘레를 정돈한다(도안 1 참고)

166페이지로 이어집니다. ▶

▶ 165페이지에서 이어집니다.

모티브 D 1장

◎=모티브 35에 빼뜨기하고 목둘레를 정돈한다(도안 1 참고)

도안 3 소맷부리

27

34

17

26

9

16

줄무늬 테두리뜨기

▨=가장자리를 정돈하는 부분(그레이)

모티브 B 2장

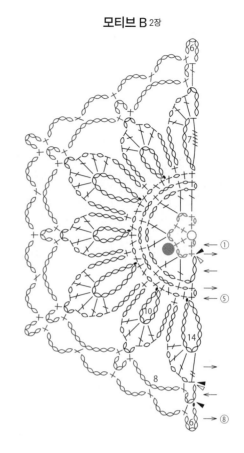

모티브 B' 2장

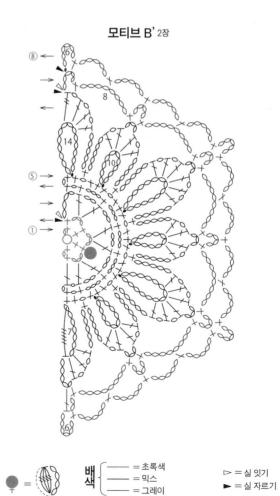

배
색 ┌─── =초록색
     ├─── =믹스
     └─── =그레이

▷ =실 잇기
► =실 자르기

※ 구슬뜨기와 빼뜨기는 빼뜨기의 피코뜨기하는 요령으로
  짧은뜨기 머리의 앞쪽 반 코와 다리의 실 1가닥을 주워 뜬다.

모티브 잇는 법

15

8

16

1

9

2

10

도안 2
밑단

1무늬

테두리뜨기

△ = 실 잇기
▲ = 실 자르기

※ 구슬뜨기와 빼뜨기는 빼뜨기의 피코뜨기하는 요령으로
짧은뜨기 머리의 앞쪽 반 코와 다리의 실 1가닥을 주워 뜬다.

= (구슬 표시)

168페이지로 이어집니다. ▶

▶ 167페이지에서 이어집니다.

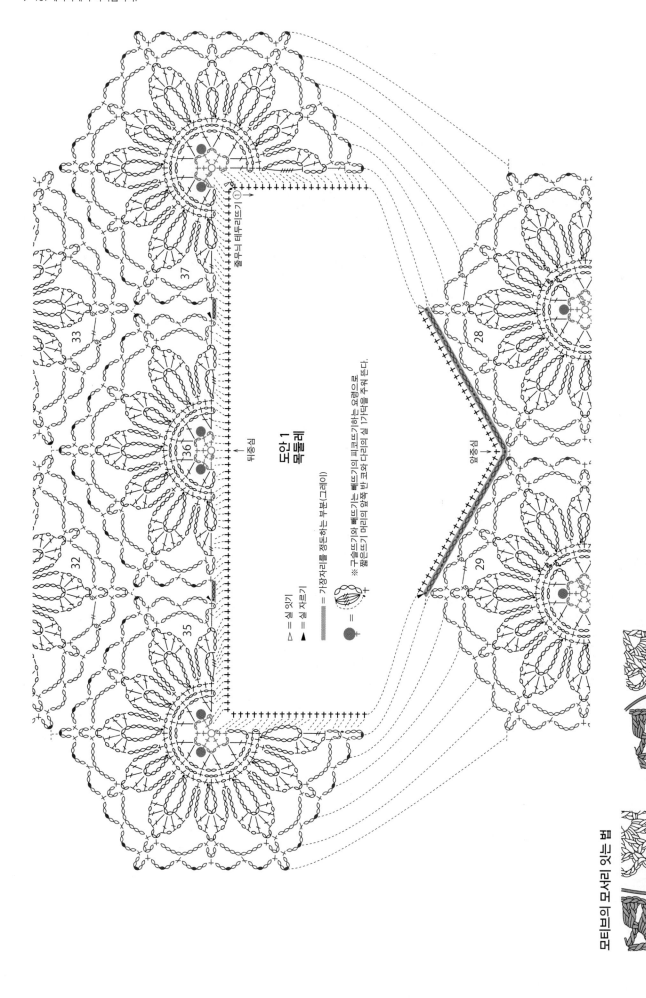

재료

Keito 카라모프 노란색·파란색·빨간색 믹스(03)
35g 1타래, 노란색(07) 30g 1타래

도구

대바늘 10호

완성 크기

목둘레 52cm, 기장 25.5cm

게이지(10×10cm)

줄무늬 무늬뜨기 16.5코×26단

POINT

●손가락에 실을 걸어서 기초코를 만들어 뜨기 시작하고, 줄무늬 무늬뜨기로 뜹니다. 뜨개 끝은 안면에서 덮어씌워 코막음합니다. 뜨개 시작과 뜨개 끝을 겉면끼리 맞대고 빼뜨기 잇기로 합칩니다.

덮어씌우기

**스누드
(줄무늬
무늬뜨기)**
10호 대바늘

52
135
단

●━━ 25.5(42코) 만들기 ━━●

줄무늬 무늬뜨기

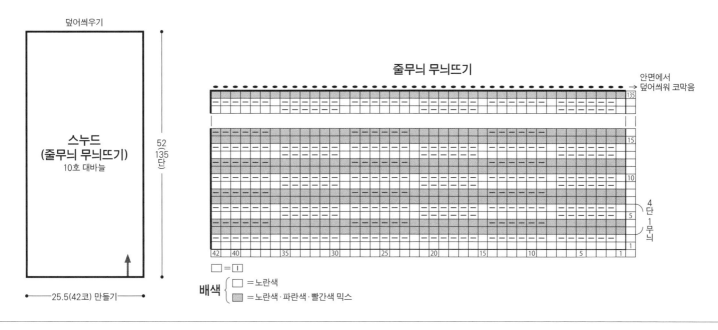

안면에서
→ 덮어씌워 코막음

□ = |

배색 { □ = 노란색
⬜ = 노란색·파란색·빨간색 믹스

요크의 분산 줄임코

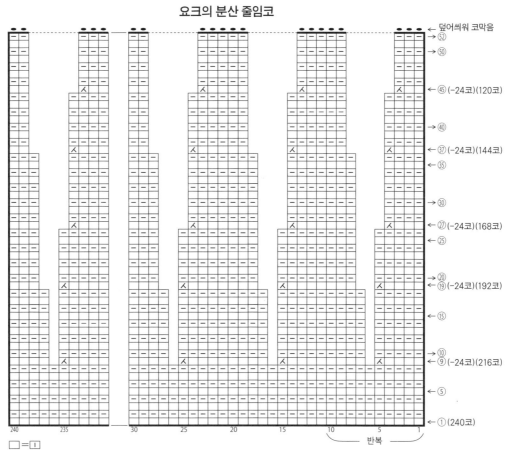

덮어씌워 코막음

→ 52
→ 50
← ㊺ (−24코)(120코)
→ 40
← ㊲ (−24코)(144코)
← 35
→ 30
← ㉗ (−24코)(168코)
← ㉕
→ 20
→ ⑲ (−24코)(192코)
← ⑮
→ 10
→ ⑨ (−24코)(216코)
← 5
← ① (240코)

□ = |

반복

170페이지에서 이어집니다. ◀

울 삭 프린트

재료
나이토상사 울 삭 프린트 적자색 계열 믹스(6003)
185g 2볼
도구
대바늘 2호·1호
완성 크기
가슴둘레 102cm, 착장 52.5cm, 화장 20.5cm
게이지(10×10cm)
무늬뜨기 28.5코×38단, 가터뜨기 25코×58단
POINT
●몸판·요크…몸판은 손가락에 실을 걸어서 기초

코를 만들어 뜨기 시작해 무늬뜨기로 뜹니다. 줄임코는 2코 이상은 덮어씌우기, 1코는 가장자리 1코 세워 줄이기를 합니다. 요크는 몸판과 별도 사슬 기초코에서 코를 주워 가터뜨기로 뜹니다. 분산 줄임코는 도안을 참고하세요. 뜨개 끝은 느슨하게 덮어씌워 코막음합니다.
●마무리…진동둘레는 몸판에서 지정 콧수를 줍고 요크에서는 사슬 기초코를 풀어 코를 주워 2코 고무뜨기로 왕복해 뜹니다. 뜨개 끝은 2코 고무뜨기 코막음을 합니다. 옆선은 떠서 꿰매기를 합니다.

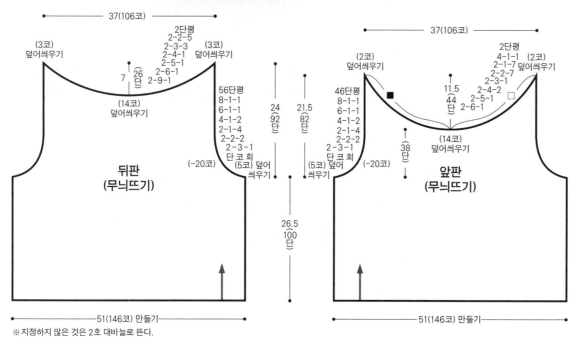

가터뜨기

※지정하지 않은 것은 2호 대바늘로 뜬다.

무늬뜨기

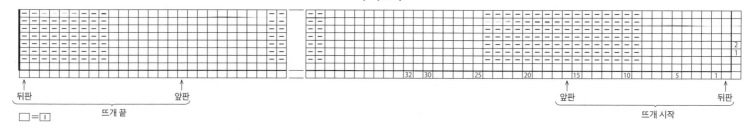

2코 고무뜨기

**요크
(가터뜨기)**

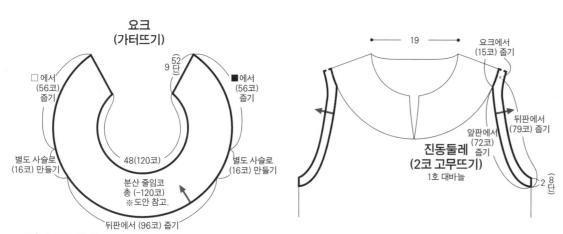

**진동둘레
(2코 고무뜨기)**
1호 대바늘

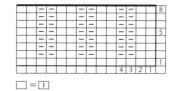

※총 (240코) 줍는다.

◀ 169페이지로 이어집니다.

매혹적인 그러데이션
56 page ★★★
레인드롭스

재료
실…얀아트 레인드롭스 그레이 계열 그러데이션
(2906) 400g 8볼
단추…지름 20mm 5개
도구
대바늘 10호·8호
완성 크기
가슴둘레 106cm, 기장 52cm, 화장 70cm
게이지(10×10cm)
무늬뜨기 15.5코×28.5단
POINT
●몸판·소매…몸판은 손가락에 실을 걸어서 기초
코를 만들어 뜨기 시작해 1코 고무뜨기, 무늬뜨기

로 뜹니다. 앞판은 앞단의 테두리뜨기와 이어서 뜨
는데, 오른쪽 앞단에는 단춧구멍을 냅니다. 앞목둘
레의 줄임코와 앞단의 되돌아뜨기는 도안을 참고
해 뜨고 앞단에서 이어서 뒤목둘레를 뜹니다. 뜨개
끝은 쉼코를 합니다. 어깨는 덮어씌워 잇기를 합니
다. 소매는 몸판에서 코를 주워 무늬뜨기, 1코 고
무뜨기로 뜹니다. 소매 밑선의 줄임코는 가장자리
에서 2번째와 3번째 코를 2코 모아뜨기합니다. 뜨
개 끝은 무늬를 이어서 뜨면서 덮어씌워 코막음합
니다.
●마무리…옆선·소매 밑선은 떠서 꿰매기, 뒤목둘
레는 ■끼리 맞대 빼뜨기로 잇기, △, ▲끼리는 코와
단 잇기로 연결합니다. 단추를 달아 마무리합니다.

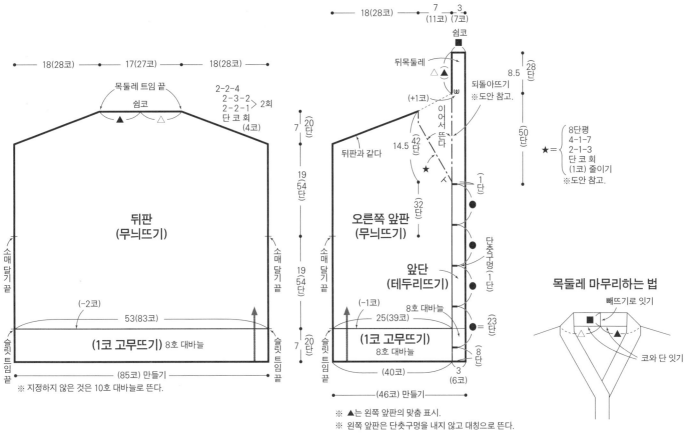

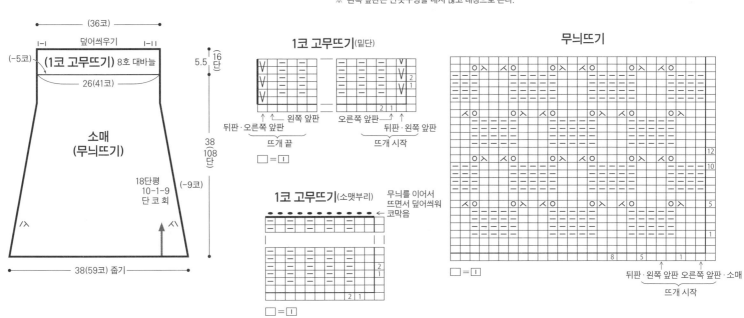

172페이지로 이어집니다. ▶

▶ 171페이지에서 이어집니다.

오른쪽 앞목둘레의 줄임코와 되돌아뜨기

왼쪽 앞목둘레의 줄임코와 되돌아뜨기

단춧구멍(오른쪽 앞판)

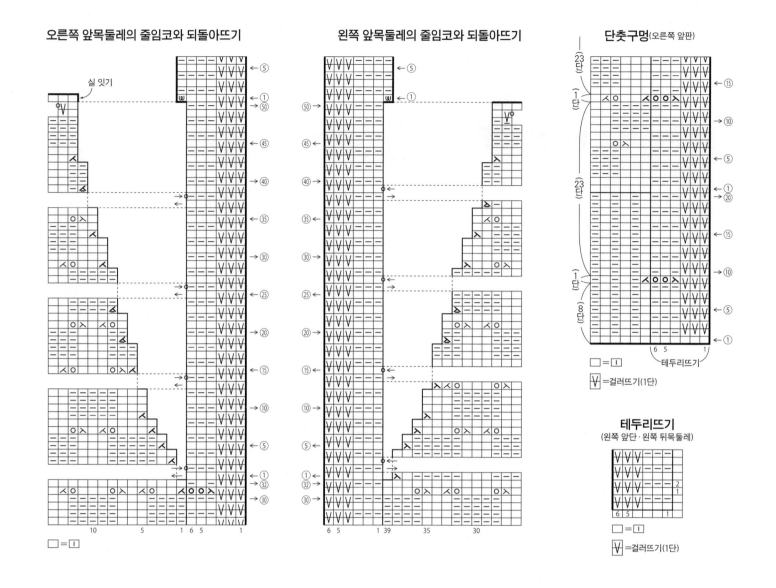

□ = ℾ

V = 걸러뜨기(1단)

테두리뜨기
(왼쪽 앞단·왼쪽 뒤목둘레)

□ = ℾ

V = 걸러뜨기(1단)

173페이지에서 이어집니다. ◀

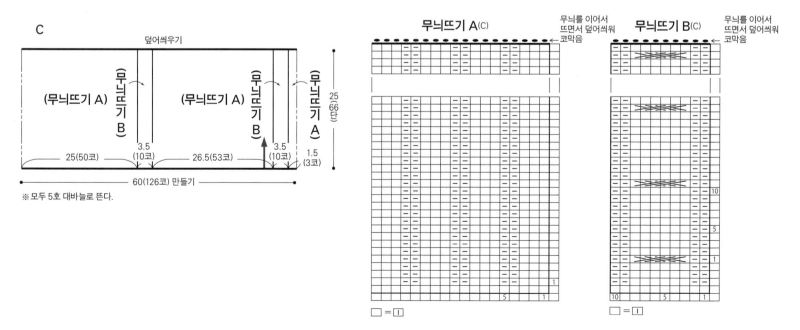

※ 모두 5호 대바늘로 뜬다.

무늬뜨기 A(C)

무늬뜨기 B(C)

□ = ℾ

재료
올림포스 시젠노쓰무기 mofu
[A] 오프화이트(201)·라임라이트옐로(204) 각 105g 4볼
[B] 베이비블루(203) 120g 4볼, 아이스그레이(205) 20g 1볼
[C] 핫핑크(209) 55g 2볼
[D] 아이리스퍼플(208) 205g 7볼
[E] 베이비핑크(206) 135g 5볼

도구
[A, B, D, E] 대바늘 5호·3호·2호, 코바늘 8/0호
[C] 대바늘 5호

완성 크기
[A, D] 허리둘레 97cm, 기장 61.5cm
[B, E] 허리둘레 97cm, 기장 38.5cm
[C] 허리둘레 60cm, 기장 25cm

게이지(10×10cm)
메리야스뜨기·줄무늬 메리야스뜨기 19.5코×26.5단, 무늬뜨기 A 20코×26.5단(5호 대바늘)

POINT
●A, B, D, E…손가락에 실을 걸어서 기초코를 만들어 뜨기 시작해 A는 무늬뜨기 A·B 줄무늬, 줄무늬 메리야스뜨기, B, D, E는 무늬뜨기 A·B, 메리야스뜨기로 뜹니다. 증감코는 도안을 참고하세요. 뜨개 끝은 쉼코를 합니다. 좌우 바지는 떠서 꿰매기와 메리야스 잇기로 연결합니다. 벨트는 쉼코에서 코를 주워 2코 고무뜨기로 원형으로 뜹니다. 지정 위치에 끈 끼우는 구멍을 냅니다. 뜨개 끝은 무늬를 이어서 뜨면서 덮어씌워 코막음합니다. 끈을 뜨고 끈 끼우는 구멍에 끼웁니다.
●C…손가락에 실을 걸어서 기초코를 만들어 뜨기 시작해 무늬뜨기 A·B로 원형으로 뜹니다. 뜨개 끝은 무늬를 이어서 뜨면서 덮어씌워 코막음합니다.

무늬뜨기 B 줄무늬와 줄무늬 메리야스뜨기의 배색(A)

| 반복 | 오프화이트 | ▲ |
| | 라임라이트옐로 | ▲ (10단) |

A, D

48.5(98코)
쉼코
22.5(44코) 22.5(44코)
오른쪽 바지

뒤판 / 앞판

50단평
4-1-2
2-1-2
2-2-1
2-3-1
2-4-1
(5코)
덮어씌우기

52단평
4-1-2
2-1-1
2-2-1
2-3-1
(4코)
덮어씌우기

25.5 68단
27.5 72단

2단평
1-1-2
2-1-4
60-1-1

2단평
1-1-2
4-1-1
2-1-1
60-1-1
단 코 회

25 66단
28 74단

32(62코) 28.5(56코)
(-18코) (-12코)
(+7코) (+6코)

A(줄무늬 메리야스뜨기)
D(메리야스뜨기)

A(줄무늬 메리야스뜨기)
D(메리야스뜨기)

A(무늬뜨기 B 줄무늬)
D(무늬뜨기 B)

57(115코)
3.5(10코)
28(55코) 25.5(50코)
(-13코) (-12코)
3.5 10단

(무늬뜨기 A)
3호 대바늘 A 오프화이트

(68코) (10코) (62코)
(무늬뜨기 B) 3호 대바늘 A 오프화이트
(무늬뜨기 A) 3호 대바늘 A 오프화이트
(140코) 만들기

※ 지정하지 않은 것은 5호 대바늘로 뜬다.
※ 왼쪽 바지는 대칭으로 뜬다.

무늬뜨기 A(A, B, D, E)

□ = 1

오른쪽 바지 뒤판
왼쪽 바지 앞뒤 몸판 오른쪽 바지 앞판
뜨개 시작

무늬뜨기 B(A, B, D, E)
(오른쪽 바지)

□ = 1

무늬뜨기 B(A, B, D, E)
(왼쪽 바지)

□ = 1

B, E

48.5(98코)
쉼코
22.5(44코) 22.5(44코)
오른쪽 바지

뒤판 / 앞판

50단평
4-1-2
2-1-2
2-2-1
2-3-1
2-4-1
(5코)
덮어씌우기

52단평
4-1-2
2-1-1
2-2-1
2-3-1
(4코)
덮어씌우기

25.5 68단
4.5 12단

(메리야스뜨기) (메리야스뜨기)

(무늬뜨기 B)

25 66단

2단평
2-1-3
4-1-1
2-1-1
60-1-1
단 코 회
(1코) 늘리기

32(62코) 28.5(56코)
(-18코) (-12코)
(+7코) (+6코)
57(115코)
3.5(10코)
28(55코) 25.5(50코)
(-13코) (-12코)

5 14단
3.5 10단

(무늬뜨기 A) 3호 대바늘 (무늬뜨기 A) 3호 대바늘

(68코) (10코) (62코)
(무늬뜨기 B) 3호 대바늘
(1코) 늘리기
(140코) 만들기

※ 지정하지 않은 것은 5호 대바늘로 뜬다.
※ 지정하지 않은 것은 베이비블루로 뜬다(B).
※ 왼쪽 바지는 대칭으로 뜬다.

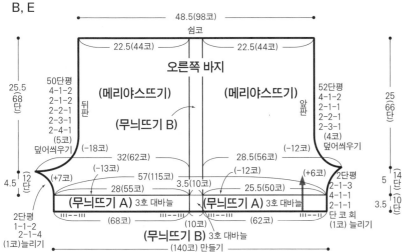
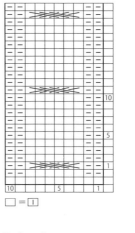
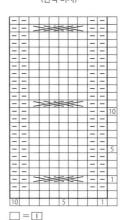

174페이지로 이어집니다. ▶

▶ 173페이지에서 이어집니다.

175페이지에서 이어집니다. ◀

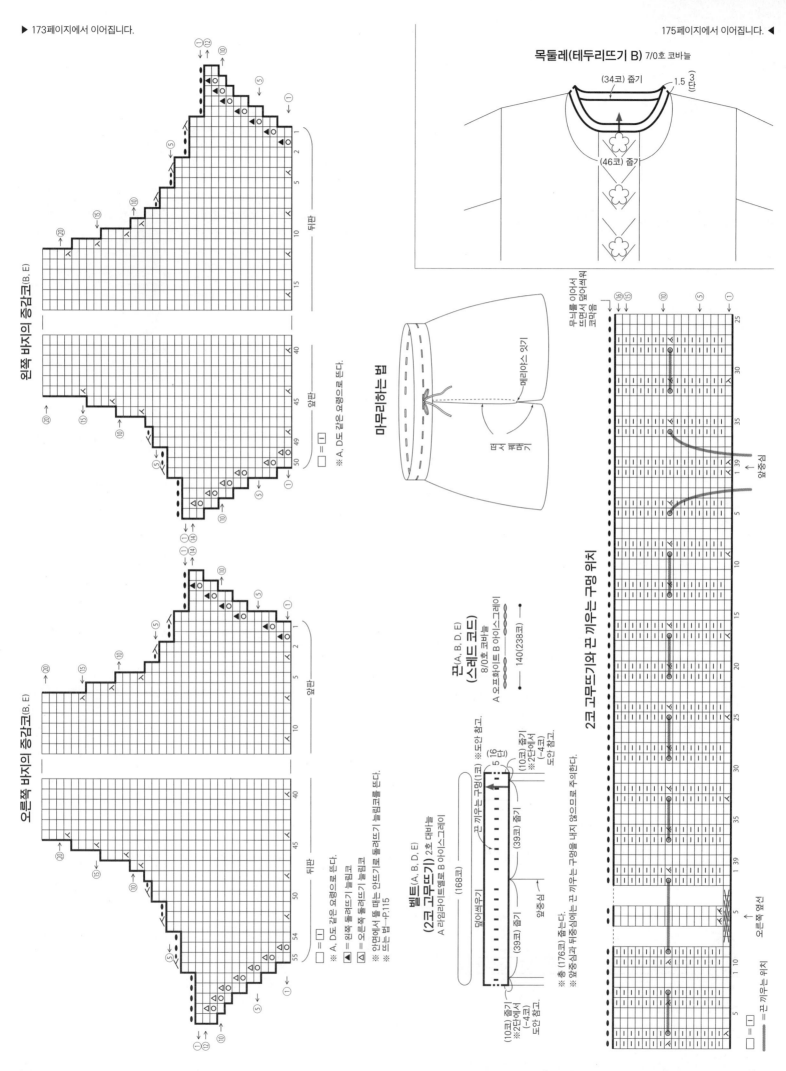

목둘레(테두리뜨기 B) 7/0호 코바늘

(34코) 줍기
1.5 3 단

(46코) 줍기

왼쪽 바지의 총감코(B, E)

뒤판

앞판

오른쪽 바지의 총감코(B, E)

뒤판

앞판

□ = ↑

※ A, D도 같은 요령으로 뜬다.

□ = ↑

※ A, D도 같은 요령으로 뜬다.
◀ = 왼쪽 돌려뜨기 늘림코
△ = 오른쪽 돌려뜨기 늘림코
※ 안면에서 실을 뜰 때는 안뜨기로 돌려뜨기 늘림코를 뜬다.
※ 뜨는 법→P.115

마무리하는 법

메리야스 잇기

떠서 꿰매기

곤(A, B, D, E)
(스레드 코드)
8/0호 코바늘
A 오프화이트 B 아이스그레이
● 140(238코) ●

벨트(A, B, D, E) 2호 대바늘
(2코 고무뜨기)
A 라임라이트 B 아이스그레이

(168코)

5 16
단

끈 끼우는 구멍(1코) ※도안 참고

(39코) 줍기   (39코) 줍기

(10코) 줍기
※2단에서
(-4코)
도안 참고

(10코) 줍기
※2단에서
(-4코)
도안 참고

묶어씌우기

앞중심선

2코 고무뜨기와 끈 끼우는 구멍 위치

끈을 끼운 뒤
반대쪽 끝에서
코막음

앞중심

앞중심선

오른쪽 옆선

끈 끼우는 위치

□ = ↑
= 끈 끼우는 위치

※총 (176코) 줍는다.
※앞중심과 뒤중심에는 끈 끼우는 구멍을 내지 않으므로 주의한다.

시젠노쓰무기 mofu

짧은 뒤걸어뜨기 ※ 일본어 사이트
한길 긴 2코 구슬뜨기 ※ 일본어 사이트

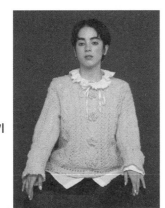

재료
올림포스 시젠노쓰무기 mofu 라임라이트옐로 (204) 265g 9볼

도구
대바늘 7호, 코바늘 7/0호·5/0호

완성 크기
가슴둘레 102㎝, 기장 54.5㎝, 화장 71㎝

게이지
무늬뜨기 A 1무늬 14코=7㎝, 무늬뜨기 B 11코=6.5㎝, 무늬뜨기 C 15코=9㎝, 무늬뜨기 A·B·C 25단=10㎝

POINT
●몸판·소매…손가락에 실을 걸어서 기초코를 만들어 뜨기 시작해 몸판은 메리야스뜨기, 무늬뜨기 A·B·C, 소매는 메리야스뜨기, 무늬뜨기 A·C를 배치해 뜹니다. 목둘레의 줄임코는 2코 이상은 덮어씌우기, 1코는 가장자리 1코 세워 줄이기를 합니다. 소매 밑선의 늘림코는 1코 안쪽에서 돌려뜨기 늘림코를 합니다. 소매의 뜨개 끝은 덮어씌워 코막음합니다.
●마무리…어깨는 빼뜨기로 잇기를 합니다. 소매는 코와 단 잇기로 몸판과 연결합니다. 옆선·소매 밑선은 떠서 꿰매기를 합니다. 지정 콧수를 주워 밑단과 소맷부리는 테두리뜨기 A, 목둘레는 테두리뜨기 B로 원형으로 뜹니다. 모티브를 8장 뜨고 몸판의 지정 위치에 꿰매 답니다.

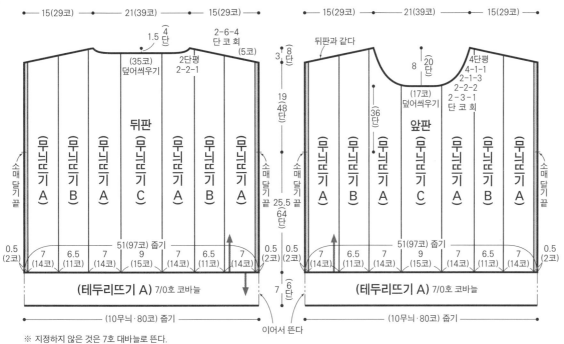

※ 지정하지 않은 것은 7호 대바늘로 뜬다.
▨ =(메리야스뜨기)

모티브 뒤판 4장, 앞판 4장 7/0호 코바늘

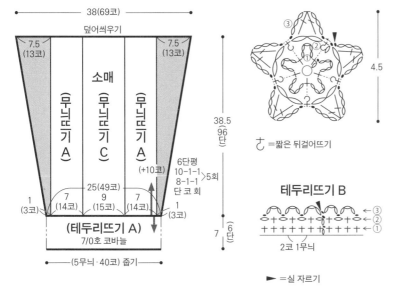

ↄ =짧은 뒤걸어뜨기

테두리뜨기 B
▶ =실 자르기

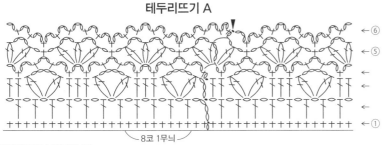

테두리뜨기 A

무늬뜨기 A
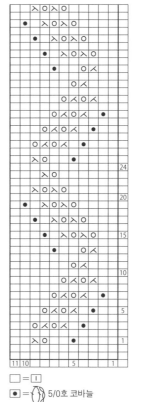
□ =▯

무늬뜨기 B
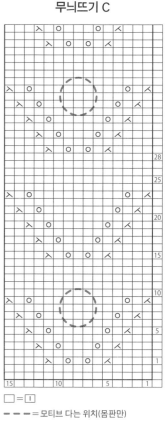
□ =▯
● =▯ 5/0호 코바늘

무늬뜨기 C
--- =모티브 다는 위치(몸판만)

◀ 174페이지로 이어집니다.

재료
이사거 삭 얀 심녹색(37) 45g 1볼, 겨자색(22)·핑크(62)·물색(11) 조금씩 각 1볼

도구
대바늘 1호

완성 크기
발바닥 길이 21cm, 발목 길이 16.5cm

게이지(10×10cm)
메리야스뜨기 27코×35단, 무늬뜨기 A·B·B' 32코×35단

POINT
●별도 사슬로 기초코를 만들어 뜨기 시작하고, 메리야스뜨기로 랩&턴을 하면서 뜹니다. 36단을 떴으면 기초코의 사슬을 풀어서 코를 줍고, 발등 쪽을 무늬뜨기 A, 발바닥 쪽을 메리야스뜨기로 원형 뜨기합니다. 38단을 떴으면 발등 쪽의 27코를 쉼코를 하고, 발뒤꿈치를 발가락 끝과 같은 방법으로 뜹니다. 발뒤꿈치를 다 떴으면 쉼코에서 코를 주워 무늬뜨기 A, B로 발목을 원형뜨기합니다. 이어서 돌려 1코 고무뜨기를 하고, 뜨개 끝은 1코 고무뜨기 코막음을 합니다. 지정 위치에 자수를 놓아 완성합니다.

【서술형 패턴】
「랩&턴」(이하, W&T)

〈발가락 끝〉
별도 실로 27코 만든다.
1단째(겉면)…겉뜨기 27.
2단째(안면)…걸러뜨기 1, 안뜨기 25, W&T.
3단째…겉뜨기 25, 다음 코를 W&T.
4단째…실을 감은 코의 1코 직전까지 안뜨기로 뜨고, 다음 코를 W&T.
5단째…실을 감은 코의 1코 직전까지 겉뜨기로 뜨고, 다음 코를 W&T.
6~19단째…4, 5단째를 7회 반복한다.
20단째…안뜨기 9, 1코 단 정리, 다음 코를 W&T.
21단째…겉뜨기 10, 1코 단 정리, 다음 코를 W&T.
22단째…실을 감은 코(2회분)의 직전까지 안뜨기로 뜨고, 1코 단 정리(2루프 한 번에), 다음 코를 W&T.
23단째…실을 감은 코(2회분)의 직전까지 겉뜨기로 뜨고, 1코 단 정리(2루프 한 번에), 다음 코를 W&T.
24~35단째…22, 23단째를 6회 반복한다.
36단째…안뜨기 25, 1코 단 정리(2루프 한 번에).

〈발둘레〉
1단째…겉뜨기 26, 1코 단 정리(2루프 한 번에). 별도 사슬로 만든 기초코를 풀면서 겉뜨기 27.
2~38단째…【안뜨기 3, 돌려뜨기 1】을 6회 반복한다. 안뜨기 3, 겉뜨기 27.

〈발뒤꿈치〉
1단째(안면)…걸러뜨기 1, 안뜨기 25, W&T. 발등 쪽의 27코는 쉼코로 한다.
2~35단째…〈발가락 끝〉의 3단째~36단째와 같은 순서로 발뒤꿈치를 뜬다.
36단째…겉뜨기 26, 1코 단 정리(2루프 한 번에).

〈발뒤꿈치~입구(오른발)〉
1단째…쉼코에서 코를 줍고, 【안뜨기 3, 돌려뜨기 1】을 6회 반복한다. 안뜨기 3. 발뒤꿈치에서 코를 줍고, 돌려뜨기 1, 안뜨기 3, 【돌려뜨기 1, 안뜨기 1】을 3회 반복한다. 【돌려뜨기 1, 안뜨기 3】을 4회 반복한다. 돌려뜨기 1.
2~32단째…【안뜨기 3, 돌려뜨기 1】을 8회 반복한다. 【안뜨기 1, 돌려뜨기 1】을 3회 반복한다. 【안뜨기 3, 돌려뜨기 1】을 4회 반복한다.

〈발뒤꿈치~입구(왼발)〉
1단째…쉼코에서 코를 줍고, 【안뜨기 3, 돌려뜨기 1】을 6회 반복한다. 안뜨기 3. 발뒤꿈치에서 코를 줍고, 【돌려뜨기 1, 안뜨기 3】을 4회 반복한다. 【돌려뜨기 1, 안뜨기 1】을 4회 반복한다. 안뜨기 2, 돌려뜨기 1.
2~32단째…【안뜨기 3, 돌려뜨기 1】을 11회 반복한다. 【안뜨기 1, 돌려뜨기 1】을 3회 반복한다. 안뜨기 3, 돌려뜨기 1.

〈입구〉
1~10단째…【안뜨기 1, 돌려뜨기 1】을 27회 반복하고, 마지막은 1코 고무뜨기 코막음을 한다.

〈마무리〉
도안을 참고해 지정 위치에 자수를 놓는다.

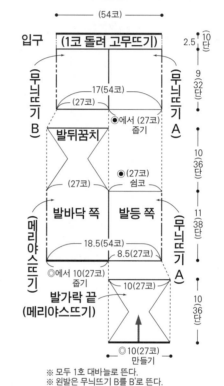

오른발 심녹색

(54코)

입구 (1코 돌려 고무뜨기)

무늬뜨기 B | 무늬뜨기 A

17(54코)
(27코)
◎에서 (27코) 줍기

발뒤꿈치

(27코)
◎(27코) 쉼코

발바닥 쪽 | 발등 쪽
(메리야스뜨기) | (무늬뜨기 A)

18.5(54코)
8.5(27코)
◎에서 10(27코) 줍기

10(27코)

발가락 끝
(메리야스뜨기)

◎10(27코) 만들기

2.5 (10단)
9 (32단)
10 (36단)
11 (38단)
10 (36단)

※ 모두 1호 대바늘로 뜬다.
※ 왼발은 무늬뜨기 B를 B'로 뜬다.

자수(오른발)

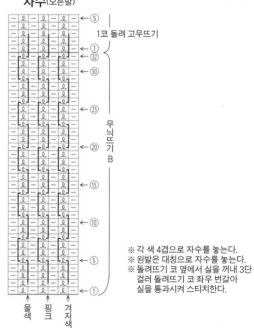

1코 돌려 고무뜨기

무늬뜨기 B

물색 핑크 겨자색

※ 각 색 4겹으로 자수를 놓는다.
※ 왼발은 대칭으로 자수를 놓는다.
※ 돌려뜨기 코 옆에서 실을 꺼내 3단 걸러 돌려뜨기 코 좌우 번갈아 실을 통과시켜 스티치한다.

무늬뜨기 B'

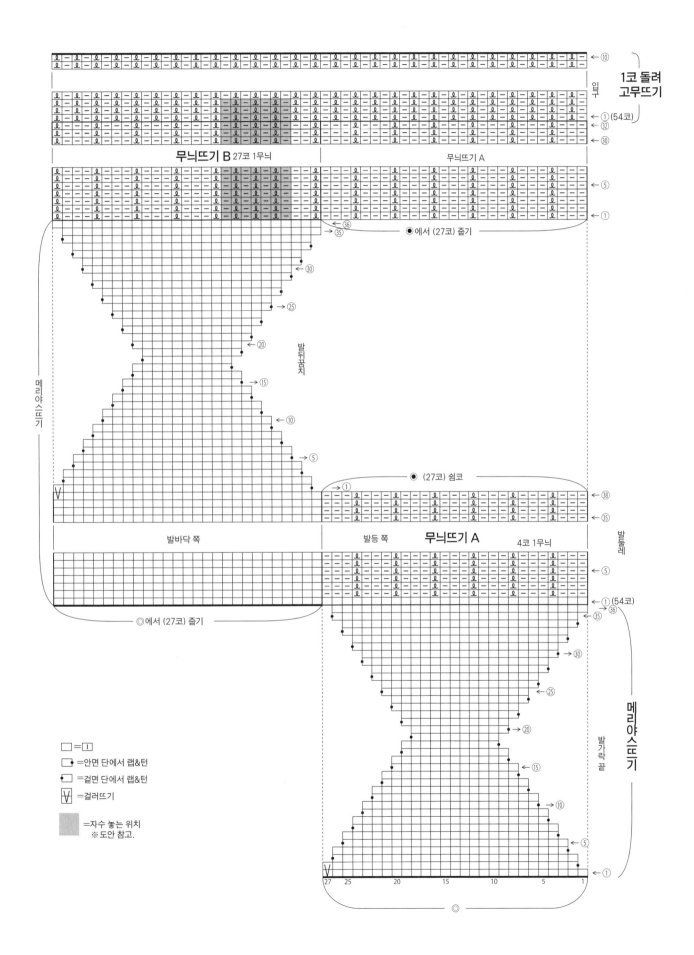

재료
실…올림포스 SILK&WOOL 남색(8) 345g 7
볼, 라이트그레이지(2) 95g 2볼, 레드바이올렛(9)
20g 1볼, 제이드그린(10) 10g 1볼
단추…지름 12mm 5개

도구
코바늘 5/0호

완성 크기
가슴둘레 108cm, 어깨너비 47cm, 기장 51.5cm, 소
매길이 48.5cm

게이지(10×10cm)
줄무늬 무늬뜨기 22코×12단

POINT
●몸판·소매…남색을 사용해 사슬뜨기로 기초코
를 만들어 뜨기 시작해 줄무늬 무늬뜨기로 뜹니다.
배색실은 자르지 않고 세로로 걸치면서 뜹니다. 줄
임코는 도안을 참고하세요. 다 뜨면 지정 위치에
세로 줄무늬를 뜹니다.
●마무리…어깨는 휘감아 잇기, 옆선·소매 밑선은
사슬뜨기와 빼뜨기로 꿰매기를 합니다. 밑단·소맷
부리는 줄무늬 테두리뜨기로 원형으로 뜹니다. 목
둘레는 줄무늬 테두리뜨기를 왕복해 뜨고 뒤목둘
레 트임은 단춧구멍을 내면서 짧은뜨기를 뜹니다.
꽃 장식을 뜨고 마무리하는 법을 참고해 꿰매 답니
다. 소매는 사슬뜨기와 빼뜨기로 잇기로 몸판과 연
결합니다. 단추를 달아 마무리합니다.

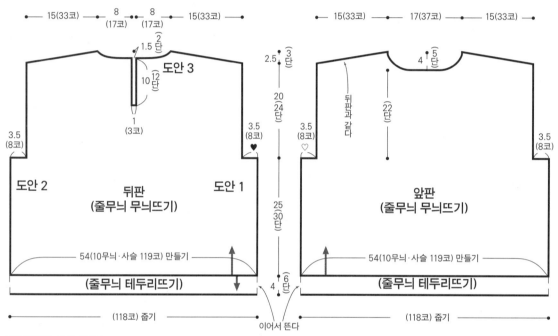

※모두 5/0호 코바늘로 뜬다.

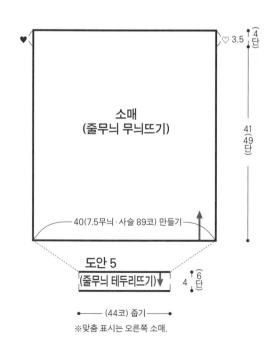

줄무늬 테두리뜨기(밑단·소맷부리)

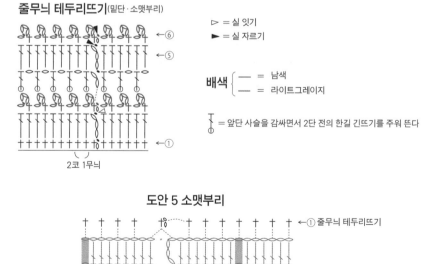

▷ = 실 잇기
► = 실 자르기

배색 { ── = 남색
       ── = 라이트그레이지 }

= 앞단 사슬을 감싸면서 2단 전의 한길 긴뜨기를 주워 뜬다

2코 1무늬

도안 5 소맷부리

= 나중에 안면을 보면서 라이트그레이지로 세로 줄무늬를 뜨는 위치

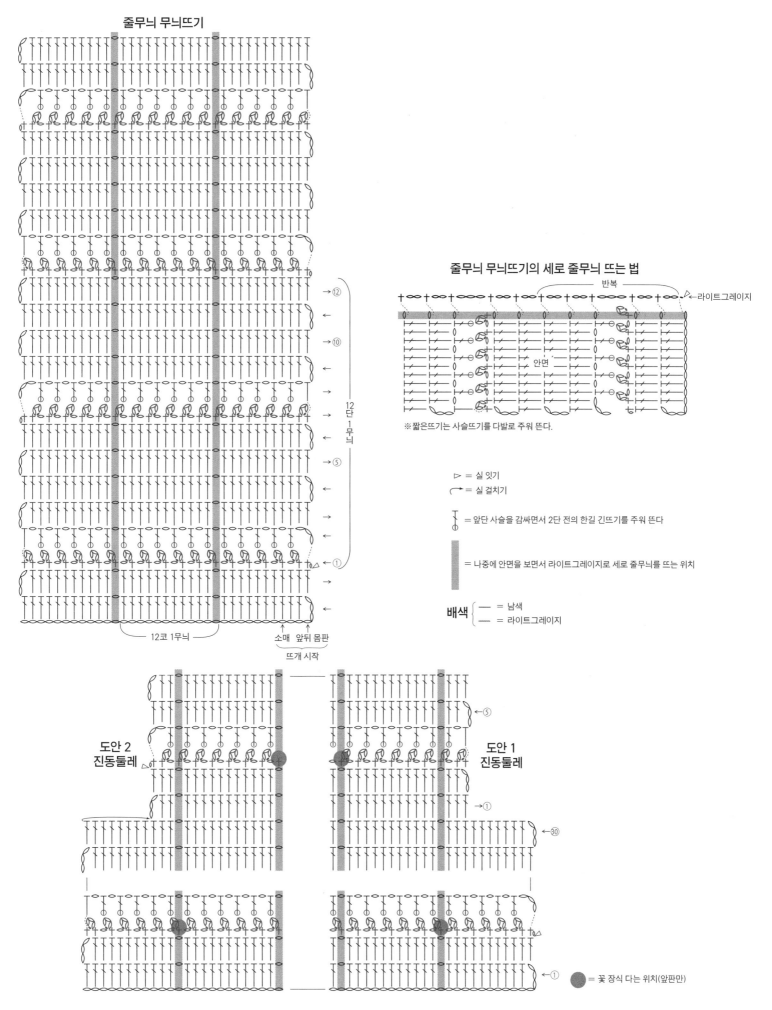

줄무늬 무늬뜨기

줄무늬 무늬뜨기의 세로 줄무늬 뜨는 법

반복

◁— 라이트그레이지

안면

※짧은뜨기는 사슬뜨기를 다발로 주워 뜬다.

▷ = 실 잇기

↷ = 실 걸치기

= 앞단 사슬을 감싸면서 2단 전의 한길 긴뜨기를 주워 뜬다

= 나중에 안면을 보면서 라이트그레이지로 세로 줄무늬를 뜨는 위치

배색 ┌ ─ = 남색
      └ ─ = 라이트그레이지

→ ⑫
←
→ ⑩
←
→
12
단
1
무
늬
← ⑤
→
←
→
←
→ ① ▷

─ 12코 1무늬 ─

소매 앞뒤 몸판

뜨개 시작

도안 2
진동둘레

도안 1
진동둘레

← ⑤
→ ①
← ㉚
← ①

● = 꽃 장식 다는 위치(앞판만)

180페이지로 이어집니다. ▶

▶ 179페이지에서 이어집니다.

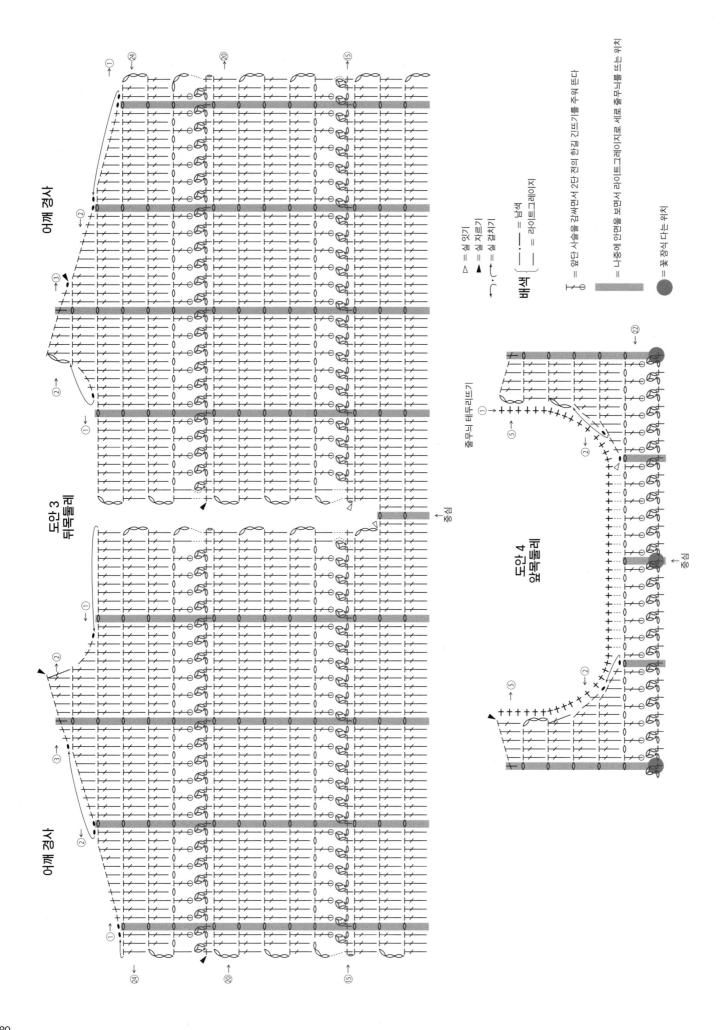

목둘레
(줄무늬 테두리뜨기)

(19코) (19코)
줍기 줍기
4 6 단

(55코) 줍기

뒤목둘레 트임
(짧은뜨기) 남색

도안 6 1 3 단

(2코)

(28코) 줍기

● = (5코)

단춧구멍 (1코) ※도안 참고.

(1코)

감친다

줄무늬 테두리뜨기(목둘레)

←⑥
→⑤
←
→
←
→①

2코 1무늬

배색
— = 남색
— = 라이트그레이지

⊥ = 앞단 사슬을 감싸면서 2단 전의 한길 긴뜨기를 주워 뜬다
①

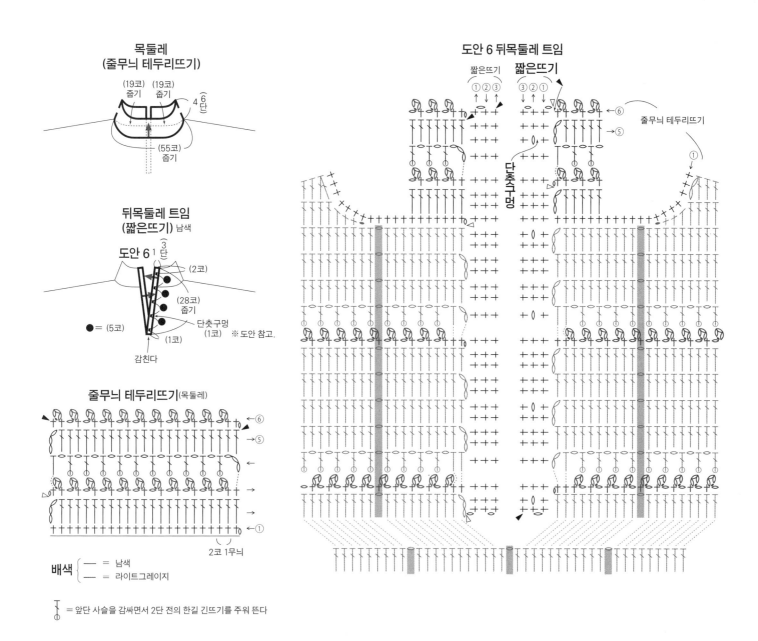

도안 6 뒤목둘레 트임

짧은뜨기 짧은뜨기
① ② ③ ③ ② ①

←⑥
←⑤

줄무늬 테두리뜨기

단춧구멍

①

꽃 장식 43장

▷ = 실 잇기
► = 실 자르기

① 제이드그린으로 잎을 뜬다

② 잎의 ★사슬에 레드바이올렛으로 꽃잎을 뜬다

뜨개 끝은 실을 남겨서 자르고 꽃 중심에서 안면으로 통과시켜 정리한다

8

★뜨개 시작

5

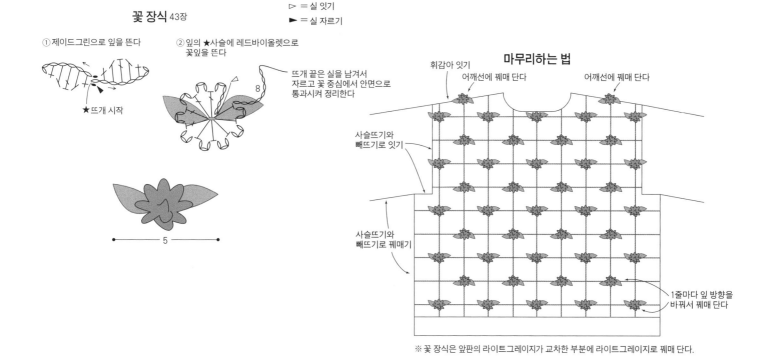

마무리하는 법

휘감아 잇기
어깨선에 꿰매 단다
어깨선에 꿰매 단다

사슬뜨기와 빼뜨기로 잇기

사슬뜨기와 빼뜨기로 꿰매기

1줄마다 잎 방향을 바꿔서 꿰매 단다

※꽃 장식은 앞판의 라이트그레이지가 교차한 부분에 라이트그레이지로 꿰매 단다.

181

e-울

실을 가로로 걸치는
배색무늬

※일본어 사이트

재료
데오리야 e-울 에크뤼(13) 195g, 황록색(02) 45g, 에메랄드그린(15) 40g, 로즈레드(20) 35g, 잿빛 물색(23) 30g, 크림(17) 25g, 핑크(21) 20g, 노란색(01) 5g

도구
대바늘 6호·7호·4호

완성 크기
가슴둘레 104㎝, 기장 54.5㎝, 화장 72㎝

게이지
줄무늬 무늬뜨기(10×10㎝) 18코×31단, 메리야스뜨기(10×10㎝) 18.5코×28단, 배색무늬 24코=10㎝, 20단=7㎝

POINT
●몸판·소매…별도 사슬로 기초코를 만들어 뜨기

시작해 몸판은 줄무늬 무늬뜨기와 배색무늬, 소매는 메리야스뜨기로 뜹니다. 배색무늬는 실을 가로로 걸치는 방법으로 뜹니다. 목둘레·소매산의 줄임코는 2코 이상은 덮어씌우기, 1코는 가장자리 1코 세워 줄이기를 합니다. 소매 밑선의 늘림코는 1코 안쪽에서 돌려뜨기 늘림코를 합니다. 밑단·소맷부리는 기초코 사슬을 풀어 코를 주워 1코 고무뜨기로 뜹니다. 뜨개 끝은 무늬를 이어서 뜨면서 덮어씌워 코막음합니다.

●마무리…어깨는 덮어씌워 잇기, 소매는 코와 단 잇기로 몸판과 연결합니다. 옆선·소매 밑선은 떠서 꿰매기를 합니다. 목둘레는 지정 콧수를 주워 1코 고무뜨기로 원형으로 뜹니다. 뜨개 끝은 밑단처럼 정리합니다.

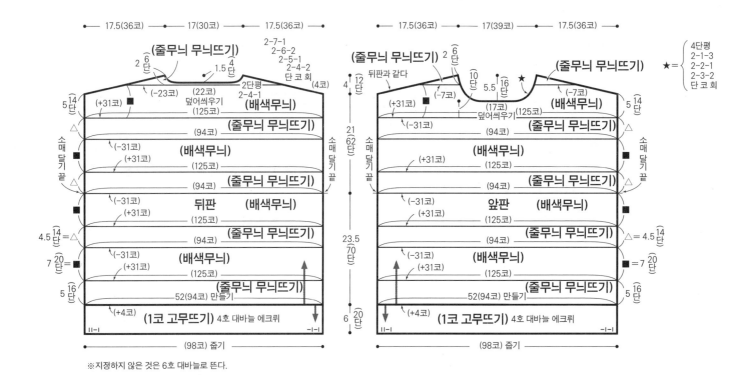

※지정하지 않은 것은 6호 대바늘로 뜬다.

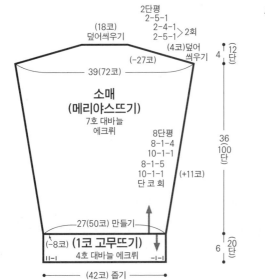

목둘레(1코 고무뜨기) 4호 대바늘 에크뤼

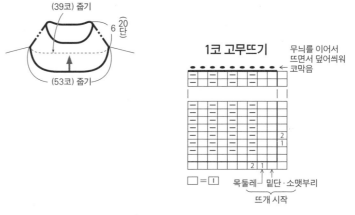

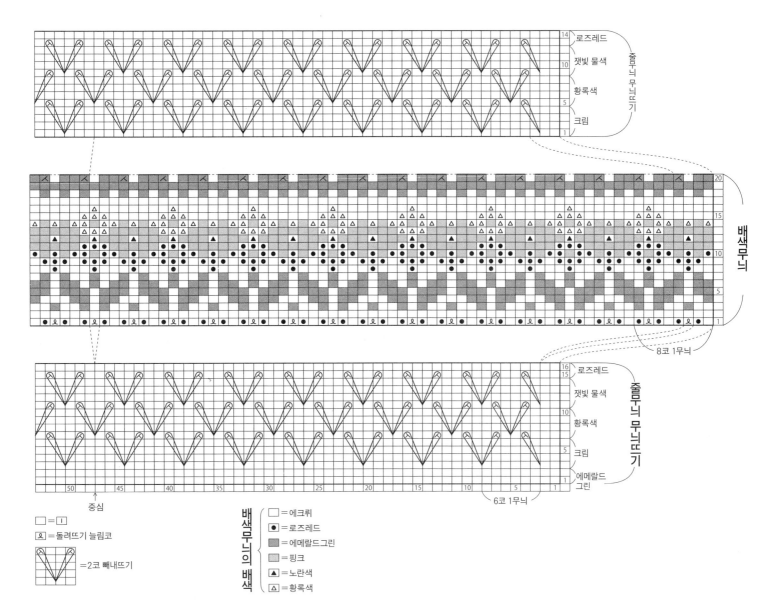

줄무늬 무늬뜨기

14	로즈레드
10	잿빛 물색
	황록색
5	크림
1	

배색무늬

8코 1무늬

줄무늬 무늬뜨기

16 / 15	로즈레드
	잿빛 물색
10	황록색
5	크림
1	에메랄드 그린

50 45 40 35 30 25 20 15 10 5 1

중심

6코 1무늬

□ = Ⅰ
ⵔ = 돌려뜨기 늘림코

⌂ = 2코 빼내뜨기

배색무늬의 배색
□ = 에크뤼
● = 로즈레드
■ = 에메랄드그린
▨ = 핑크
▲ = 노란색
△ = 황록색

184페이지로 이어집니다. ▶

2코 빼내뜨기

←⑤
←①

1 메리야스뜨기를 4단 뜬다. 5단은 색을 바꿔 겉뜨기를 3코 뜨고 1단의 4번째와 5번째 코 사이에 대바늘을 넣어 실을 길게 빼낸다.

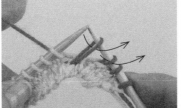

2 빼낸 코, 1의 3번째 코에 화살표와 같이 대바늘을 넣어 왼바늘로 되돌린다.

3 3번째 코에 빼낸 코를 덮어씌운다.

4 3의 코를 오른바늘에 옮긴다. 첫 빼내뜨기를 완성했다. 다음 겉뜨기를 2코 뜬다.

5 이어서 1과 같은 위치에 대바늘을 넣어 실을 길게 빼내고(☆) 겉뜨기를 1코 뜬다(★).

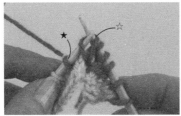

6 5의 ★코는 코의 방향을 바꾸지 않고 왼바늘로 되돌린다. ☆코는 뒤쪽에서 대바늘을 넣어 왼바늘로 되돌린다.

7 6에서 왼바늘로 되돌린 2코를 그대로 오른바늘에 옮기고 ☆코를 ★코에 덮어씌운다.

8 2코 빼내뜨기 완성.

▶ 183페이지에서 이어집니다.

185페이지에서 이어집니다. ◀

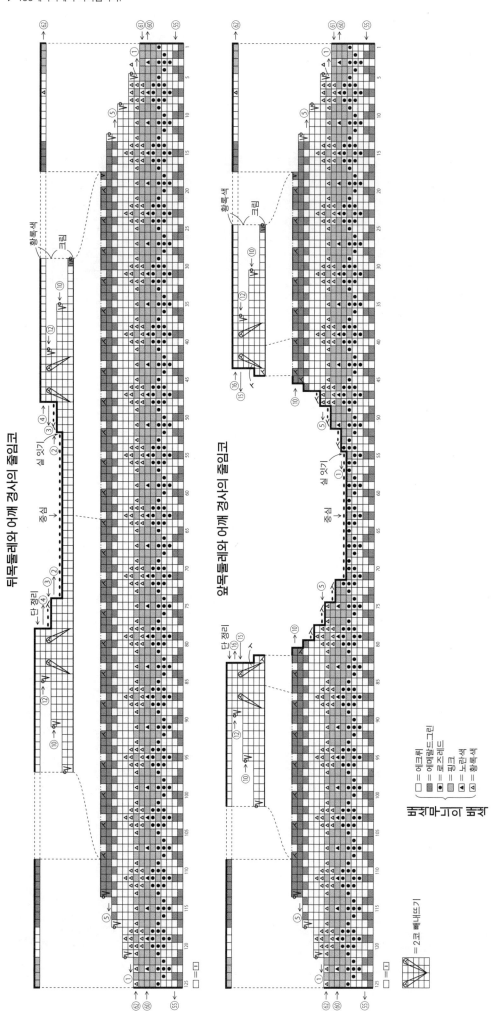

뒤목둘레와 어깨 경사의 줄임코

앞목둘레와 어깨 경사의 줄임코

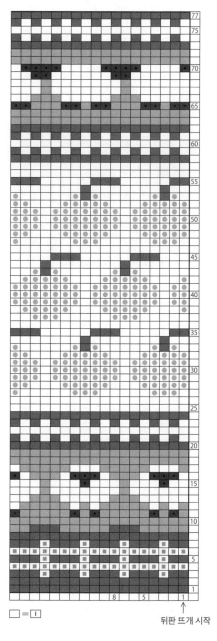

배색무늬 A

□ = 🔲

뒤판 뜨개 시작

배색무늬 B

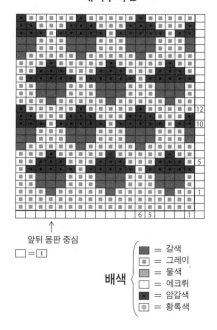

앞뒤 몸판 중심

□ = 🔲

	배색	
	■ = 갈색	
	▨ = 그레이	
배색	▤ = 물색	
	□ = 에크뤼	
	■ = 암갈색	
	◉ = 황록색	

울N

실을 가로로 걸치는
배색무늬

※ 일본어 사이트

재료
데오리야 울N 갈색(05) 95g, 그레이(25) 80g, 에크뤼(29) 75g, 암갈색(17)·물색(33) 각 30g, 황록색(49) 25g

도구
대바늘 6호·4호

완성 크기
가슴둘레 98㎝, 어깨너비 40㎝, 기장 59㎝

게이지(10×10㎝)
배색무늬 A·B 22코×25.5단

POINT
●몸판…손가락에 실을 걸어서 기초코를 만들어 뜨기 시작해 앞뒤 몸판을 이어서 2코 고무뜨기로 원형으로 뜹니다. 이어서 배색무늬 A·B로 뜨는데, 진동둘레부터 위쪽은 앞뒤 몸판을 나눠 뜹니다. 배색무늬는 실을 가로로 걸치는 방법으로 뜹니다. 줄임코는 2코 이상은 덮어씌우기, 1코는 가장자리 1코 세워 줄이기를 합니다.
●마무리…어깨는 덮어씌워 잇기를 합니다. 목둘레·진동둘레는 지정 콧수를 주워 2코 고무뜨기로 원형으로 뜹니다. 뜨개 끝은 무늬를 이어서 뜨면서 덮어씌워 코막음합니다.

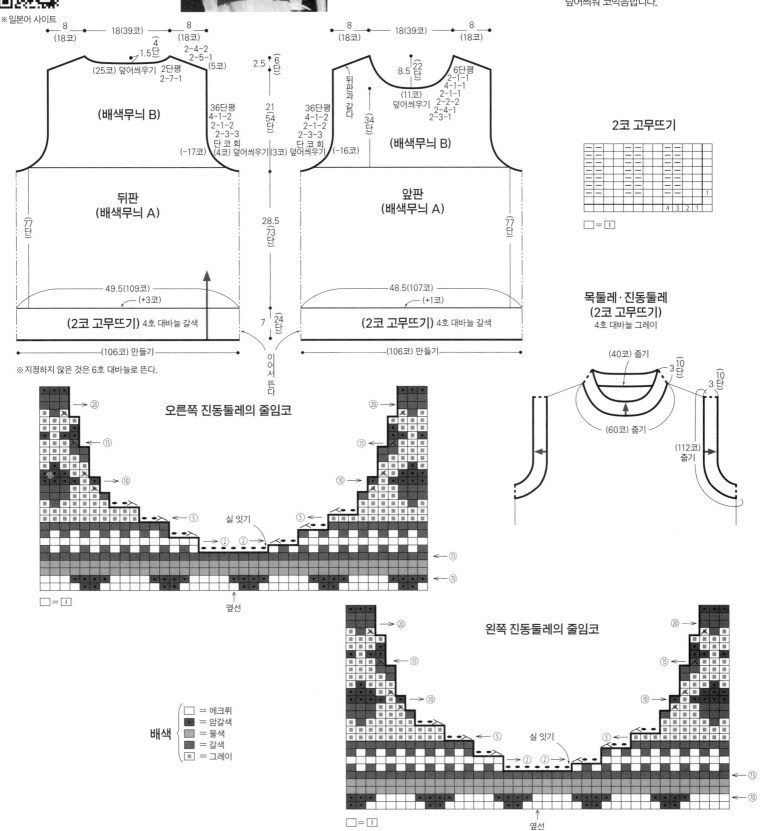

※지정하지 않은 것은 6호 대바늘로 뜬다.

오른쪽 진동둘레의 줄임코

왼쪽 진동둘레의 줄임코

배색 {
= 에크뤼
= 암갈색
= 물색
= 갈색
= 그레이
}

□ = ①

옆선

◀184페이지로 이어집니다.

쿠튀르 어레인지
96 page ★★★
다이아 타스마니안 메리노

3회 감아 매듭뜨기

※ 일본어 사이트

재료
다이아몬드케이토 다이아 타스마니안 메리노 연녹
색(769) 435g 11볼
도구
대바늘 5호·4호, 코바늘 2/0호
완성 크기
가슴둘레 98cm, 어깨너비 43cm, 기장 53.5cm, 소
매길이 47.5cm
게이지(10×10cm)
무늬뜨기 28코×34단
POINT
●몸판, 소매…손가락에 실을 걸어서 기초코를 만

들어 뜨기 시작해 무늬뜨기로 뜹니다. 거싯과 뒤목
둘레선 코는 덮어씌우기, 앞목둘레선의 줄임코와
소매 밑선의 늘림코는 도안을 참고해 뜹니다.
●마무리…어깨는 덮어씌워 잇기, 소매는 코와 단
잇기로 몸판과 합칩니다. 옆선, 소매 밑선은 떠서
꿰매기를 합니다. 별도 사슬로 기초코를 만들어 뜨
기 시작해 밑단, 소맷부리는 테두리뜨기 A, 목둘레
는 테두리뜨기 B로 뜹니다. 뜨개 끝은 뜨개 시작
쪽의 기초코 사슬을 풀어 메리야스 잇기로 합쳐
원형뜨기를 합니다. 밑단, 소맷부리는 코와 단 잇
기, 목둘레는 떠서 꿰매기와 코와 단 잇기로 합칩
니다.

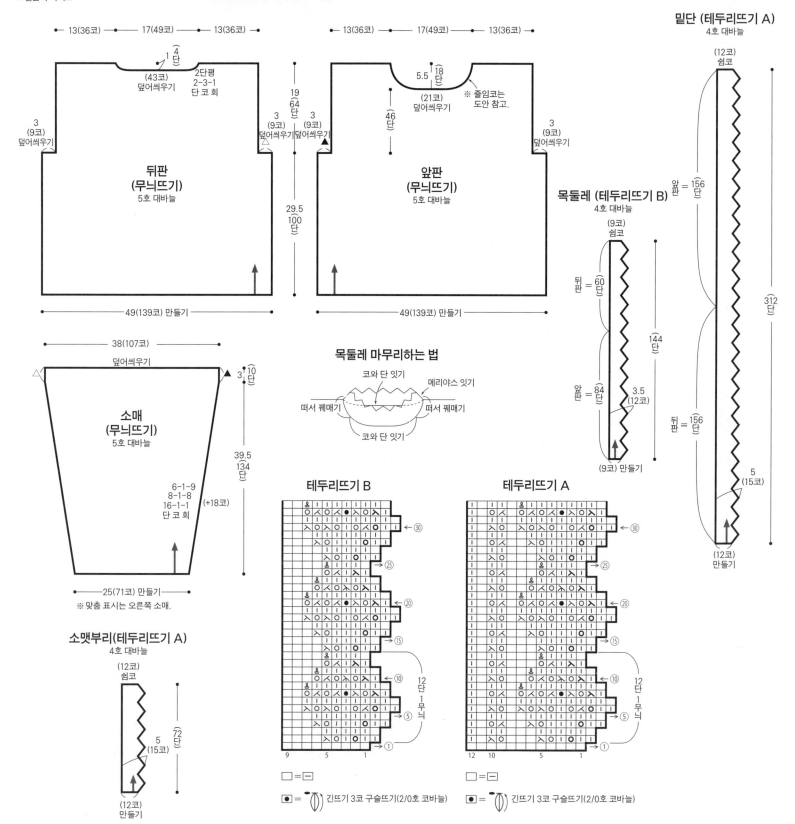

★ 개수는 작품을 선택하는 기준으로 참고해주세요. ★…초심자도 안심, ★★…자신이 조금 생겼다면, ★★★…끈기도 겸비한 중·상급자, ★★★★…솜씨에 자신 있음. 실은 실물 크기입니다.

무늬뜨기

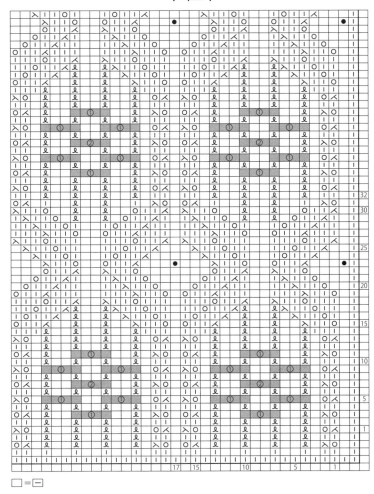

□ = □

	= 2회 감아 매듭뜨기
①	= 2회 감아 매듭뜨기
②	= 4회 감아 매듭뜨기

※ 뒤판의 2코째와 138코째는 ●를 안뜨기로 뜬다.

안면에서 뜰 때

⅄ = ⅄

⅄ = ⅄

● = 긴뜨기 3코 구슬뜨기(2/0호 코바늘)

앞목둘레의 줄임코

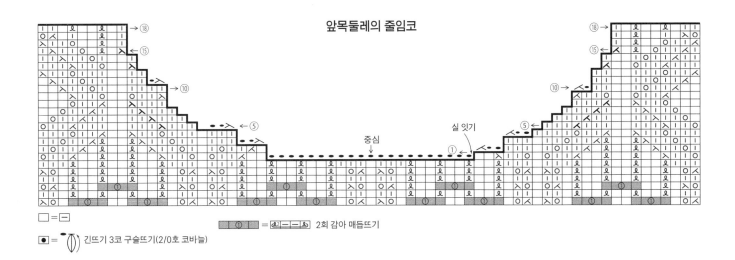

□ = □

	= 2회 감아 매듭뜨기

● = 긴뜨기 3코 구슬뜨기(2/0호 코바늘)

긴뜨기 3코 구슬뜨기

1 코바늘로 1코 느슨하게 빼내 바늘에 실을 걸어 같은 코에 바늘을 넣는다.

2 〈바늘에 실을 걸어 빼내기〉를 3회 반복하고, 코바늘에 걸린 모든 루프로 한 번에 빼낸다.

3 바늘에 실을 걸어 다시 화살 표처럼 빼내 코를 당긴다.

4 구슬뜨기를 뜬 코의 1단 아래 의 니들 루프에 안면에서 코바 늘을 화살표처럼 넣고,

5 바늘에 실을 걸어 2개의 루프 로 한 번에 빼내 오른바늘에 코를 옮긴다.

188페이지로 이어집니다. ▶

▶ 187페이지에서 이어집니다.

소매 밑선의 늘림코

무늬를 이어서
뜨면서 덮어씌워
코막음

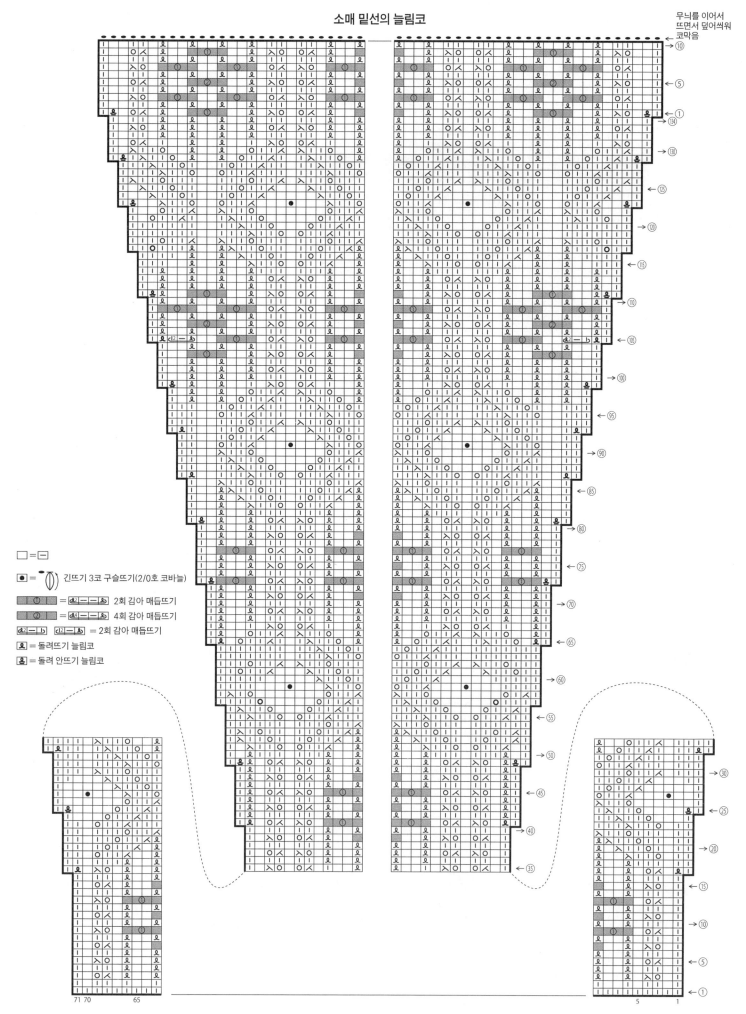

□ = ⊟

● = 긴뜨기 3코 구슬뜨기(2/0호 코바늘)

= ① = 2회 감아 매듭뜨기
= ② = 4회 감아 매듭뜨기

= 2회 감아 매듭뜨기

ℒ = 돌려뜨기 늘림코

ℒ = 돌려 안뜨기 늘림코

98 page ★★★

카라멜라

재료
실…K'sk 카라멜라 차콜 그레이(7) 340g 9볼, 연
그레이(39) 160g 4볼, 에크뤼(2) 15g 1볼, 핑크
(16) 1볼, 노란색(8) 5g 1볼,
단추…지름 10mm 스냅 버튼 5개

도구
코바늘 5/0호, 대바늘 4호

완성 크기
가슴둘레 97.5cm, 어깨너비 40cm, 기장 47cm, 소
매길이 50cm

게이지
줄무늬 무늬뜨기 1무늬=4cm, 10단=10cm

●몸판, 소매…연그레이로 사슬뜨기 기초코를 만
들어 뜨기 시작해 줄무늬 무늬뜨기로 뜹니다. 줄임
코는 도안을 참고합니다. 소맷부리는 기초코의 사
슬에서 코를 주워 1코 돌려 고무뜨기로 뜹니다. 뜨
개 끝은 1코 고무뜨기 코막음을 합니다.
●마무리…어깨는 떠서 잇기, 옆선, 소매 밑선은 떠
서 꿰매기를 합니다. 지정 콧수를 주워 밑단, 목둘
레는 테두리뜨기 A, 앞섶은 짧은뜨기로 뜹니다. 앞
섶 둘레, 밑단 둘레는 이어서 테두리뜨기 B·C로
뜨고, 목둘레 주위는 테두리뜨기 C를 뜹니다. 모티
브를 떠서 지정 위치에 꿰매 붙입니다. 소매는 떠
서 꿰매기로 몸판과 합칩니다. 스냅 버튼을 달아
마무리합니다.

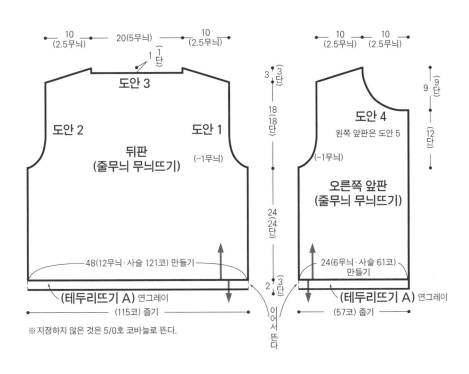

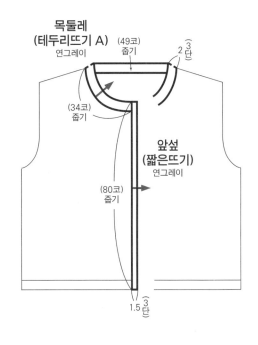

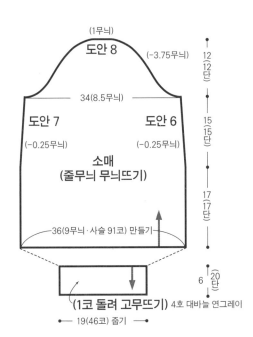

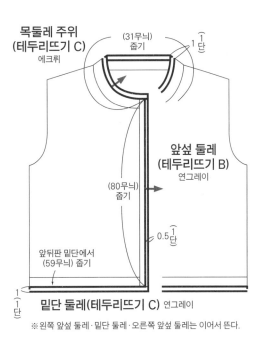

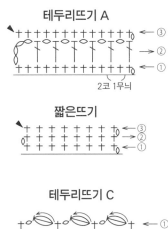

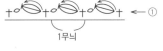

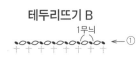

▶ 189페이지에서 이어집니다.

줄무늬 무늬뜨기

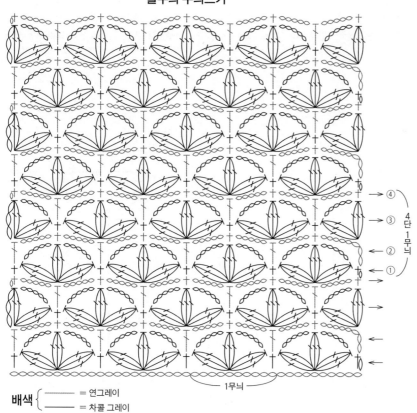

1코 돌려 고무뜨기

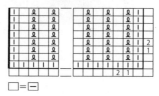

□ = ⊟

배색 { —— = 연그레이
—— = 차콜 그레이 }

▷ = 실 잇기
► = 실 자르기

스냅 버튼 다는 위치

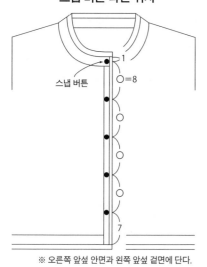

스냅 버튼

1
○ = 8

7

※ 오른쪽 앞섶 안면과 왼쪽 앞섶 겉면에 단다.

모티브 A a: 11장, b: 10장

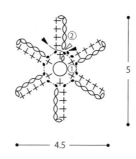

5

4.5

모티브 B a: 4장, b: 5장

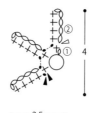

4

2.5

모티브 배색

	1단째	2단째
a	노란색	에크뤼
b	노란색	핑크

190

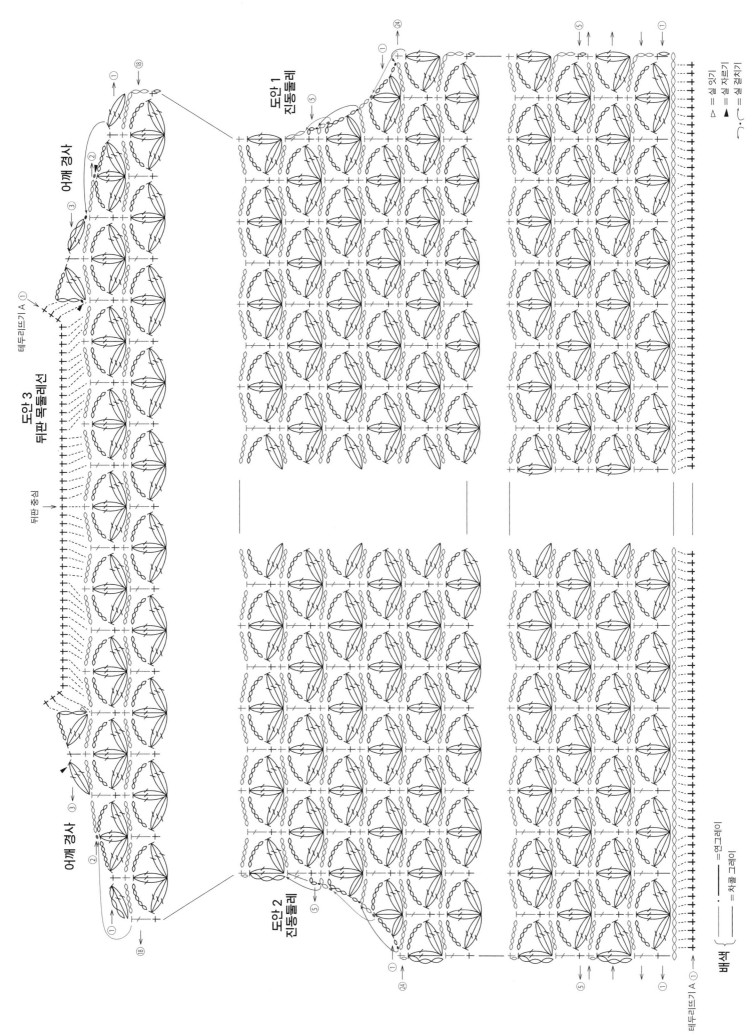

도안 1
진동둘레

도안 3
뒤판 목둘레선

어깨 경사

테두리뜨기 A ①

뒤판 중심

어깨 경사

도안 2
진동둘레

어깨 경사

테두리뜨기 A ①

배색 { ———— = 연그레이
———— = 차콜 그레이 }

△ = 실 잇기
▲ = 실 자르기
⌒ = 실 걸치기

192페이지로 이어집니다. ▶

▶ 191페이지에서 이어집니다.

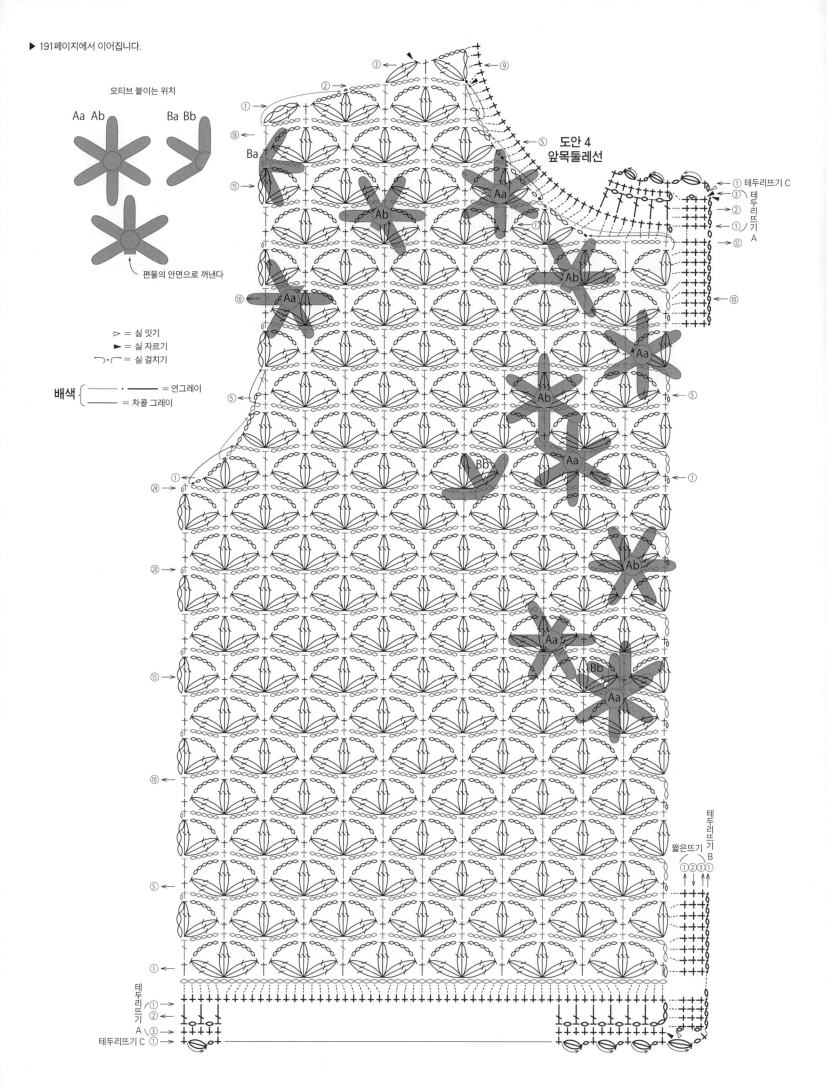

모티브 붙이는 위치

Aa Ab   Ba Bb

Ba

편물의 안면으로 꺼낸다

▷ = 실 잇기
► = 실 자르기
◝·◜ = 실 걸치기

배색 { ────·──── = 연그레이
       ──────── = 차콜 그레이

도안 4
앞목둘레선

① 테두리뜨기 C
③ } 테두리뜨기 A
②
①
⑫

짧은뜨기
B
①②③①

테두리뜨기 ①
②
A ③
테두리뜨기 C ①

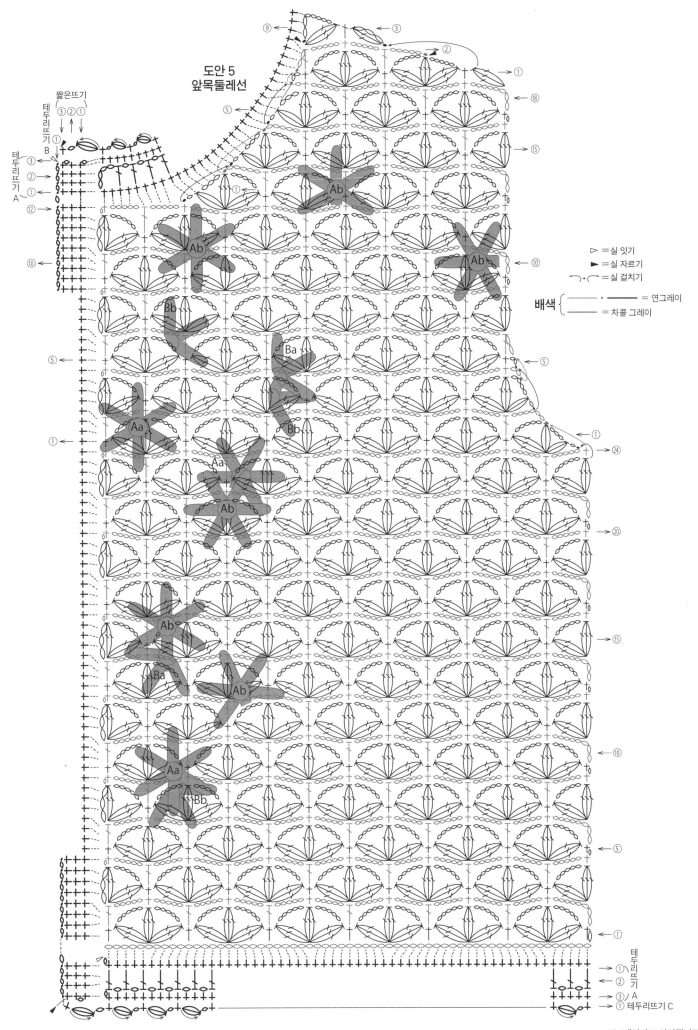

도안 5
앞목둘레선

194페이지로 이어집니다. ▶

193

▶ 193페이지에서 이어집니다.

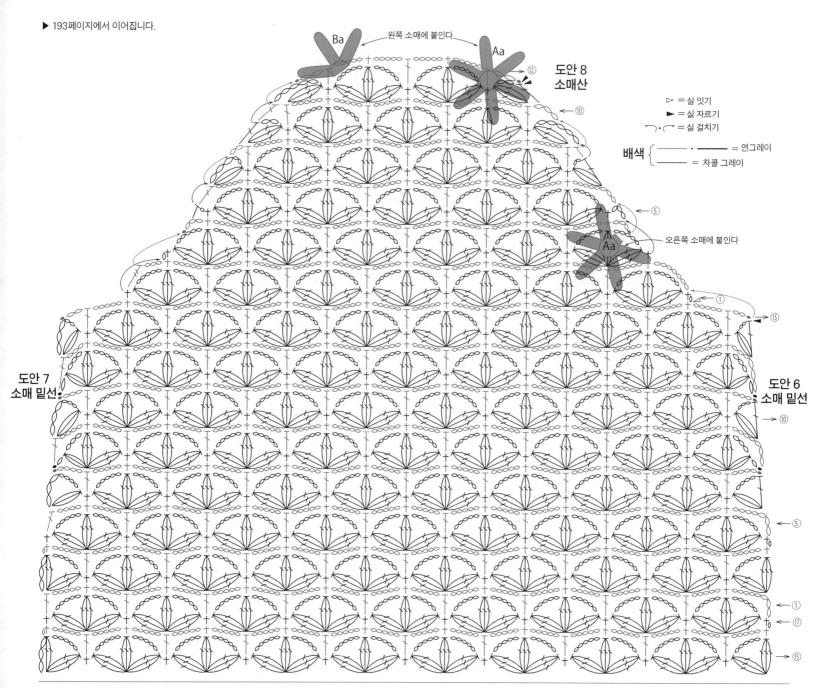

원쪽 소매에 붙인다

Ba
Aa
⑫
도안 8
소매산

▷ = 실 잇기
► = 실 자르기
⌒·= 실 걸치기

배색 { ⌒·── = 연그레이
── = 차콜 그레이

⑩

⑤
오른쪽 소매에 붙인다
Aa
①
⑮

도안 7
소매 밑선

도안 6
소매 밑선
⑩

⑤

①
⑰
⑮

루프 스티치 뜨는 법
195페이지에서 이어집니다. ◀

1 1코째를 겉뜨기로 뜨고 다음 코 (★)에 화살표처럼 바늘을 넣고,

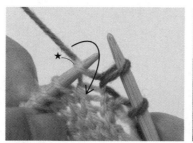
2 실을 꺼낸다. 왼바늘의 코(★)는 빠지고 실을 앞으로 꺼낸다.

3 실을 앞으로 꺼낸 모습.

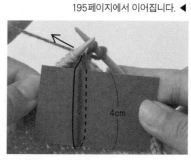
4 폭 4cm의 판지에 실을 화살표처럼 걸고 뒤쪽으로 되돌린다.

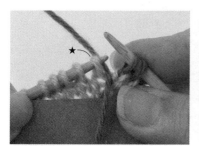
5 ★의 코에 다시 바늘을 넣어 겉뜨기를 1코 뜬다.

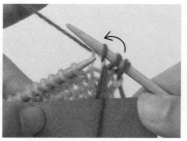
6 2에서 꺼낸 코를 덮어씌운다.

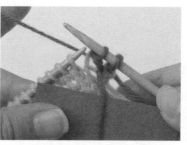
7 코를 덮어씌운 모습. 루프 스티치를 1코 떴다.

8 판지를 이동시키면서 가장자리에 1코가 남을 때까지 루프 스티치를 뜬다.

카라멜라

마카롱

오른코 늘리기

왼코 늘리기

※ 일본어 사이트　　※ 일본어 사이트

재료
K'sk 카라멜라 에크뤼(2) 310g 8볼, 마카롱 갈색
(31) 105g 3볼
도구
대바늘 6호·5호
완성 크기
가슴둘레 104cm, 기장 51cm, 화장 68cm
게이지
메리야스뜨기(10×10cm) 21.5코×31단, B20.5코
×31단, D23.5코×31단. 무늬뜨기 A·A' 1무늬 9
코=4.5cm, 31단=10cm

POINT
●몸판, 소매…별도 사슬로 기초코를 만들어
뜨기 시작해 몸판은 메리야스뜨기, 무늬뜨기
A·A'·B·C, 소매는 메리야스뜨기, 무늬뜨기
A·A'·D·C를 배치해 뜹니다. 래글런선의 줄임코
는 가장자리 3코를 세우는 줄임코를 합니다. 소매
밑선의 늘림코는 도안을 참고합니다. 밑단, 소맷부
리는 기초코의 사슬을 풀어 코를 줍고 2코 고무뜨
기로 뜹니다. 뜨개 끝은 2코 고무뜨기 코막음을 합니
다.
●마무리…래글런선, 옆선, 소매 밑선은 떠서 꿰매
기, 거싯의 코는 메리야스 잇기를 합니다. 목둘레는
지정 콧수를 주워 2코 고무뜨기로 원형뜨기를 합니
다. 뜨개 끝은 밑단과 같은 방법으로 합니다.

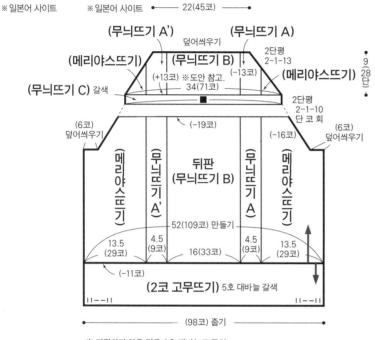

※ 지정하지 않은 것은 6호 대바늘로 뜬다.
※ 지정하지 않은 것은 에크뤼로 뜬다.
■ = (58코)

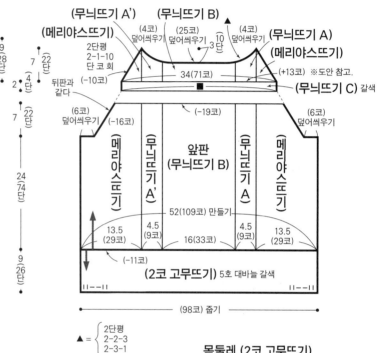

▲ = { 2단평 / 2-2-3 / 2-3-1 }

목둘레 (2코 고무뜨기)
5호 대바늘 갈색

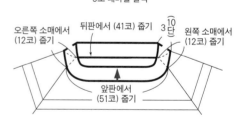

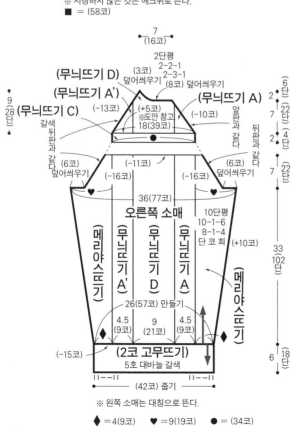

※ 왼쪽 소매는 대칭으로 뜬다.
◆ =4(9코)　♥ =9(19코)　● =(34코)

소매 밑선의 늘림코

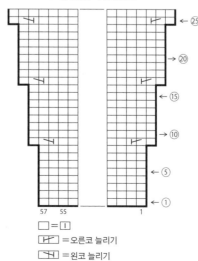

□ = ┃
┡┛ = 오른코 늘리기
┗┑ = 왼코 늘리기

2코 고무뜨기

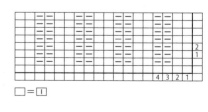

□ = ┃

196페이지로 이어집니다. ▶

▶ 195페이지에서 이어집니다.

무늬뜨기 D

무늬뜨기 B

무늬뜨기 A

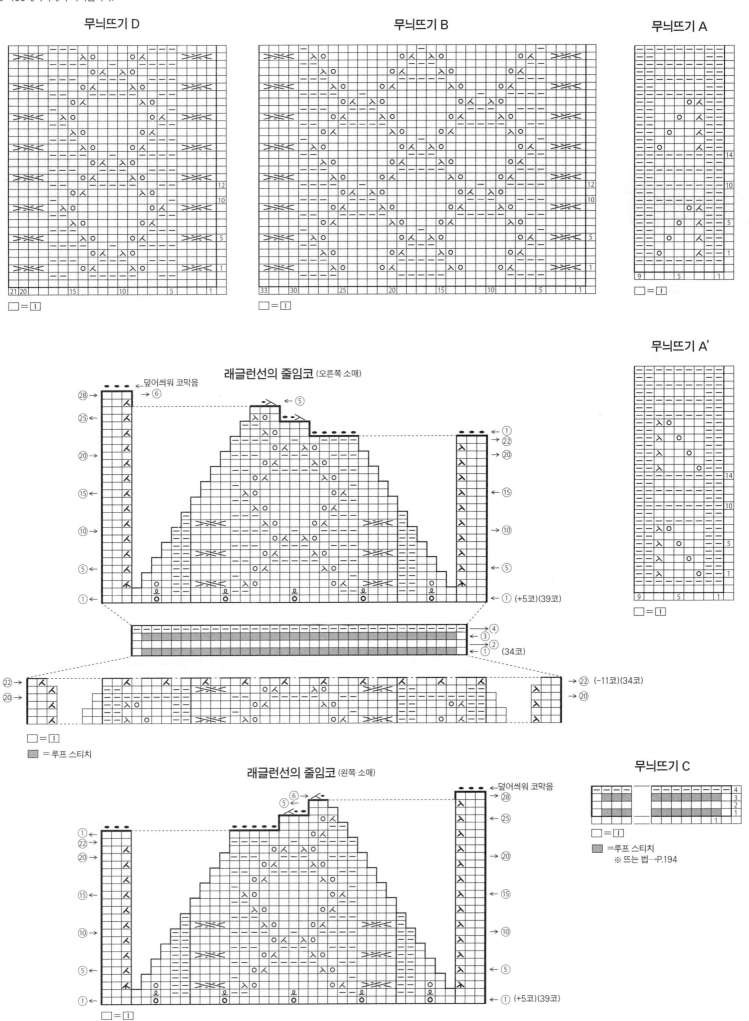

무늬뜨기 A'

래글런선의 줄임코 (오른쪽 소매)

무늬뜨기 C

래글런선의 줄임코 (왼쪽 소매)

□ = I
□ = 루프 스티치
※ 뜨는 법→P.194

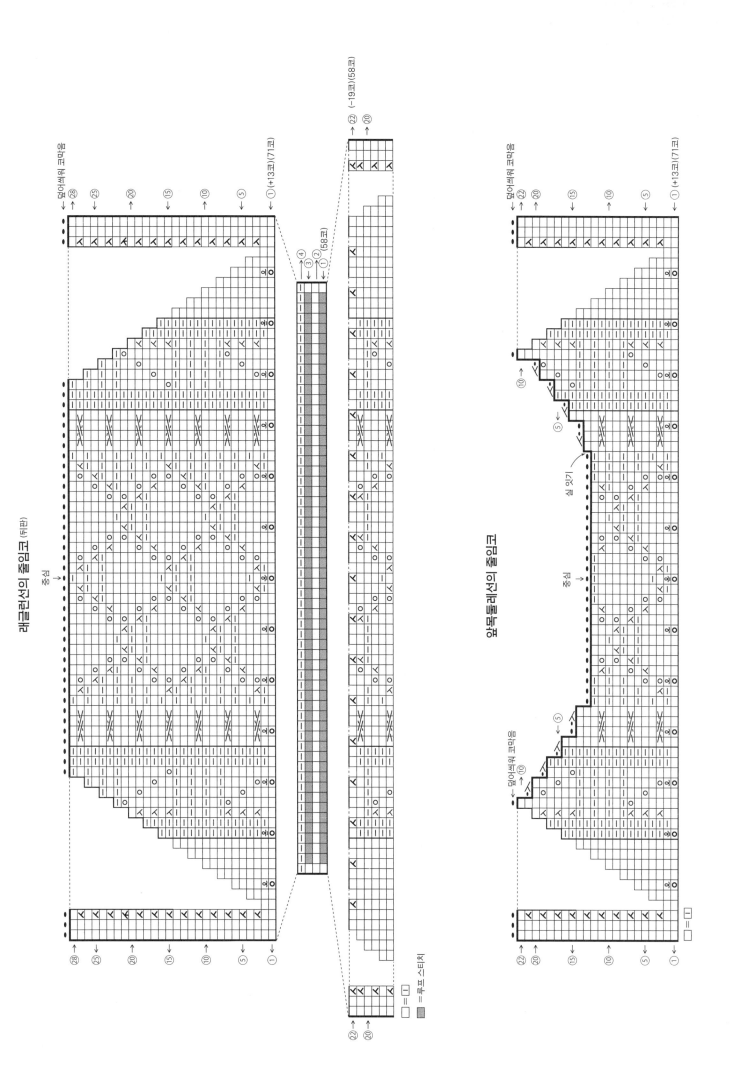

재료
다이아몬드케이토 다이아 파인 모헤어 베이지
(305) 110g 6볼
도구
아미무메모(6.5mm)
완성 크기
가슴둘레 84cm, 기장 54cm, 화장 60.5cm
게이지(10×10cm)
메리야스뜨기 18코×26단《아래》, 메리야스뜨기
22코×23단《위》
POINT
●몸판, 소매…뒤판《아래》, 앞판《아래》, 소매《아래》
는 버림실 뜨기 기초코로 뜨기 시작해 104페이지

를 참고하면서 메리야스뜨기와 테두리뜨기를 이어
서 뜹니다. 뜨개 끝은 버림실 뜨기를 합니다. 뒤판
《위》, 앞판《위》, 소매《위》는 뒤판《아래》, 앞판《아래》,
소매《아래》에서 코를 주워 메리야스뜨기로 뜹니다.
앞목둘레선은 2코 이상은 되돌아뜨기, 1코는 줄임
코를 해서 뜹니다.
●마무리…목둘레는 몸판과 같은 방법으로 뜨기
시작해 메리야스뜨기로 뜹니다. 오른쪽 어깨는 기
계 잇기를 합니다. 목둘레는 기계 잇기로 몸판과
연결하는데, 뜨개 끝 쪽의 코에 뜨개 시작 쪽의 코
를 겹쳐서 2겹으로 만들어 잇습니다. 왼쪽 어깨,
진동, 옆선, 소매《아래》는 기계 잇기합니다. 소매 밑
선, 목둘레 옆선은 떠서 꿰매기를 합니다.

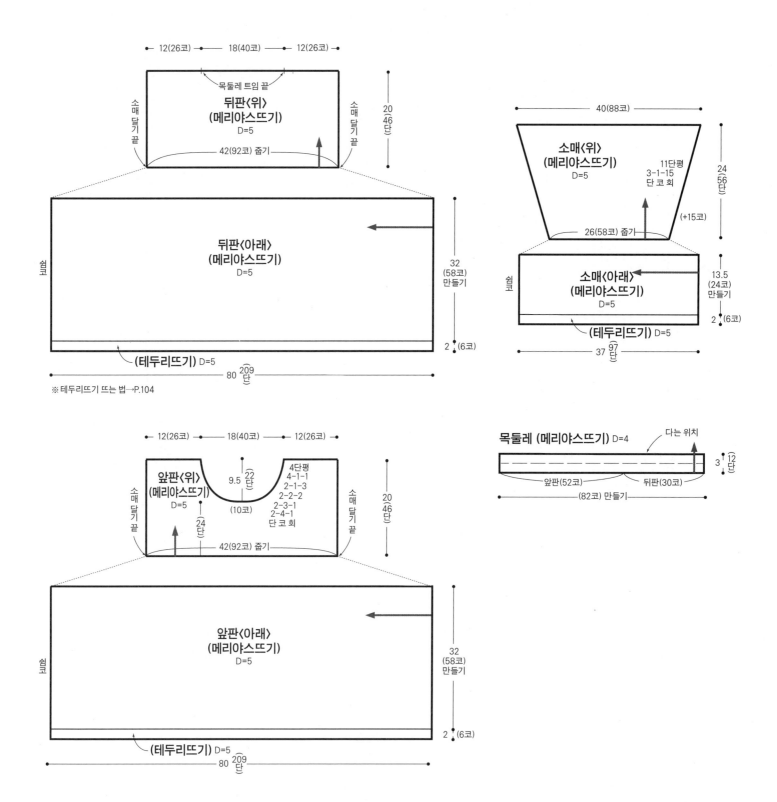

※ 테두리뜨기 뜨는 법→P.104

재료
퍼피 퀸 아니 연황록색(105) 480g 10볼

도구
아미무메모(6.5mm)

완성 크기
가슴둘레 100cm, 기장 55.5cm, 화장 68.5cm

게이지(10×10cm)
무늬뜨기 19코×26단

POINT
●몸판, 소매…버림실 뜨기 기초코로 뜨기 시작해

무늬뜨기로 뜹니다. 앞목둘레는 2코 이상은 되돌 아뜨기, 1코는 줄임코를 해서 뜹니다. 뜨개 끝은 버 림실 뜨기를 합니다.
●마무리…어깨는 기계 잇기를 합니다. 소매는 기 계 잇기로 몸판과 연결합니다. 목둘레, 밑단, 소맷 부리는 105페이지를 참고해 테두리뜨기를 뜨면서 몸판, 소매와 연결합니다. 뜨개 시작과 뜨개 끝을 안면이 겉을 보도록 걸고 래치 너머에서 감아 코막 음을 합니다. 옆선, 소매 밑선은 떠서 꿰매기를 합 니다.

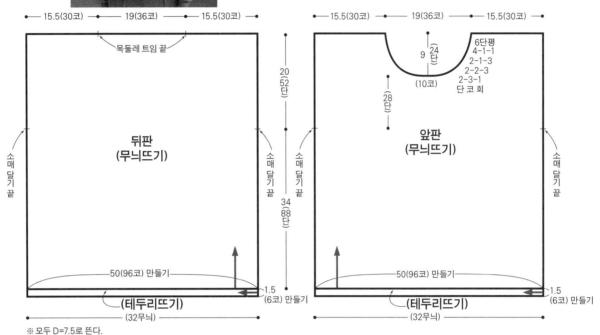

※ 모두 D=7.5로 뜬다.
※ 테두리뜨기 뜨는 법 →P.105

무늬뜨기

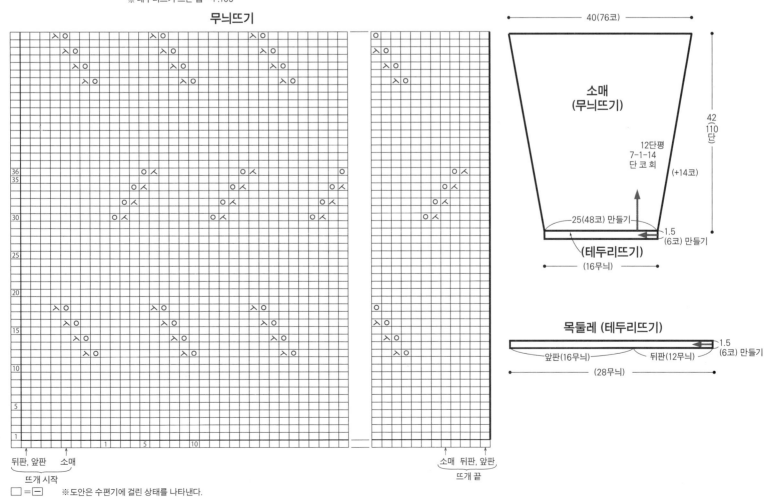

한스미디어의
수예 도서 시리즈

🧶 대바늘 뜨개

**쉽게 배우는
새로운 대바늘 손뜨개의 기초**

일본보그사 저 | 김현영 역 | 16,000 원

**유월의 솔의
투데이즈 니트**

유월의솔 저 | 24,000 원

**첫번째오늘의
즐거운 양말 만들기**

정윤주 저 | 20,000 원

**마마랜스의
일상 니트**

이하니 저 | 22,000 원

**니팅테이블의
대바늘 손뜨개 레슨**

이윤지 저 | 18,000 원

**그린도토리의
숲속 동물 손뜨개**

명주현 저 | 18,000 원

52 주의 뜨개 양말

레인 저 | 서효령 역 | 29,800 원

52 주의 숄

레인 저 | 조진경 역 | 33,000 원

52 주의 이지 니트

레인 저 | 조진경 역 | 33,000 원

**매일 입고 싶은
남자 니트**

일본보그사 저 | 강수현 역 | 14,000 원

**M, L, XL 사이즈로 뜨는
남자 니트**

리틀 버드 저 | 배혜영 역 | 13,000 원

amuhibi의 가장 좋아하는 니트

우메모토 미키코 저 | 강수현 역
16,800 원

바람공방의 마음에 드는 니트

바람공방 저 | 남궁가윤 역 | 16,800 원

유러피안 클래식 손뜨개

표도 요시코 저 | 배혜영 역 | 15,000 원

**쿠튀르 니트
대바늘 손뜨개 패턴집 260**

시다 히토미 저 | 남궁가윤 역
18,000 원

대바늘 비침무늬 패턴집 280

일본보그사 저 | 남궁가윤 역
20,000 원

대바늘 아란무늬 패턴집 110

일본보그사 저 | 남궁가윤 역
18,000 원

**쿠튀르 니트
대바늘 니트 패턴집 250**

시다 히토미 저 | 남궁가윤 역
20,000 원

**쉽게 배우는
새로운 코바늘 손뜨개의 기초
[실전편 : 귀여운 니트 소품 77]**

일본보그사 저 | 이은정 역 | 15,000 원

매일매일 뜨개 가방

최미희 저 | 20,000 원

**손뜨개꽃길의
사계절 코바늘 플라워**

박경조 저 | 22,000 원

**쉽게 배우는
모티브 뜨기의 기초**

일본보그사 저 | 강수현 역 | 13,800 원

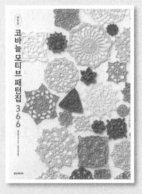

**완전판
코바늘 모티브 패턴집 366**

일본보그사 저 | 남궁가윤 역 |
22,000 원

**실을 끊지 않는
코바늘 연속 모티브 패턴집**

일본보그사 저 | 강수현 역 | 16,500 원

**실을 끊지 않는
코바늘 연속 모티브 패턴집 II**

일본보그사 저 | 강수현 역 | 18,000 원

**쉽게 배우는
코바늘 손뜨개 무늬 123**

일본보그사 저 | 배혜영 역 | 15,000 원

**대바늘과 코바늘로 뜨는
겨울 손뜨개 가방**

아사히신문출판 저 | 강수현 역
13,000 원

"KEITODAMA" Vol. 204, 2024 Winter issue (NV11744)
Copyright © NIHON VOGUE-SHA 2024
All rights reserved.
First published in Japan in 2024 by NIHON VOGUE Corp.
Photographer: Shigeki Nakashima, Hironori Handa, Toshikatsu Watanabe, Noriaki Moriya,
Bunsaku Nakagawa
This Korean edition is published by arrangement with NIHON VOGUE Corp.,
Tokyo in care of Tuttle-Mori Agency, Inc., Tokyo, through Botong Agency, Seoul.

광고 및 제휴 문의
070-4678-7118
info@hansmedia.com

털실타래 Vol.10 2024년 겨울호

1판 1쇄 인쇄 2024년 12월 18일
1판 1쇄 발행 2024년 12월 27일

지은이 (주)일본보그사
옮긴이 김보미, 김수연, 남가영, 배혜영
펴낸이 김기옥

실용본부장 박재성
편집 실용2팀 이나리, 장윤선
마케터 이지수
지원 고광현, 김형식

한국어판 기사 취재 정인경(inn스튜디오)
한국어판 사진 촬영 김태훈(TH studio)
취재 협력 니트위트, 뜨앤, 뜨!

본문 디자인 책장점
표지 디자인 형태와내용사이
인쇄·제본 민언프린텍

펴낸곳 한스미디어(한즈미디어(주))
주소 121-839 서울시 마포구 양화로 11길 13(서교동, 강원빌딩 5층)
전화 02-707-0337 | **팩스** 02-707-0198 | **홈페이지** www.hansmedia.com
출판신고번호 제 313-2003-227호 | 신고일자 2003년 6월 25일

ISBN 979-11-93712-81-8 13590

책값은 뒤표지에 있습니다.
잘못 만들어진 책은 구입하신 서점에서 교환해드립니다.